John R. Huizenga

Kalte Kernfusion

John R. Huizenga

Kalte Kernfusion

Das Wunder, das nie stattfand

Aus dem Amerikanischen übersetzt
von Margrit Lingner

Mit einem Vorwort von
Wolfgang Schmickler

Dieses Buch ist die deutsche Ausgabe von:
John R. Huizenga: Cold Fusion, The Scientific Fiasco of the Century
Original English Language Edition published by University of Rochester Press, 1992

Übersetzung: Margrit Lingner

Softcover reprint of the hardcover 1st edition 1994
Der Verlag Vieweg ist ein Unternehmen der Bertelsmann Fachinformation GmbH.

Umschlaggestaltung: Schrimpf und Partner, Wiesbaden

Gedruckt auf säurefreiem Papier

ISBN 978-3-663-05248-7 ISBN 978-3-663-05247-0 (eBook)
DOI 10.1007/978-3-663-05247-0

Inhaltsverzeichnis

Vorwort zur Deutschen Ausgabe

Die Kalte Kernfusion ist jetzt über fünf Jahre alt. Matt und siech ist sie nach Meinung der meisten Wissenschaftler. Gleich dem Polywasser und den N-Strahlen wird sie als Kuriosität in den Annalen der Naturwissenschaften enden, als kurzlebiger Irrtum, interessant allenfalls für Historiker und Soziologen.

Glaubt man aber einer kleinen Schar unentwegter Anhänger, so hat sich die Forschung nach der Kalten Kernfusion lediglich aus dem Rampenlicht der Öffentlichkeit zurückgezogen. In der Tat zeugen nicht nur die alljährlichen *Annual Conferences on Cold Fusion*, von denen die letzte erst vor wenigen Monaten in Hawaii stattfand, von beträchtlichen Aktivitäten. Zwar hat das National Cold Fusion Institute in Utah dicht gemacht, aber für Fleischmann und Pons wurde bei Nizza ein eigenes Labor eingerichtet, finanziert von Toyota. Es zirkulieren Videos, auf denen man Pons stolz neben dem Prototyp einer Zelle sieht, die ein Haus mit Kernenergie versorgen kann. Fleischmann hält gelegentlich Vorträge, in denen er behauptet, die reproduzierbare Erzeugung von Energie sei längst kein Problem mehr; und gelegentlich flattern vertrauliche Telefaxe ins Sekretariat mit langen Listen exotischer Kernreaktionen, die angeblich in reputierlichen Labors nachgewiesen wurden.

Dr. John Huizenga war Vorsitzender des vom Energieministerium der Vereinigten Staaten berufenen Ausschusses, der das Phänomen der Kalten Kernfusion untersuchen und Empfehlungen für die Forschungspolitik aussprechen sollte. Als solcher hatte er den besten Einblick in die Arbeit der verschiedenen Forschergruppen, die in den ersten hektischen Monaten nach der „Entdeckung" an die Öffentlichkeit traten, heftig miteinander stritten, sich gegenseitig Inkompetenz, Voreingenommenheit, wenn nicht gar Täuschung vorwarfen. In diesem Buch setzt er sich kritisch mit den diversen Experimenten und Theorien auseinander und analysiert sie aus der Sicht seiner langjährigen Erfahrung als einer der führenden Kernphysiker. Sein Buch ist ein wichtiges Dokument für alle, die sich ein Bild über die Kalte Kernfusion und ihre Entwicklungsgeschichte machen wollen.

Ich möchte hier noch einige Aspekte beleuchten, die vielleicht helfen, die geschilderten Ereignisse einzuordnen. Da ist zunächst einmal das große Ansehen, das Dr. Martin Fleischmann in der Elektrochemie genoß. Schließlich war er lange Jahre Leiter des größten britischen Institutes für Elektrochemie, ausgezeichnet mit der Palladium-Olim-Medaille der Electrochemical Society, die den bedeutendsten Elektrochemikern verliehen wird. Allein Fleischmanns Ruf ließ die meisten Elektrochemiker zunächst an die Realität der Kalten Kernfusion glauben. Zudem erinnerten sich viele an einen anderen, zunächst unglaublichen Effekt, den Fleischmann Ende der siebziger Jahre entdeckt hatte: den *oberflächenverstärkten Ramaneffekt.* Da diese Geschichte zumindest in psychologischer Hinsicht recht interessant ist, möchte ich sie kurz referieren.

Die Raman-Spektroskopie ist eine bewährte Methode zur Analyse chemischer Verbindungen. Nun entstehen in der Elektrochemie oft unbekannte Reaktionsprodukte auf Elektrodenoberflächen, und es wäre praktisch, sie mittels Ramanspektroskopie zu identifizieren. Leider ist der Ramaneffekt sehr schwach, und in der Elektrochemie liegen die Reaktionsprodukte in einer extrem dünnen Schicht auf der Elektrode vor. Eine kurze Überschlagsrechnung zeigt, daß man auch nach tagelangem Warten kein brauchbares Ramanspektrum erhalten sollte. Um so verblüffter war die Fachwelt, als Fleischmann 1973 auf einer Tagung der *International Society for Electrochemistry* Ramanspektren von Adsorbaten auf Silberelektroden zeigte, ohne zu erklären, wieso man sie überhaupt hatte messen können! Erst die nächste Gruppe, die Fleischmanns Experimente – übrigens auf Anhieb erfolgreich – überprüfte, wies nach, daß ein noch unbekannter Effekt die Ramanspektren an Elektroden um einen Faktor $10^5 - 10^6$ verstärkte.

Lag es da nicht nahe, daß auch bei der Kalten Kernfusion ein noch unbekannter Effekt wirkte, der die Fusionsrate in Festkörpern um einen Faktor von 10^{40} verstärkte? Natürlich ist das nicht wissenschaftlich argumentiert, aber von der hehren Wissenschaft war im ersten Fusionsfieber wahrlich wenig zu sehen. Stehende Ovationen für Fleischmann und Pons auf der Tagung der American Chemical Society in Los Angeles – wenige Wochen später stimmen die Physiker in Baltimore mit großer Mehrheit gegen die Existenz der Kalten Kernfusion – was, mag man sich fragen, ist bloß in die angeblich so besonnenen Wissenschaftler gefahren? Es mag sich noch nicht allgemein herumgesprochen haben, aber Wissenschaftler forschen aus durchaus menschlichen Motiven: aus Neugierde, Ruhmsucht, aus Rivalität mit den einen Kollegen, aus Freundschaft mit anderen – hätte Fleischmann und Pons nicht die Freude an gutem Essen verbunden, wäre uns die Kalte Kernfusion wohl erspart geblieben. So brach bei diesen Tagungen schlicht die alte Rivalität zwischen Physikern und Chemikern auf. Normalerweise leben diese beiden Gruppen friedlich nebeneinander her. Zu vorgerückter Stunde mag ein Physiker mal sticheln, die Chemie sei ja nichts als die Physik der Valenzelektronen, oder ein Chemiker mag die Intuition und die Kreativität rühmen, die einen guten Chemiker auszeichnet, aber den Physikern leider abgehe. Nun begann das, was man heute Kernphysik nennt, ursprünglich als gemeinsames Forschungsgebiet der Physiker und Chemiker. Da sich langfristig aber die physikalischen Methoden als fruchtbarer erwiesen, wurde es die Domäne der Physiker, und die Kernchemie ist allenthalben auf dem Rückzug. Kann einen da der Stolz wundern, mit dem die Chemiker den Physikern vorhielten, ihnen sei gelungen, was die Physik trotz milliardenschwerer Forschung nie erreicht habe: die kontrollierte Kernfusion, dazu noch im Reagenzglas?

Dies führt uns zu einem weiteren Gegensatz: big science versus little science, wie die Amerikaner sagen, also Großforschung gegen Kleinforschung. Die Experimente in der Teilchen- und Kernphysik sind so aufwendig geworden, daß sie ganzer Teams von Wissenschaftlern und Technikern sowie Investitionen in Millionenhöhe bedürfen. Dem einzelnen Forscher fällt dabei nur eine kleine, wenn auch unentbehrliche Aufgabe zu. Berüchtigt sind die Artikel in *Physical Review Letters*, bei denen die Liste der Autoren länger ist als der Text, der von der Entdeckung eines neuen Teilchens kündet. Mit dem traditionellen Bild des Forschers, der alleine oder im Bund mit wenigen Genossen der Natur ihre Geheimnisse abringt, hat diese Großforschung wenig gemein. Zudem weisen die Wissenschaftler aus der „Kleinforschung“ – deren

Projekte durchaus Millionen kosten können – zu Recht darauf hin, daß man mit den Geldern aus den Großprojekten viele kleine finanzieren könnte, wobei sich trefflich darüber streiten läßt, was für den Fortschritt der Wissenschaft wichtiger ist. Die Entdeckung der Kalten Kernfusion wurde dann auch als Triumpf der „little science" gefeiert, als Triumpf zweier Forscher, die mit wenigen Mitteln auf geniale Weise ein Problem lösten, um das sich Nationale Forschungslaboratorien vergeblich bemüht hatten.

Dazu kommt, daß in den USA die wichtigen Entdeckungen traditionell an den Eliteinstitutionen der Ostküste oder Kaliforniens gemacht werden. Dazwischen liegen die Weizenfelder und die Rocky Mountains, eine kulturelle Wüste, von New York oder San Francisco aus betrachtet. In den letzten Jahrzehnten entstanden aber auch dort eine Reihe exzellenter Universitäten, und den Eliteuniversitäten fällt es zunehmend schwerer, ihren Führungsanspruch zu verteidigen, was auch schon zu finanziellen Schwierigkeiten bei diesen meist privaten Institutionen geführt hat. Es wäre ein schwerer Schlag für sie gewesen, wenn die Entdeckung des Jahrhunderts ausgerechnet in Utah, dem Land der Mormonen, gemacht worden wäre, und die zu erwartenden Tantiemen dort eine blühende Forschungslandschaft ins Leben gerufen hätten. Kein Wunder also, daß in Utah die ersten negativen Ergebnisse aus den traditionsreichen Labors zunächst als pure Boshaftigkeit angesehen wurden.

Der Autor des Buches kann natürlich nicht neutral zwischen diesen Gruppen stehen, er gehört zu Kernphysik und big science und kommt von einer traditionsreichen Universität. Das führt zu einer speziellen Sicht der Dinge, die gelegentlich einer Ergänzung bedarf. Hier einige Beispiele:

- Das Verzweigungsverhältnis der D+D Fusion ist experimentell bei Energien bis hinunter zu einigen Kiloelektronenvolt (keV) gemessen worden. Bei der Kalten Kernfusion – wenn es sie denn gibt – stehen aber nur thermische Energien von ca. 0,03 Elektronenvolt (eV) zur Verfügung. Dazwischen liegen einige Zehnerpotenzen, so daß es durchaus denkbar ist, daß sie anderen Gesetzmäßigkeiten gehorcht. Für einen Kernphysiker ist 1 keV eine kleine Energie, für einen Chemiker eine sehr hohe.

- Schwierigkeiten bei der Reproduzierbarkeit elektrochemischer Experimente wundern den Fachmann nicht. Wie alle Prozesse, die an Oberflächen ablaufen, reagieren sie extrem empfindlich auf Verunreinigungen und Oberflächenpräparation.

- Die Besonderheiten der ersten Veröffentlichung von Fleischmann und Pons im *Journal of Electroanalytical Chemistry* werden nicht klar dargestellt. Es handelt sich dabei um eine sogenannte *vorläufige Publikation*; diese Form bietet Wissenschaftlern die Gelegenheit, wichtige Ergebnisse rasch bekanntzugeben. Solche Publikationen sind im Umfang begrenzt, Einzelheiten von Experimenten oder Rechnungen werden nicht angegeben. Man erwartet aber, daß die Autoren später einen ausführlichen Artikel nachreichen – allerdings nicht in der Form umfangreicher Errata. Beim *Journal of Electroanalytical Chemistry* werden vorläufige Publikationen von den Herausgebern begutachtet. Man mag sich zwar wundern, daß sie ein so konfuses Manuskript akzeptierten, aber wenn diese Arbeit nicht so schnell erschienen wäre, hätte man sich nur auf die dürftigen Informationen der Pressekonferenz stützen können.

Soviel zum Hintergrund der Kalten-Kernfusions-Saga. Dieses Buch endet im Jahre 1991 – die Chronik im Anhang geht allerdings bis Ende 1992. Was ist seitdem geschehen? Es wundert nicht, daß ein Gebiet wie die Kalte Kernfusion Pseudowissenschaftler und Spekulanten anzieht, und manche Geschichte der letzten Jahre, etwa die Energieerzeugung aus normalem Wasser oder die Umwandlung von Quecksilber in Gold, kann man getrost deren Wirken zuschreiben. Es erschienen aber auch einige wenige Arbeiten von seriösen Wissenschaftlern, denen man vorbehaltlos glauben würde – wenn es sich nicht gerade um Kalte Kernfusion handelte. So zum Beispiel die Veröffentlichung von McKubre et *al.*[1], die in geschlossenen Deuterium/Palladium (D/Pd) Zellen reproduzierbar Überschußwärme in der Größenordnung von 5-10 % erhielten. Nach ihren Angaben tritt der Effekt immer dann auf, wenn:
(1) ein D/Pd Verhältnis von ca. eins in der Elektrode erreicht wird;
(2) diese Beladung genügend lange aufrechterhalten wird;

[1] *J. Electroanal. Chem.* **368** 55 (1994)

(3) die Stromdichte oberhalb einer gewissen Schwelle liegt. Kontrollmessungen mit normalem Wasser zeigten keinerlei Effekt. Mit Interpretationen halten sich die Autoren klugerweise zurück.

Andere interessante Arbeiten aus den letzten beiden Jahren sind die Tritiummessungen von Will et al.[2] und die Untersuchungen von Kucherov et al.[3] zur Glühentladung in Deuteriumgas. Dagegen wird man die Publikationen in *Fusion Technology* oder den Konferenzberichten der jährlichen Cold Fusion Tagungen mit einer gewissen Zurückhaltung begegnen.

Von einem Beweis für die Existenz der Kalten Kernfusion sind alle Arbeiten noch weit entfernt, doch sollte man als Wissenschaftler offen für revolutionäre Entdeckungen sein und alles mit einer gewissen Gelassenheit betrachten: Wenn an der Kalten Kernfusion wirklich etwas dran ist, werden die seriösen Anhänger dies irgendwann beweisen. Andernfalls werden die Aktivitäten von selbst versiegen.

Wolfgang Schmickler, Ulm, 1994

---

[2] *J. Electroanal. Chem.* **366** 161 (1993)
[3] *Physics Lett. A* **170** 265 (1992)

Vorwort

In Frühjahr 1989 versprachen zwei Elektrochemiker der Welt ein Eldorado – saubere, billige, unerschöpfliche Energie ohne schädliche Auswirkungen auf die Umwelt. B. Stanley Pons von der University of Utah und Martin Fleischmann von der University of Southampton verkündeten, sie hätten bei Raumtemperatur in einer kleinen Glaszelle auf dem Labortisch eine anhaltende, kontrollierte Kernfusion erzeugt. Sie hatten den Prozeß nachgemacht, aus dem die Sonne ihre Energie bezieht. Ihnen war der Durchbruch gelungen, dem Kernforscher seit Jahrzehnten vergeblich nachjagten, obwohl sie riesige Apparaturen bauten, extrem hohe Temperaturen verwendeten und Milliarden Dollar verausgabten. Fleischmann und Pons versprachen viel, – hätten sie recht behalten, wären ihnen der Nobelpreis und zahllose weitere Ehrungen sicher.

Diese Nachricht lief als die wissenschaftliche Entdeckung des Jahrhunderts durch die Medien. Die öffentlichen Fernsehanstalten in den USA berichteten ausführlich über diese *Kalte Kernfusion* und sendeten Interviews mit Fleischmann und Pons. Im ganzen Lande sahen sich Wissenschaftler Videoaufnahmen dieser und anderer Sendungen an und versuchten, weitere Informationen zu erhaschen. Doch enthielten weder die Pressemitteilungen noch andere Berichte die experimentellen Einzelheiten, derer man für eine wissenschaftliche Beurteilung bedurft hätte, so daß sich manch einer über diese „Veröffentlichung durch Pressekonferenz“ ärgerte und die Geschichte mit Skepsis betrachtete.

Der Traum von der Kalten Kernfusion hätte kaum zu einem günstigeren Zeitpunkt kommen können. Nur kurz zuvor war der Öltanker Exxon Valdez vor Alaska auf Grund gelaufen und hatte die Küste verpestet. Man fürchtete Ölmangel, Preissteigerungen und Schlangen vor den Tankstellen. Energie- und Umweltprobleme bestimmten das öffentliche Bewußtsein in den USA, das Fehlen einer klaren nationalen Energiepolitik war offensichtlich. Man wußte, daß bei der Verbrennung der fossilen Energieträger Kohle, Öl und Erdgas Kohlendioxid entsteht, das den Treibhauseffekt verstärken und zu einer globalen Erwärmung der Atmosphäre führen soll. Zudem verursacht die Verbrennung der reichlich vorhandenen schwefelhaltigen Kohle den Sauren Regen mit all seinen verheerenden Folgen.

Der zerstörerische Einfluß der fossilen Brennstoffe auf die Umwelt veranlaßte viele, den Einsatz von Kernspaltungsreaktoren erneut zu durchdenken. Aber das Problem der Entsorgung und die Erinnerung an die Katastrophe von Tschernobyl ließen die Kernspaltung kaum als attraktive Alternative erscheinen, und so war nicht damit zu rechnen, daß sie in naher Zukunft in großem Maßstab ausgebaut würde. Andere sahen in der Kernfusion die Energiequelle der Zukunft. Milliarden von Dollar waren schon für ihre Erforschung und Entwicklung ausgegeben worden. Aber obwohl man erhebliche Fortschritte erziehlt hatte, könnten kommerzielle Fusionskraftwerke, falls überhaupt, frühestens gegen Mitte des nächsten Jahrhunderts ans Netz gehen. Vor dem Hintergrund dieser düsteren Zukunftprognosen betraten Fleischmann und Pons die Bühne und verblüfften die Öffentlichkeit mit ihrer Behauptung, sie hätten das Problem der kontrollierten Kernfusion gelöst.

In den ersten, euphorischen Tagen der Kalten Kernfusion waren Zweifel an diesem neuen Energietraum unpopulär und galten fast schon als unpatriotisch. Das *Wall Street Journal* verglich Fleischmann und Pons mit Ernest Rutherford, einem der Giganten der Physik des 20. Jahrhunderts. Ich selbst aber, mit vier Jahrzehnten Erfahrung in der Kernphysik, blieb skeptisch, wie auch die meisten meiner Kollegen. Daß die Wahrscheinlichkeit einer Kernfusion unter dem Einfluß eines Metallgitters um fünfzig Größenordungen, einem Faktor 10^{50}, steigen sollte, schien den Grundlagen der Kernphysik zu widersprechen.

Trotzdem begannen viele von uns sofort damit, die Sache zu überprüfen. In der Tat werden in der Wissenschaft gelegentlich völlig überraschende Entdeckungen gemacht, und als Wissenschaftler muß man stets damit rechnen. Unsere Forschungsgruppe an der University of Rochester besaß die neuesten Neutronendetektoren mit der zugehörigen Elektronik. Einige meiner Kollegen requirierten diese Instrumente und begannen sofort, nach Beweisen für die Kernfusion bei Raumtemperatur zu suchen. Schließlich ist das Experiment die letzte Autorität in wissenschaftlichen Fragen, und so stürzten sich experimentelle Gruppen in der ganzen Welt auf die „Kernfusion im Reagenzglas", die man in den Abendnachrichten hatte sehen können. Offene Fragen und unbestätigte Gerüchte kursierten in den Netzwerken für elektronische Post.

Anfang April 1989 rief mich John Schoettler, der Vorsitzende des Beirats für Energieforschung (Energy Research Advisory Board = ERAB), an und bat mich, den Vorsitz eines ERAB-Untersuchungsausschusses für die Kalte Kernfusion zu übernehmen. ERAB berät das Ministerium für Energiefragen (Departement of Energy = DOE) und beruft öfters Untersuchungsausschüsse für besonders wichtige Probleme. Ich war seit 1984 Mitglied des ERAB und fühlte mich deshalb verpflichtet, den Vorsitz anzunehmen, bat mir aber eine kurze Bedenkzeit aus. In der folgenden Woche war ich in Dallas und nahm an dem ersten großen öffentlichen Forum über die Kalte Kernfusion teil, das von der American Chemical Society (ACS) organisiert wurde. Diese höchst außergewöhnliche Tagung, von Zynikern als *Woodstock der Chemie* bezeichnet, zeigte deutlich, wie unterschiedlich die Kalte Kernfusion von den Wissenschaftlern beurteilt wurde. Einige Tage später, nach langen Diskussionen mit Kollegen aus der National Academy of Sciences, stimmte ich zu, den Vorsitz zu übernehmen. Die anderen Mitglieder der Kommission wurden kurz darauf von ERAB ernannt, und Ende April begannen wir mit unserer Arbeit.

In den nächsten sechs Monaten beschäftigte ich mich ausschließlich mit der Kalten Kernfusion. Als Vorsitzender des DOE/ERAB Ausschusses hatte ich die einzigartige Gelegenheit, Tag für Tag die Behauptungen und Gegenbehauptungen zu verfolgen und aus erster Hand die fieberhafte Begeisterung und die mysteriösen Ereignisse zu verfolgen, welche die Kalte Kernfusion von Anfang an umgaben. Bestätigungen, Dementis, neue positive und negative Ergebnisse waren an der Tagesordnung, und alles mußte ausgewertet und verarbeitet werden. Unser Ausschuß mußte alle relevanten Informationen sammeln, nicht nur von den amerikanischen, sondern auch von vielen ausländischen Laboratorien – fürwahr ein umfangreiches Material. Mitglieder unseres Ausschusses besuchten ausgewählte Institute, die an der Kalten Kernfusion arbeiteten. Im Juli

1989 verfassten wir einen Zwischenbericht und unseren Abschlußbericht im November desselben Jahres. Als ich später vor verschiedenen Auditorien Vorträge über die Arbeit unseres Ausschusses, seine Schlußfolgerungen und Empfehlungen hielt, merkte ich, auf welch großes Interesse die Kalte Kernfusion bei vielen Zuhörern stieß, und wie neugierig sie auf weitere Einzelheiten waren. Dies veranlasste mich, dieses Buch zu schreiben.

Für den Leser ist es von Anfang an wichtig zu wissen, daß die Bezeichnung „Kalte Kernfusion" (oder auch „Kernfusion bei Raumtemperatur") oft für zwei ganz verschiedene Phänomene verwendet wird. Auf der einen Seite behauptete die University of Utah, daß Fleischmann und Pons „bei Raumtemperatur eine kontinuierliche, kontrollierte Kernfusion" induziert hätten, welche für jedes Watt an zugeführter Leistung vier Watt Ausgangsleistung liefere. Auf der anderen Seite berichteten Steven E. Jones und seine Kollegen von der Brigham Young University (BYU), sie hätten eine geringe Dosis an Neutronen beobachtet, die von einer Kernfusion bei Raumtemperatur erzeugt würden. Diese beiden Effekte unterscheiden sich um dreizehn Größenordnungen (zehn Billionen). Trotzdem werden beide als Kalte Kernfusion bezeichnet und werden oft fälschlicherweise als dasselbe Phänomen interpretiert.

Der Gebrauch der Bezeichnung „Kalte Kernfusion" für diese sehr unterschiedlichen Effekte hat beträchtliche Verwirrung gestiftet. Die angebliche Erzeugung von Überschußwärme im Bereich einiger Watt aus der Fusion von Deuterium bei Raumtemperatur steht in krassem Widerspruch zu anderen Berichten, die extrem niedrige obere Grenzen für die Intensität der Fusionsprodukte angeben. Die Ergebnisse von Jones sind keine unabhängige Bestätigung des Experimentes von Fleischmann und Pons. In diesem Buch werde ich mich überwiegend mit dem exotischeren Effekt hoher Fusionsraten befassen, der zuerst von Fleischmann und Pons postuliert wurde. Dies ist die Behauptung, die allgemeines Interesse entfacht hat, und die versprach, unsere Energieprobleme für alle Zeiten zu lösen. Ich werde aber auch die wesentlich bescheidenere Behauptung diskutieren, die vorgab Nebenprodukte ganz geringer Intensität aus der Fusion von Deuterium bei Raumtemperatur beobachtet zu haben. Der Leser muß sich deshalb des fundamentalen Unterschiedes dieser beiden

Behauptungen stets bewußt sein. Aus rein wissenschaftlicher Sicht ist die letztere Behauptung, falls sie sich als wahr erweisen sollte, extrem interessant, doch könnte dieser Effekt nicht als Energiequelle dienen.

Die ersten sechs Kapitel handeln von den ersten beiden Monaten der Kalten-Kernfusions-Saga. Nachdem die Kernfusion bei Raumtemperatur auf der Pressekonferenz verkündet worden war, ohne daß vorher irgendeine wissenschaftliche Überprüfung stattgefunden hatte, wurde über die Verifizierung in aller Öffentlichkeit gestritten. Diese Kapitel beschreiben die ersten Berichte über die Kalte Kernfusion, wie sie bei einigen wissenschaftlichen Tagungen in Gegenwart der Medien vorgetragen wurden. Der Gegensatz zwischen der reinen Wissenschaft und der Wissenschaftspolitik bildet eine besonders aufschlußreiches Kapitel. Die University of Utah beantragte in Washington umfangreiche finanzielle Unterstützung, ehe die Experimente bestätigt waren.

Die Kapitel 7 – 10 beschreiben und bewerten die relevanten wissenschaftlichen Daten. In ihrer ersten Pressemitteilung beschrieb die University of Utah das Experiment als „äußerst einfach". Im Gegensatz dazu erwiesen sich exakte kalorimetrische Experimente als sehr schwierig, besonders wenn sie an offenen Zellen durchgeführt wurden. Die positiven Berichte litten unter experimentellen Unsicherheiten, unzureichenden Kontrollmessungen und mangelhafter Fehleranalyse. Eine Gruppe von überzeugten Anhängern der Kalten Kernfusion faßte auf der *First Annual Conference on Cold Fusion* (erste Jahrestagung über Kalte Kernfusion) ihre Ergebnisse so zusammen: „Es gibt so viele Eichmessungen, die zu viel Wärme ergaben, und Experimente mit D_2O, in denen keine oder nur wenig Überschußwärme generiert wird, daß der ganze Prozeß vielleicht nur auf statistischen Schwankungen beruht."

Wenn wirklich eine Fusion der Deuteriumkerne stattfände, müßte es auch Fusionsprodukte geben, die man viel einfacher nachweisen kann als Überschußwärme. Deswegen ist die Suche nach Neutronen, Tritium, Helium etc. von entscheidender Bedeutung. Dies wird ausführlich beschrieben und analysiert. Gegner und Anhänger der Kalten Kernfusion stimmen zumindest in dem Punkt überein, daß eine große Diskrepanz zwischen der angeblich gemessenen Wärme und der Menge der nachweisbaren Fusionsprodukte besteht. Dieser Widerspruch erschüttert die Grundlage der versprochenen „sauberen, praktisch unerschöpflichen Energiequelle.“ Um sowohl an die Überschußwärme als auch an ihren nuklearen Ursprung glauben zu können, verschrieben sich manche Anhänger einer Pseudowissenschaft. Die konventionelle Kernphysik wurde in Metallgittern für ungültig erklärt. Dadurch wurde die Tür für diverse Wunder wie Überschußwärme ohne Fusionsprodukte oder Tritium ohne Neutronen geöffnet. Forschergruppen mit negativen Ergebnissen wurden als Teil des „Establishments von der Ostküste“ abgetan und mit der Bemerkung: „negative Ergebnisse kann man ohne Können und Erfahrung erhalten“ lächerlich gemacht. Die Proklamation einer „Neuen Physik in Festkörpern“ brachte Elemente der Intrige und Täuschung in die Kalte-Kernfusions-Saga, und führte letztendlich nur zu Verwirrung und Skandalen. Der Grund, aus dem Fleischmann und Pons ihre Untersuchungen begannen, war von Anfang an falsch. Sie glaubten, bei der Elektrolyse ließen sich so hohe Drücke erzielen, daß die Deuteriumkerne sich nahe genug kämen, um zu verschmelzen. Das National Cold Fusion Institute (Nationales Institut für Kalte Kernfusion) hat dicht gemacht, Karrieren wurden abgebrochen und Millionen Dollar verschwendet, und immer noch gibt es keine Bestätigung.

Wie enstand die Kalte Kernfusion, und was verlieh ihr die Triebkraft? Ist sie ein Fall von Pathologischer Wissenschaft? Was sind die Gefahren, wenn man mit großen Versprechungen an die Öffentlichkeit tritt ohne ausreichende experimentelle Beweise? Diese Themen werden in den letzten drei Kapiteln behandelt. Die große Mehrheit der Wissenschaftler konnte die Ergebnisse von Fleischmann und Pons nicht verifizieren. Trotzdem berichteten an die hundert Forschergruppen von Überschußwärme oder Spuren von Fusionsprodukten. Schon wegen der großen Anzahl der positiven Ergebnisse ist man zu glauben versucht, daß irgendetwas an der Geschichte dran sein muß. In der Wissenschaft bildet eine Menge von unbelegten Behauptungen aber noch keinen Beweis. Schließlich erschienen auch Hunderte von Arbeiten über N–Strahlen und Polywasser, beides Musterbeispiele für Pathologische Wissenschaft, die von Langmuir, einem Nobelpreisträger für Chemie, definiert wurde als: „die Wissenschaft der Dinge, die nicht so sind.“ Der Verfolgungswahn der Anhänger der Kalten Kernfusion gipfelt in der Behauptung, eine kleine, lautstarke Gruppe von Interessenten der Heißen Kernfusion sabotiere die Weiterentwicklung der Kalten Kernfusion. Dies ist ein Fall von Selbsttäuschung, eines der Charakteristika von Pathologischer Wissenschaft.

Das Verhalten der University of Utah bei dieser Geschichte macht deutlich, was passiert, wenn man wegen möglicher Tantiemen eine vorzeitige Veröffentlichung erzwingt, und wenn Universitäten nach hohen Bundesmitteln gieren, ehe die wissenschaftliche Grundlage bewiesen ist. Die Chimäre der Kalten Kernfusion ist ein schlagendes Beispiel dafür, welche Konsequenzen es hat, wenn Wissenschaft in der Isolation betrieben wird von Forschern, die außerhalb ihres Spezialgebietes operieren, wenn Wissenschaftler die übliche Begutachtung umgehen, wenn es zu vieler Wunder bedarf, um ihre Ergebnisse zu erklären, wenn Daten statt von den Verantwortlichen von anderen als private Mitteilungen veröffentlicht werden, wenn Wissenschaftler sich der Presse bedienen, um eine unbestätigte Entdeckung in überoptimistischem Ton zu verkünden.

Das Fiasko mit der Kalten Kernfusion zeigt wieder einmal, daß der Wissenschaftsbetrieb funktioniert, indem er seine eigenen Fehler aufdeckt und korrigiert.

John R. Huizenga, Rochester, New York

Danksagung

Ich möchte den Mitgliedern des ERAB/DOE Ausschusses öffentlich für ihre engagierte Arbeit während der sechs Monate danken, in denen wir intensiv die umfangreiche Literatur über die Kalte Kernfusion studierten, die von Laboratorien aus der ganzen Welt kam. Diese Gruppe von zweiundzwanzig Wissenschaftlern, mit verschiedener Ausbildung und diversen Interessengebieten, kamen zu derselben Ansicht über das Phänomen der Kalten Kernfusion und verfaßten zwei Berichte, die einstimmig verabschiedet wurden. Die folgenden Mitglieder verdienen, wegen ihrer wertvollen Beiträge zum Abschlußbericht besonders hervorgehoben zu werden: Allen J. Bard, Jacob Biegeleisen, Howard K. Birnbaum, T. Kenneth Fowler, Richard L. Garwin und John P. Schiffer. Ohne die Unterstützung und Ermutigung, die mir alle Mitglieder während den Beratungen gewährten, hätte ich mich später nicht entschlossen, dieses Buch zu schreiben. Ich möchte jedoch betonen, daß die Meinungen und Schlußfolgerungen, die ich hier wiedergebe, auschließlich meine eigenen sind und nicht notwendigerweise mit denen der anderen Mitglieder übereinstimmen. Mein Dank gilt auch den technischen Mitarbeitern Thomas G. Finn, David Goodwin und William Woodward, die uns in allen Belangen unserer Arbeit tatkräftig unterstützten.

Der Auschuß erfreute sich auch der vorbehaltlosen Unterstützung des übergeordneten Komitees, des ERAB. Dieses bildete das beschlussfassende Organ, das unseren Abschlußbericht einstimmig annahm und an den Minister für Energiefragen, Admiral James D. Watkins, weiterleitete.

Ich danke Tim Fitzpatrick für Photokopien seiner Artikel in der *Salt Lake Tribune*, Bob Welk für Zeitungsausschnitte aus dem *Wall Street Journal*, die er in meinen Briefkasten steckte, Bruce V. Lewenstein für eine Kopie der Pressemitteilung der University of Utah, ferner vielen Freunden, die mich auf einschlägige Artikel aufmerksam machten. Besonders dankbar bin ich vielen Kollegen, die mir Vorabdrucke ihrer Arbeiten und Berichte zur Kalten Kernfusion sandten und mir entsprechende Informationsbrocken über bitnet und Telefax zukommen ließen. Die Artikel, die unter der Überschrift *Nachrichten zur Kalten Kernfusion* von Douglas R.O. Morrison verfaßt und über elektronische Post verbreitet wurden, gehören zur klassischen Literatur über die Kalte Kernfusion.

Verschiedene Leute haben die ersten Versionen dieses Manuskripts gelesen, kommentiert und hilfreiche Verbesserungsvorschläge gemacht. Dazu gehören meine Tochter Jann, meine Frau Dolly, Nathan S. Lewis, Jack A. Kampmeier, Douglas R.O. Morrison und W. Udo Schröder. Ich weiß die Hilfe, die sie mir gegeben haben, wohl zu würdigen. Ferner danke ich Dolly dafür, daß sie bei der Anhörung vor dem Ausschuß für Wissenschaft, Weltraumforschung und Technik mit dabei war und umfangreiche Notizen anfertigte.

Ganz besonders möchte ich Debbie Shannon-Mryglod und Arlene Bristol dafür danken, daß sie dieses Manuskript schrieben und zur Veröffentlichung vorbereiteten. Ferner schulde ich den Lektoren Robert Easton und Pam Cope Dank für ihre hilfreichen Vorschläge.

Abkürzungen

ACS	American Chemical Society
AIP	American Institute of Physics
APS	American Physical Society
BARC	Bhabha Atomic Research Center
bitnet	elektronische Nachrichten
BNL	Brookhaven National Laboratory
Bull. Am. Phys. Soc.	Bulletin of the American Physical Society
BYU	Brigham Young University
Caltech	California Institute of Technology
CBS	Columbia Broadcasting System
Chem. Letters	*Chemistry Letters*
C&EN	*Chemical and Engineering News*
CERN	Conseil Européen pour la Recherche Nucleaire
DOE	United States Departement of Energy (Ministerium für Energiefragen)
EPRI	Electric Power Research Institute
ERAB	Energy Research Advisory Board
GANIL	Grand Accélérateur National d'Ions Lourds
IBM	International Business Machines
J. Electronanal. Chem.	*Journal of Electroanalytical Chemistry*

J. Electrochem.	*Journal of Electrochemistry*
J. Phys. Chem.	*Journal of Physical Chemistry*
J. Radioanal. Nucl.	*Journal of Radioanalytical Nuclear*
keV	Kiloelektronenvolt
mA	Milliampere
MeV	Megaelektronenvolt
MIT	Massachusetts Institute of Technology
NAS	National Academy of Science
NASA	National Aeronautics and Space
NBC	National Broadcasting Company
NCFI	National Cold Fusion Institute
NSF	National Science Foundation
Phys. Lett.	*Physics Letters*
Phys. Rev.	*Physical Review*
Phys. Rev. Lett.	*Physical Review Letters*
Proc. Natl. Acad. Sci.	*Proceedings of the National Academy of Sciences*
Proc. Roy. Soc.	*Proceedings of the Royal Society (London)*
SDI	Strategic Defense Initiative
Soviet Tech. Phys. Letters	*Soviet Technical Physics Letters*
SRI	Stanford Research Institute
UCLA	University of California Los Angeles
WKB	Wentzel-Kramers-Brillouin-Näherung
ZETA	Zero Energy Thermonuclear Assembly
Z. Naturforsch.	*Zeitschrift für Naturforschung*
Z. Phys.	*Zeitschrift für Physik*

Kapitel 1
Pressekonferenz

Am 23. März 1989 berichteten auf einer sensationellen Pressekonferenz in Salt Lake City zwei Elektrochemiker, Dr. B. Stanley Pons, Leiter des Chemischen Institutes der University of Utah, und Dr. Martin Fleischmann, emeritierter Professor der University of Southampton, von dem großen Durchbruch in der Fusionsforschung. Sie behaupteten, es sei ihnen gelungen, in einem Reagenzglas bei Raumtemperatur in einer Art Schülerapparatur Kernfusion zu induzieren. Sollte dies tatsächlich der Fall sein, so wäre ihnen der Nobelpreis sicher. Die begleitenden Presseinformationen (s. Anhang) waren sehr allgemein gehalten und enthielten kaum technische Details. Die meisten großen Fernsehanstalten und Nachrichtensender verbreiteten positive Berichte über die Entdeckung von Fleischmann und Pons, die als „Kalte Kernfusion" bezeichnet wurde. Die Medienberichte nährten die Hoffnung und Erwartung der Bevölkerung. Dan Rather, zum Beispiel leitete die CBS Abendnachrichten mit dem Fusionsbericht ein. Voller Enthusiasmus begann er: „Ein überragender wissenschaftlicher Fortschritt ..." Journalisten aus den gesamten USA und Europa kamen nach Salt Lake City, um für einen Bericht zu recherchieren. Das *Wall Street Journal* brachte im Auslandsteil den Kernfusionsbericht als Hauptmeldung. Als Schlagzeile auf der Titelseite prangte die Frage „Die Zähmung der H-Bombe?" Dieser hochgradig positive Artikel in Amerikas angesehenster Wirtschaftszeitung verkündete, daß soeben die Fusion von Deuteriumkernen bei Raumtemperatur gelungen sei. Der Artikel erklärte, daß im Palladiumgitter „Deuteriumkerne nahe genug aneinander gebracht werden können, so daß sie ihre gegenseitige Abstoßung überwinden und schließlich verschmelzen." Für informierte Leser war dies eine der großartigsten und erstaunlichsten Meldungen in der 35-jährigen Geschichte der kontrollierten Wasserstofffusionsreaktionen. Fast alle Nachrichtenorgane lobten die Entdeckung der University of Utah und priesen sie als die Lösung der weltweiten Energieprobleme. Manche großen Zeitungen waren etwas skeptischer und maßen der Meldung weniger Bedeutung bei. Die *New York Times* verwies den Bericht in ihrer Ausgabe vom 24. März auf Seite 16 des Hauptteils und versah ihn klugerweise mit Reaktionen von Physikern und Fusionsexperten, die der Entdeckung aus Utah kritisch gegenüberstanden. Die überregionale und sehr verbreitete Zeitung *USA Today* ignorierte die Meldung in ihrer Ausgabe vom 24. März gänzlich.

Eine äußerst interessante Geschichte spielte sich einige Stunden vor der Pressekonferenz ab. Die *Financial Times London* berichtete bereits am Morgen der Pressekonferenz über die Kalte Kernfusion, was selbst die Pressestelle der Universität überraschte. Der 24. März 1989, Karfreitag, war in England ein Feiertag. Deshalb würde die Zeitung am 24. nicht erscheinen. Wäre die Zeitung gezwungen gewesen, die Pressekonferenz abzuwarten, hätte der Bericht erst in der Montagsausgabe am 27. März erscheinen können. Diese Verzögerung war für Fleischmann offenbar unannehmbar. Einem Bericht des wissenschaftlichen Magazins *Science* [1] zufolge wandte sich Fleischmann an einen guten Freund, Richard Cookson, um ihn zu fragen, welches die beste Möglichkeit sei, für eine Verbreitung des Berichts in Großbritannien zu sorgen. Cookson, ein ehemaliger Kollege Fleischmanns am Chemischen Institut in Southampton, verwies ihn an seinen Sohn, Clive Cookson, Journalist der *Financial Times*. Fleischmann gab daher mit Pons Einverständnis die Informationen über die Entdeckung bereits einen Tag vor der Pressekonferenz an die *Financial Times* weiter. Die *Financial Times* konnte so einen Tag vor allen anderen Zeitungen ihre „Entdeckung des Jahres“ verkünden. Auch das *Wall Street Journal* hatte bereits in der Morgenausgabe einen Bericht mit dem Titel: „Enthüllungen über Entwicklungen in der Kernfusion.“ Dieser enthielt aber lediglich Hintergrundinformationen als Vorbereitung auf den nach der Pressekonferenz folgenden Bericht.

Es ist schon lange bekannt, daß Kernfusion unter extremen Bedingungen von hoher Temperatur und hohem Druck, wie sie in der Sonne vorherrschen, stattfinden kann. Die Nutzung der Fusionsenergie für kommerzielle Zwecke blieb Jahrzehnte lang ein unerreichbarer Traum. Die Entdeckung der Kalten Kernfusion durch Fleischmann und Pons

Bild 1.1 Martin Fleischmann (rechts) und B. Stanley Pons in ihrem Labor am Chemischen Institut der University of Utah. Hier wollen sie erfolgreich eine kontinuierliche Kernfusion bei Raumtemperatur in einer einfachen Apparatur auf dem Labortisch induziert haben. Zu sehen sind vier ihrer Elektrolysezellen in einem Wasserbad. (Mit freundlicher Genehmigung der University of Utah.)

versprach der Welt ein Jahrhundertereignis. Es war das Versprechen einer quasi unerschöpflichen, billigen, sicheren, umweltverträglichen und sauberen Kernenergie.

Bis 1989 hatten Wissenschaftler der USA, der UdSSR, Japan und verschiedener europäischer Länder 7 Milliarden Dollar in die Fusionsforschung investiert. Alle arbeiteten mit extrem hohen Temperaturen, die sie für notwendig hielten, um eine Kernfusion zu induzieren. Es ist also nicht weiter verwunderlich, daß die Behauptung von Fleischmann und Pons die wissenschaftliche Welt in Aufruhr versetzte und die Öffentlichkeit glauben ließ, die Energieprobleme der Welt könnten für alle Zeiten gelöst werden.

Die Verursacher dieses Fusionsfiebers hatten sich in Southampton kennengelernt. Nachdem Pons 1965 an der Wake Forest University (North Carolina) sein Diplom erhielt, verbrachte er 2 Jahre als Doktorand an der University of Michigan, die er verließ, um im familieneigenen Textilbetrieb zu arbeiten. Nach acht Jahren Geschäftsleben wollte Pons zurück in die Wissenschaft und wurde vom Elektrochemischen Institut der University of Southampton angenommen, um seine Doktorarbeit zu beenden, was ihm 1978 gelang. Dort begegnete er Fleischmann, der damals Professor der Elektrochemie war. Die beiden wurden Freunde und später, nachdem Fleischmann sich vorzeitig hatte emeritieren lassen, arbeiteten sie zusammen an der University of Utah und publizierten gemeinsam ihre Forschungsergebnisse.

Einige Quellen [2] geben an, daß die Idee zur Kalten Kernfusion ungefähr fünf Jahre vor der Pressekonferenz geboren wurde, und zwar während eines Aufenthalts Fleischmanns in Utah. Bei einer Wanderung im Millcreek Canyon im Wasatch Massiv wuchs in ihnen die Überzeugung, daß sie vor einer bedeutsamen Entdeckung stünden. Pons sagte: „Wir blieben die ganze Nacht auf und überlegten, wie der Versuch durchzuführen sei, aber einige Dinge paßten einfach nicht zusammen. Wir machten einen Spaziergang durch den Canyon, um einen klaren Kopf zu bekommen, und schnell schwanden die noch vorhandenen Unklarheiten" [3]. Der Artikel führt weiter aus: „wieder zu Hause, öffneten sie eine Flasche Bourbon und arbeiteten die ganze Nacht durch. Am nächsten Morgen war die Bourbonflasche fast leer und der Versuch so weit durchdacht, daß er im Labor ausgeführt werden konnte." Pons sagte weiter: „Innerhalb von acht Monaten erhielten wir aussagekräftige Ergebnisse, aber eine „Kernschmelze" zwang uns, den Umfang der Experimente zurückzufahren. Es war unglaublich frustrierend, als ob man wieder ganz von vorne anfangen müsse." Wann ihre Elektrode geschmolzen sein soll, ist unklar. Das *Time* Magazin berichtete [4], die Kernschmelze habe sich in einer Nacht im Jahre 1985 ereignet. Pons wertete das Ereignis so: „wir erhielten sehr viel mehr Energie, als eine chemische Reaktion liefern könnte." Um sich ihre Vorreiterrolle und die Patentrechte zu sichern, war es im Interesse von Fleischmann und Pons, den frühest möglichen Termin für ihr „erfolgreiches" Experiment zu benennen.

Besonders erstaunlich waren die Mitteilungen der University of Utah, wenn man bedenkt, welche Einzelheiten sie von der Einfachheit der Apparaturen gaben; zwei mit einer Batterie verbundene Elektroden in einer Zelle, ähnlich einem Reagenzglas, die sich in einem Becherglas mit schwerem Wasser (D_2O) befindet. Schweres Wasser ist eine Modifikation des normalen Wassers, in dem das leichte Wasserstoffisotop mit der Massenzahl 1 (^1H) vollständig durch das seltenere, schwere Isotop mit der Massenzahl 2 (^2H) ersetzt wird. Im folgenden werde ich das schwere Isotop als Deuterium bezeichnen und das Symbol D anstelle von ^2H verwenden. Deuterium wurde 1932 von dem berühmten Chemiker Harold Urey entdeckt. Da Deuterium ein Isotop von Wasserstoff ist, hat es auch ähnliche chemische Eigenschaften. Im Meerwasser befindet sich genug Deuterium (die Häufigkeit von Deuterium auf der Erde macht 0,015% des vorhandenen Wasserstoffs aus), um die Erde unendlich lange mit Energie zu versorgen, vorausgesetzt man findet einen Weg, die gegenseitige Abstoßung der positiv geladenen Deuteriumkerne (Deuteronen) zu überwinden, damit eine Kernfusion eintreten kann. Die negativ geladene Elektrode (Kathode) der Fleischmann-Pons-Zelle bestand aus Palladium, die positive Elektrode (Anode) aus Platin. Dem schweren Wasser wurde ein Elektrolyt hinzugegeben, um die Lösung elektrolytisch leitend zu machen. Obwohl die chemische Formel des Elektrolyten nicht bekannt gegeben wurde, kursierten wenige Tage später Gerüchte, es handele sich dabei um Lithiumdeuteriumoxid (LiOD). Bei der Elektrolyse einer deuterierten Lösung wird das schwere Wasser (D_2O) durch den elektrischen Strom in D_2- und O_2-Gas zersetzt, zusätzlich wird Deuterium in der Palladiumelektrode absorbiert. Die Idee, daß Palladium oder ein anderes Metall wie Titan die Fusion katalysieren könnte, beruht auf der besonderen Fähigkeit dieser Metalle, große Mengen an Wasserstoff bzw. Deuterium zu absorbieren. Fleischmann und Pons vermuteten, daß während der Elektrolyse die im Palladiumgitter eingeschlossenen Deuteriumatome sich so nahe kämen, daß sogar bei Raumtemperatur eine nachweisbare Fusion stattfände. Es waren die Einfachheit des Experiments von Fleischmann und Pons sowie die Medienberichte über die mögliche Bedeutung ihrer Entdeckung, die jedermanns Phantasie beflügelten und Fleischmann und Pons über Nacht zu Berühmtheiten machten.

Die ursprüngliche Presseinformation (s. Anhang I), aber auch die folgenden Pressemeldungen rühmten vor allem die Einfachheit des Experiments. So führt z.B. die *New York Times* [5] aus, Fleischmann und Pons hätten „Kernfusion induziert in einer Zelle, die so einfach ist, daß sie in jedem beliebigen kleinen Chemielabor nachgebaut werden kann". *Science* schreibt: „ Wir vermuten, daß diese Entdeckung relativ einfach in eine Technologie, die Wärme und Energie liefert, umgewandelt werden kann" [6]. „Sie haben über einen Zeitraum von über 100 Stunden eine kontinuierliche Kernfusion erzeugt" [7]. „Ein Beweis für die stattgefundene Kernfusion ist, daß sie neben der entstandenen Wärme die Erzeugung von Neutronen, Tritium und Helium nachgewiesen haben, den zu erwartenden Nebenprodukten" [8]. James Brophy, Vizepräsident für Forschung an der University of Utah, bekräftigte durch seine Stellungnahme den Aspekt der Einfachheit des Experiments: „Der Versuch ist einfach durchzuführen, wenn man erst einmal weiß wie. Fleischmann und Pons haben ihn dutzendmal wiederholt" [9].

Frühe Unterstützung erhielten Fleischmann und Pons von E. Teller, dem emeritierten Direktor des Lawrence Livermore National Laboratory. Teller, der häufig „Vater der Wasserstoffbombe" genannt wird, sagte, was er vom Experiment gehört habe, klinge vielversprechend. Bevor ein Reporter Teller den Text der Pressemeldung vorlas, zeigte dieser sich skeptisch und behauptete: „Es wird niemals eine kalte Kernfusion geben." Nach der Pressekonferenz sagte er: „Ich bin außerordentlich glücklich, weil ich weiß, daß ich mich mit großer Wahrscheinlichkeit geirrt habe" [10]. Unmittelbar nach der Pressekonferenz rief Teller Pons wegen weiterer technischer Informationen an. Teller war einer der wenigen, dessen Anruf angenommen wurde. Er erhielt einen Vorabdruck des von Fleischmann und Pons bei dem *Journal of Electroanalytical Chemistry* eingereichten Manuskripts (s. Kapitel 2).

Wie bereits beschrieben, waren die meisten dieser ersten Berichte positiv und zeugten von der Begeisterung über die vermeintlich größte Entdeckung des Jahrhunderts. Im Zentrum der Pressekonferenz vom 23. März stand die aufregende Meldung, daß in einer elektrochemischen Zelle bei Raumtemperatur 4 Watt Wärme aus 1 Watt elektrischer Energie gewonnen wurde. Die Behauptung, die überschüssige Wärme [1] rühre von einer Kernfusion, veranlaßte unmittelbar nach den Pressemitteilungen der University of Utah viele Wissenschaftler, auf die grundlegenden Unstimmigkeiten der bekanntgegebenen Ergebnisse hinzuweisen.

Die Fusion zweier Deuteriumkerne wurde zuerst von E. Rutherford und seinen Kollegen am Cavendish Laboratory in Cambridge untersucht [11]. Während des darauffolgenden halben Jahrhunderts wurde dieser Prozeß intensiv erforscht und ist heute relativ gut verstanden. Falls tatsächlich Kernfusion bei Raumtemperatur stattgefunden haben sollte, gibt es grundsätzlich keine Zweifel über die Art der Nebenprodukte. Es wären die gleichen Produkte, wie sie bei der Reaktion zweier

---

[1] genauer: Überschußleistung. Ich habe in diesem Buch Wärme und Leistung als austauschbare Begriffe verwendet. Bei Elektrolysen wird die Eingangsleistung (Watt) definiert als das Produkt der Stromstärke (Ampere) und der Potentialdifferenz (Volt), P(Watt) = I(Ampere) x V (Volt). Energie (Joules) ist definiert als das Produkt der Leistung (Watt) und der Zeit (Sekunden), E(Joules) = P(Watt) x t(sec.). Meistens wird die Überschußleistung gemessen und aufgenommen. Eine Überschußleistung ist zu gegebener Zeit während der Elektrolyse nichts Außergewöhnliches und bedeutet nicht zwangsläufig, daß das Palladium/Deuterium-System überschüssige Energie erzeugt hat. Eine plötzlich auftretende Überschußleistung kann auch als vorübergehende Abgabe vorher gespeicherter Energie auftreten, ähnlich wie bei einer Batterie, die plötzlich durch Schalterbetätigung mit einem Verbraucher verbunden wird. Überschüssige Energie bedeutet, daß die erzeugte Leistung integriert über die Zeit größer sein muß als die Eingangsleistung integriert über den gleichen Zeitraum. Es ist also notwendig zu bestimmen, ob die Zelle überschüssige Energie liefert, nicht aber Leistung.

Deuteriumkerne mit niedriger Energie beobachtet werden. Bei diesem Prozeß weiß man, daß er auf drei Arten abläuft:

$$D + D \rightarrow \left[{}^4\mathrm{He}\right]^* \rightarrow \begin{cases} {}^3\mathrm{He}\,(0.82\ \mathrm{MeV}) + \mathrm{n}\,(2.45\ \mathrm{MeV}) & (1.a) \\ \mathrm{T}\,(1.01\ \mathrm{MeV}) + \mathrm{p}\,(3.02\ \mathrm{MeV}) & (1.b) \\ {}^4\mathrm{He}\,(0.08\ \mathrm{MeV}) + \gamma(23.77\ \mathrm{MeV}) & (1.c) \end{cases}$$

Hierbei steht n für eine Neutron, p für ein Proton und γ für γ-Strahlen.

Der Mechanismus dieser Reaktion wurde von dem Dänen Niels Bohr, dem großen theoretischen Physiker, in den dreißiger Jahren aufgedeckt. In seiner grundlegenden Arbeit zeigte er, daß Fusionsreaktionen in zwei Schritten ablaufen. Im ersten Schritt verschmelzen die beiden Kerne zu einem angeregten Zwischenzustand ($[{}^4\mathrm{He}]^*$), dieser wurde von Bohr als 'zusammengesetzter Kern' bezeichnet. (Das Sternchen benutzt man, um einen angeregten Zustand zu bezeichnen). Im zweiten Schritt zerfällt der angeregte zusammengesetzte Kern in verschiedene Produkte. Die wichtigste Eigenschaft des zusammengesetzten Kerns ist seine lange Lebensdauer, die ausreicht, um die beiden Schritte zu entkoppeln. Also ist der Zerfall des zusammengesetzten Kerns völlig unabhängig von der Art, wie er entstanden ist, abgesehen von unwichtigeren Faktoren wie der unterschiedlichen Verteilung des Drehimpulses.

Die Reaktionen (1a) und (1b) sind über einen großen Bereich der kinetischen Energie des Deuteriums bis hin zu wenigen Kiloelektronenvolt (keV) untersucht worden. Die Querschnitte (Erzeugungsraten) der beiden Reaktionen sind experimentell fast gleich (bis auf 10 %). Daher erwartet man, daß die Fusionsreaktion von Deuterium etwa zur Hälfte Neutronen mit dem dazugehörigen ${}^3\mathrm{He}$-Atom und zur Hälfte Protonen mit dem dazugehörigen Tritium liefert. Das Entstehen von nahezu gleichen Anteilen von Neutronen und Protonen wird auch aufgrund theoretischer Überlegungen erwartet. Der Querschnitt der Reaktion (1c) ist um einige Größenordnungen niedriger als für die anderen beiden Reaktionen. Diese experimentell gut gefestigten Ergebnisse stimmen mit Bohrs Theorie überein, die besagt, daß der zusammengesetzte Kern bevorzugt unter Teilchenemission zerfällt, wann immer dies energetisch möglich ist. Die radioaktive Einfangreaktion (1c) ist hingegen äußerst unwahrscheinlich.

Aufgrund experimenteller Ergebnisse kann man heute ferner sagen, daß das Verzweigungsverhältnis bei niedrigen Energien konstant ist. Es gibt keine Hinweise darauf, daß dies bei den drei Reaktionen anders wäre. Falls die durch Fleischmann und Pons gemessene Überschußwärme tatsächlich durch die Fusion von Deuteriumkernen entstanden sein sollte, müßten auch die entsprechenden, leicht nachweisbaren Nebenprodukte vorhanden gewesen sein[2]. Tatsächlich müßten bei einem Watt durch Fusion erzeugte Leistung ca. 10^{12} (eine Million Millionen) Neutronen entstanden sein. Anfangs behaupteten Kritiker dann auch, daß Fleischmann und Pons, falls tatsächlich die von ihnen angegebene Wärme entstanden sein sollte, einer tödlichen Dosis an Radioaktivität ausgesetzt gewesen wären. Sie befanden sich aber bei bester Gesundheit und waren offensichtlich nicht dieser extremen Strahlenbelastung ausgesetzt gewesen. Die Menge an Fusionsprodukten war, wie Fleischmann und Pons später berichteten, einige 100-Millionen Mal kleiner, als die erzeugte Leistung es hätte erwarten lassen. Sie vermieden allerdings auf der Pressekonferenz vom 23. März, solch eklatante Inkonsistenzen zu erwähnen. Wie auch immer, es bleibt eine große Diskrepanz zwischen der angeblich erzeugten Wärme und der Menge der dabei entstandenen Fusionsprodukte, die bei weitem das empfindlichste Zeichen einer stattgefundenen Fusionsreaktion darstellten. Diese auffallenden Unstimmigkeiten ließen anfänglich viele daran zweifeln, daß tatsächlich bei Raumtemperatur Kernfusion induziert wurde, und daß dies die Ursache der angeblich gemessenen Wärme sei. Falls die entstandene Wärme tatsächlich auf eine Kernreaktion zurückzuführen wäre, hätten auch entsprechende Mengen an Nebenprodukten vorhanden sein müssen. Die Diskrepanz von Wärme und Nebenprodukten machten die Behauptung von Fleischmann und Pons für die meisten Wissenschaftler unglaubhaft.

Ein zweiter Grund für Mißtrauen waren die grundverschiedenen Ergebnisse einer Gruppe an einer Nachbaruniversität. Fünfzig Meilen von der University of Utah entfernt, an der Brigham Young University, behauptete eine Gruppe von Physikern, unter der Leitung von Steven E. Jones, ebenfalls Kernfusion induziert zu haben, was sie anhand einer

---

[2]Selbst im Falle einer unterschiedlichen Verzweigungsrate müßten entsprechend viele Nebenprodukte nachweisbar sein.

geringen nachgewiesenen Menge an Neutronen festmachten. Berechnet man daraus, wieviel Wärme hätte entstehen müssen, so erhält man einen Wert, der 10^{12} mal geringer ist als die von Fleischmann und Pons angeblich gefundene Menge. Jones machte einen interessanten Vergleich, um eine Vorstellung von den unterschiedlichen Dimensionen zu geben: Wenn man die beiden Ergebnisse in Dollar ausrechne, entsprächen die eigenen Werte dem Betrag von einem Dollar, während Fleischmanns und Pons Ergebnisse die gesamte nationale Schuldenlast aufwiegen könne. Jones ist bekannt für seine Forschung an der myonenkatalysierten Fusion, einer theoretisch gut verstandenen Art von Fusion bei niedrigen Energien. Seine Gruppe hat auch Erfahrung beim Nachweis geringer Mengen Neutronen, so daß Kernforscher eher diesen Ergebnissen vertrauten. Diese lagen nur wenig über der Hintergrundstrahlung[3], so daß auch hier angezweifelt wurde, ob überhaupt eine Kernfusion stattgefunden habe. Die Ergebnisse der Brigham Young University wären, falls sie sich bestätigten, von großem wissenschaftlichen Interesse, von praktischem Nutzen für die kommerzielle Energieerzeugung wären sie nicht, da der Energiegewinn ihrer elektrochemischen Zelle zu gering ist. Jones Gruppe hatte bei ihren Experimenten keine Überschußwärme gemessen.

Ein dritter Grund, der gegen die Kalte Kernfusion spricht, ist, daß sie sich nicht mit gängigen theoretischen Überlegungen vereinbaren läßt. Deuteriumkerne sind positiv geladen und stoßen sich durch weitreichende elektromagnetische Kräfte ab. Kernfusion kann nur stattfinden, wenn bei einem Zusammenstoß diese sogenannten Coulombkräfte überwunden werden. Dazu müssen bei niedriger Energie die Kerne bis auf 10^{-5} Nanometer (nm) zusammengebracht werden. Ein Nanometer ist der ein Milliardste Teil eines Meters (10^{-9}m). Bei diesem geringen Abstand kann die kurzreichweitige, aber große Kernkraft die Fusion bedingen. Das Problem besteht darin, die Deuteriumkerne bis auf diesen geringen Abstand, der ungefähr 10.000 mal kleiner ist als der normale Atomabstand, zu bringen. Der Abstand der Deuteriumatome im Palladiumgitter liegt zwischen 0,28 und 0,17 nm und ist abhängig davon, ob die Deu-

[3]Hintergrundstrahlung ergibt sich aus Neutronen oder ähnlichen Ereignissen, die nicht unmittelbar mit der Kernfusion zusammenhängen (vgl. auch Reaktion (1a)), sondern z.B. mit der kosmischen Strahlung und der natürlichen Radioaktivität.

Bild 1.2 Die Physiker der Brigham Young University mit ihren Neutronendetektoren. Von links nach rechts: Steven E. Jones, J. Bart Czirr, Gary L. Jensen, Daniel L. Decker und E. Paul Palmer. Ihre Elektrolysezellen und das Neutronenspektrometer sind mit Kisten voller ein-Cent-Münzen abgeschirmt. (Mit freundlicher Genehmigung von Prof. Steven E. Jones.)

teriumatome nur Oktaederlücken oder Oktaeder- und Tetraederlücken (also abhängig von der Konzentration, Anm. d. Übers.) besetzen. Molekulardynamische Simulationen für hohe Deuteriumkonzentrationen im Palladiumgitter ergaben, daß sogar unter dynamischen Bedingungen der Abstand der Deuteriumatome nicht geringer als im Deuteriummolekül selbst ist, wo er 0,074 nm beträgt. Die Wahrscheinlichkeit einer Deuteriumfusion bei Raumtemperatur im Palladiumgitter ist also äußerst gering.

Die Überwindung der Coulombkräfte bei niedriger Temperatur läuft nach einem gut verstandenen quantenmechanischen Prozeß ab, dem Tunneln. Dabei ist eine Fusion möglich, die weit weniger heftig ist als bei hohen Temperaturen. Der Querschnitt der Fusionsreaktion ist energieabhängig, da die Wahrscheinlichkeit des Tunnelns sich sehr schnell mit der kinetischen Energie des Deuterons ändert. Der theoretische, von Steven E. Koonin und Michael Nauenberg berechnete Wert für die Kalte Kernfusion von Deuterium beträgt für das zweiatomige Molekül $10^{-63,5}$ Reaktionen pro Sekunde und Deuteriumpaar. Um sich von dieser Zahl eine Vorstellung machen zu können: Es entspricht einer Fusion pro Jahr für eine Menge an Deuterium, die der Masse der Sonne entspricht. Es ist kein Mechanismus bekannt, bei dem dieser Wert um 50 Größenordnungen gesteigert werden kann, was der an der University of Utah gemessenen Wärme entspräche. Es wäre also äußerst überraschend, falls wirklich die Überwindung der Coulombkräfte durch Tunneln bei Raumtemperatur im Labor beobachtet worden wäre. Solche Behauptungen müssen mit größter Vorsicht behandelt werden.

Diese drei grundlegenden, ungeklärten Fragen erzeugten bei vielen Wissenschaftlern Unbehagen gegenüber der Entdeckung von Fleischmann und Pons. Dieser Skepsis wurde in den ersten Medienberichten jedoch wenig Rechnung getragen. Stattdessen äußerten die meisten Berichte breiten Optimismus über die Zukunft der Energieversorgung. Der Traum einer unerschöpflichen sauberen Energie schien so verlockend zu sein, daß nachdenkliche Stimmen unbeachtet blieben. Wird man mit der ungeheuren Behauptung konfrontiert, die Kraft der Sonne gezähmt und Kernfusion in einem Reagenzglas bei Raumtemperatur erzeugt zu haben, ist es verständlich, daß Wissenschaftler der ganzen Welt in ihre Labors eilen, um diese 'unglaubliche' Sache zu überprüfen. Die oben beschriebenen Schwierigkeiten wurden zeitweise nicht beachtet, und das wissenschaftliche Jahrhundertrennen begann. Schließlich, so sagte man sich, kann über wissenschaftliche Behauptungen dieser Wichtigkeit allein durch zusätzliche Versuche entschieden werden.

Bei den thermonuklearen Fusionen, die in Sternen und in künstlichen 'heißen Kernfusionsexperimenten' ablaufen, verursachen hohe Temperaturen die heftigen Zusammenstöße, die für die Fusion notwendig sind. Daß Fusion unter solchen Bedingungen stattfinden kann, wurde durch die erfolgreiche Entwicklung der thermonuklearen Waffen (H-Bombe) bestätigt. Schon 1929, einige Jahre bevor im Labor Kernfusion beobachtet wurde, stellten R. Atkinson und F. Houtermans die heute akzeptierte Hypothese auf, daß Kernfusion die Energiequelle der Sonne sei.

Die Geheimhaltung der Experimente von Fleischmann und Pons an der eigenen Universität verhinderte öffentliche Diskussionen und sorgte für große Probleme. So haben sich die Wissenschaftler und die Verwaltung nicht einmal an die Kollegen der Physik an der eigenen Universität gewandt, bevor die Kalte Kernfusion der Öffentlichkeit bekannt gegeben wurde. Diesen allfälligen großen Durchbruch in der Fusionsforschung anzukündigen, ohne vorher die Meinung der Physiker der eigenen Fakultät einzuholen, war ein großer intellektueller und verwaltungstechnischer Fehler. Als Physiker und Chemiker der USA durch die Medien von Fleischmann und Pons Behauptungen erfuhren, setzten sie sich mit ihren Kollegen an der University of Utah in Verbindung. Mit völligem Unverständnis reagierten sie, als ihnen mitgeteilt wurde, daß die Physiker der University of Utah weder über die bevorstehenden Ankündigungen, geschweige denn über die Fusionsforschung informiert worden waren. Sicher verhinderte die Rivalität der University of Utah und der Brigham Young University, die bekanntlich kurz vor der Veröffentlichung ihrer eigenen Arbeiten zur Kalten Kernfusion stand, den Dialog zwischen den beiden Gruppen, und veranlaßte die Verantwortlichen der University of Utah zu der verfrühten Pressekonferenz. Trotzdem bleibt es aber unverständlich, wieso die Verantwortlichen solch eine weitreichende Behauptung, die die Grundlagen der Kernphysik erschüttern sollte, an die Öffentlichkeit bringen konnten, ohne vorher die Physiker der eigenen Fakultät einzuweihen. Diese Nachlässigkeit ist um so unverständlicher, als James Brophy, Vizepräsident für Forschung und Sprecher der Verwaltung, selber Physiker ist und von der Diskrepanz zwischen den zu erwartenden Nebenprodukten und den von Fleischmann und Pons gefundenen Werten wußte.

Eine Pressekonferenz einzuberufen ist nicht der übliche Weg, in den Wissenschaften eine Entdeckung anzukündigen. Solch ein Vorgehen umgeht den normalen Weg der wissenschaftlichen Begutachtung. Dieser sehr wichtige Schritt bei wissenschaftlichen Veröffentlichungen verlangt, daß neue Ergebnisse Forschern des eigenen Gebiets zur Überprüfung vorgelegt werden. Dadurch können zum einen vermeintliche Fehler behoben werden, zum anderen können noch vor der Veröffentlichung weitere Nachweise zur Erhärtung der angegebenen Ergebnisse gefordert werden. Es gibt jedoch Präzedenzfälle, bei denen neue Ergebnisse durch ihre Wichtigkeit eine Pressekonferenz zu rechtfertigen vermögen. Wenn aber dieser Weg gewählt wird, müssen sich die Wissenschaftler ihrer Ergebnisse sehr sicher sein und diese durch alle erdenklichen experimentellen Mittel untermauert haben. Selbst wenn Fleischmann und Pons sich sehr sicher waren, durch ihre Experimente Kalte Kernfusion induziert zu haben, hatten sie es unterlassen, wie später gezeigt werden soll, selbst einfache Nachweise und Tests durchzuführen.

Kapitel 2
Vorgeschichte

Die Enthüllungen der Pressekonferenz vom 23. März 1989 waren nicht die ersten dieser Art. Die Behauptung, Kernfusion bei Raumtemperatur induziert zu haben, wurde zum erstenmal in den späten zwanziger Jahren verkündet, jedoch später wieder zurückgezogen. Zwei deutsche Wissenschaftler, E. Paneth und K. Peters, veröffentlichten in der Zeitschrift „*Die Naturwissenschaften*“ [1] eine Arbeit, in der zu lesen ist, daß die Umwandlung von Wasserstoff in Helium immer dann spontan bei Raumtemperatur stattfindet, wenn Wasserstoff vom feinverteilten Palladium absorbiert wird. Mit den damals bekannten Theorien konnten diese Ergebnisse nicht erklärt werden, aber es gab gute Gründe, die Umwandlung von Wasserstoff in Helium auszuprobieren, wurde doch Helium als sicheres Gas für Luftschiffe gebraucht. Die Ergebnisse von Paneth und Peters wurden enthusiastisch aufgenommen. Diesbezüglich weist die Episode von 1926 bemerkenswerte Parallelen zum Phänomen der Kalten Kernfusion von 1989 auf.

Der spektroskopische Nachweis dieser geringen Heliummenge (so klein wie der Tausend Millionste Teil eines Kubikmeters) waren sicherlich der schwierigste Teil des Experiments. Paneth und Peters führten zahlreiche Nachweise durch, um mögliche Fehler in der Interpretation ihrer Ergebnisse auszuschließen. Nach geraumer Zeit zeigte sich, daß das Freisetzen von Helium aus Glas abhängig ist von der Anwesenheit von Wasserstoff. Glasgeräte, die keine nachweisbaren Mengen an Helium freisetzen, wenn sie in Vakuum bzw. in Sauerstoffatmosphäre erhitzt werden, tun dies, wenn sie in Wasserstoffatmosphäre erhitzt werden [2]. Sie waren also in der Lage, für das beobachtete Auftreten der geringen Heliummengen eine Erklärung abzugeben; das Glas selbst setzt das absorbierte Helium frei, es ist demnach keine Synthese von Helium aus Wasserstoff. Die Autoren gaben bekannt, das Helium stamme aus der

Luft, und zogen in einer Veröffentlichung ihre vorhergehenden Behauptungen zurück.

Über thermonukleare Fusion wußte man 1926 sehr wenig, trotzdem äußerten Paneth und Peters in ihren Arbeiten die Vermutung, daß in den Sternen aus Wasserstoff Helium erzeugt werde. 1927 erweiterte ein schwedischer Forscher, J. Tandberg, die Experimente von Paneth und Peters, indem er eine Elektrolyse von Wasser durchführte, damit die Palladiumelektrode Wasserstoff absorbieren könne. Er beantragte in Schweden ein Patent für „eine Methode, um Helium und nutzbare Reaktionswärme zu erzeugen." Diese Erfindung war eine elektrolytische Zelle, in der normales Wasser benutzt wurde. Tandbergs Vorrichtung, die auf den grundlegenden Arbeiten von Paneth und Peters beruhte, hatte angeblich eine deutlich höhere Effizienz. Ein Patent dafür wurde jedoch nie erteilt. Nach der Entdeckung von Deuterium im Jahre 1932 setzte Tandberg seine Experimente mit schwerem Wasser (D_2O) fort (normales Wasser enthält 99,985 % H_2O und nur 0,015 % D_2O). Tandbergs Versuchsaufbau hat vieles mit dem 60 Jahre später von Fleischmann und Pons benutzten gemeinsam. Obwohl Tandberg glaubte, Helium und Energie aus seinem Experiment zu gewinnen, scheiterten beide seiner Vorhaben. Seine Arbeiten wurden im Stockholmer Labor von Elektrolux, einem Hersteller von Haushaltsgeräten, wo er lange Zeit Leiter der Forschungsabteilung war, durchgeführt.

Im März 1951 verkündete Präsident Juan Perón, Argentinien sei kontrollierte thermonukleare Fusion im technischen Maßstab gelungen [3]. Diese Versuche seien im Rahmen eines geheimen Pilotprojekts am Huemul Island Institut am Nahuel Huapi See, nahe der patagonischen Stadt San Carlos de Bariloche, durchgeführt worden. Es war das größte Institut für angewandte Forschung in Argentinien und wurde von dem in Deutschland ausgebildeten Fusionsexperten Dr. Roland Richter und vier weiteren deutschen und österreichischen Mitarbeitern geleitet. Richter war österreichischer Flüchtling und schon unter Hitler Kernphysiker. In Argentinien überzeugte Richter Perón, daß er den Schlüssel zum Bau eines Fusionsreaktors habe. Der Standort von Richters Institut ist wegen seiner Berge, Seen und Wälder bekannt als die 'Argentinische Schweiz'. In der Juliausgabe 1952 der Zeitschrift *Physics Today* berichtete Dr.

G.L. Brownell, daß Richters Institut ausschließlich der thermonuklearen Forschung gewidmet sei [4]. Wegen Sicherheitsvorkehrungen durfte Brownell, wie auch andere Besucher aus den USA, lediglich außerhalb der experimentellen Anlagen des Instituts mit Richter diskutieren. Richter erklärte, das Institut sei allein zur Energieerzeugung für industrielle Zwecke gedacht, und äußerte Optimismus über konkrete Ergebnisse in naher Zukunft. Perón informierte die argentinische Öffentlichkeit darüber, daß Argentinien den Entschluß gefaßt hätte, nicht in die kapitalaufwendige Kernspaltung zu investieren, sondern in die risikoreichere thermonukleare Forschung. Vor diesem Hintergrund berichtete Perón stolz, daß tatsächlich thermonukleare Fusion von seinem Guru Richter erzielt worden sei. Indem er Richter unterstützte, setzte Perón sein persönliches und das nationale Prestige aufs Spiel. Obwohl die Presse dies mit viel Begeisterung aufnahm, begegneten die meisten Wissenschaftler dem Bericht mit Skepsis. Einer der Skeptiker schilderte die wissenschaftliche Stimmung der Zeit mit den Worten: „Ich weiß, welches Material die Argentinier benutzen – Humbug." Am 4. Dezember berichtete E.R. Murrow, daß das gesamte Projekt, Peróns ganzer Stolz, völlig diskreditiert, die 300 Wissenschaftler nach Hause geschickt und Richter verhaftet sei. Nach der Absetzung Peróns fand die neue Regierung heraus, daß 70 Millionen Dollar auf vergebliche Versuche zur Energiegewinnung verschwendet worden waren.

Das nächste Kapitel in der Fusionsforschung wurde 1956 geschrieben, als Luis W. Alvarez von der University of California in Berkeley, ein hervorragender Experimentalphysiker und Pionier der Blasenkammerforschung, eine bemerkenswerte Entdeckung machte. Während er und seine Kollegen Blasenkammeraufnahmen untersuchten, fanden sie einige merkwürdige Teilchenspuren. Diese Spuren wurden von Myonen verursacht, die im Inneren der mit Wasserstoff und Deuterium gefüllten Kammer gebremst werden. Es war die erste experimentell beobachtete myonenkatalysierte Kernfusion. In seiner Nobelpreisrede im Jahre 1968 sagte Alvarez: „Wir hatten ein kurzes Hochgefühl, weil wir glaubten, sämtliche Energieprobleme der gesamten Menschheit für alle Zeiten gelöst zu haben." Ein negativ geladenes Myon ist ein Teilchen, ähnlich einem Elektron, aber 207 Mal schwerer als dieses. Wegen ihrer Masse können Myonen Fusionsreaktionen katalysieren. Daß negative Myonen die Fusion von Wasserstoffisotopen katalysieren könnten, hatte bereits in den späten vierziger Jahren F.C. Frank von der University of Bristol vorgeschlagen und theoretisch untersucht. Seine Arbeiten wurden kurze Zeit später von Andrei D. Sakharov und anderen sowjetischen Wissenschaftlern weitergeführt. Alvarez und seinen Kollegen waren diese theoretischen Arbeiten nicht bekannt, als sie 1956 ihre Entdeckung machten. Negative Myonen bilden eine starke Bindung zwischen den Wasserstoffkernen. Da ihre Masse 207 Mal größer ist als die der Elektronen, sind ihre Orbitale 207 Mal kleiner. Die durch Myonen gebundenen Wasserstoffkerne verschmelzen unter Abgabe der Myonen, die dann weitere Fusionen katalysieren. Da aber die Zerfallszeit der Myonen nur ungefähr zwei Mikrosekunden beträgt, und diese auch von anderen schweren Kernen eingefangen werden können, ist es wichtig, so viele Fusionsreaktionen wie möglich zu katalysieren, bevor die Myonen verschwinden. Jones und seine Mitarbeiter beobachteten in den frühen achziger Jahren ungefähr 150 Fusionen pro Myon, wenn sie mit verschiedenen Mischungen von Deuterium und Tritium arbeiteten und die Temperatur veränderten.

Ist myonenkatalysierte Fusion eine verwertbare Energiequelle? Zur Zeit muß die Antwort 'NEIN' lauten, da die Kosten zur Herstellung der Myonen zu hoch sind. Die myonenkatalysierte Fusion ist ein gut verstandener Prozeß, und obwohl sie oft als Kalte Kernfusion bezeichnet wird, soll sie nicht in unsere Diskussion über Kalte Kernfusion einbezogen werden. Bei späterer Erwähnung wird diese Art von Fusion als 'myonenkatalysierte Fusion' bezeichnet. Zwei Jahre nach der Entdeckung der myonenkatalysierten Fusion, also 1958, überraschte der Brite Sir John Cockcroft die wissenschaftliche Welt mit der Nachricht, Kernfusion gezähmt zu haben. Er behauptete, mit seinem „Zero Energy Thermonuclear Assembly“(ZETA) mit 90% Wahrscheinlichkeit kontrollierte Kernfusion von Deuterium herbeigeführt zu haben. Das „mächtige ZETA“ schrieb die Londoner *Daily Mail*, wird der Welt erlauben „grenzenlose Energiequellen für Millionen von Jahren zu haben.“ Unglücklicherweise waren Cockcrofts Behauptungen falsch. Einmal mehr hatte sich der Traum der unerschöpflichen Energieressourcen in Nichts aufgelöst.

Die Experimente von Fleischmann und Pons reihen sich ein in diese lange Geschichte erfolgloser Versuche, die kontrollierte Fusion von Wasserstoffisotopen zu erreichen. Die Pressestelle der University of Utah berichtete, Fleischmann und Pons hätten sich fünf Jahre lang intensiv ihrer Fusionsforschung gewidmet. Während dieser Zeit, als die Kalte Kernfusion isoliert von der wissenschaftlichen Welt vorangetrieben wurde, hätten zudem Pons und Fleischmann 100.000 Dollar ihres eigenen Geldes investiert (sie wurden später durch einen anonymen Spender unterstützt). Untersucht man aber die Aktivitäten von Pons und Fleischmann während dieser fünf Jahre genauer, stellt man fest, daß beide weitere Verpflichtungen hatten, die nicht unmittelbar mit der Kalten Kernfusionsforschung in Verbindung standen. Pons, zum Beispiel, war lange Zeit Direktor des Chemischen Instituts der University of Utah und Leiter eines großen elektrochemischen Forschungsprojekts, woraus mehrere Publikationen entstanden, die keine Berührungspunkte mit der Kalten Kernfusion hatten. Fleischmann arbeitete in beträchtlichem Umfang an diesem Projekt mit. Die Behauptung der Medien, die beiden Forscher hätten sich intensiv der Kalten Kernfusion gewidmet, ist also völlig unbegründet. Wahrscheinlicher ist, daß das Projekt der Kalten Kernfusion an der University of Utah erst mit dem Eintreten von Marvin Hawkins, einem Doktoranden in Pons und Fleischmanns Gruppe, im Wintersemester 1988 ernsthaft verfolgt wurde. Eine Computernachricht (bitnet) von Oktober 1988 soll Hawkins Bericht über das mysteriöse 'Schmelzen' der Palladiumelektrode enthalten. Daß diese im Herbst 1988 stattgefunden haben soll, und nicht, wie die Presse berichtet, schon 1985, scheint plausibler. Wenn sich diese Katastrophe schon 1985 ereignet hätte, und wenn sie damals schon auf eine Kernfusion zurückgeführt worden wäre, dann ist es schwer nachvollziehbar, warum Pons und Fleischmann während dieser kritischen Periode weiterhin soviel Zeit in andere elektrochemische Forschungsprojekte investierten. Wäre es nicht wahrscheinlicher, daß sie alles hätten stehen und liegen lassen, um sich ausschließlich ihrer phantastischen Entdeckung zu widmen?

Der harte Wettbewerb zwischen den Fusionsforschern der University of Utah und der Brigham Young University begann im August 1988. Fleischmann und Pons hatten einen Antrag auf Finanzierung ihres Forschungsvorhabens vorbereitet und diesen Ende August der Advanced Energy Projects Division (Abteilung für Innovative Energieforschung) des DOE vorgelegt. Jones wurde als einer der fünf Gutachter vom Ministerium ausgesucht, um den Antrag von Pons und Fleischmann zu überprüfen. Jones arbeitete im September 1988 an diesem Antrag und hinterlegte Ende September dem Ministerium seinen Bericht. Jones als Gutachter auszuwählen ist nicht weiter erstaunlich, da dieser ein anerkannter Wissenschaftler auf dem Gebiete der myonenkatalysierten Fusion ist und die Arbeiten an der piezonuklearen Fusion (gr. piezein = drücken) initiiert hat. Zudem erhielt er für seine Projekte bereits finanzielle Unterstützung vom DOE. Jones äußerte einige Bedenken zum theoretischen Teil des Antrags, empfahl in seinem Bericht aber die Unterstützung des Vorhabens und fügte hinzu, zwei weitere Gruppen hätten Techniken entwickelt, die für dieses Projekt nützlich sein könnten. An der Brigham Young University selbst sei ein Neutronenspektrometer entwickelt worden, das auf dem neuesten Stand der Technik sei, während Forscher der University of Utah Erfahrungen mit kalorimetrischen Messungen hätten. Jones rief Dr. Ryszard Gayewski an, den Leiter der Forschungsprojekte beim DOE, und schlug ihm vor, er solle Pons über das Forschungsprojekt der Brigham Young University, insbesondere über das Neutronenspektrometer informieren. Nachdem Pons von Gajewski benachrichtigt worden war, kontaktierte er Jones, um nähere Informationen zum Neutronenspektrometer zu erhalten. Für Außenstehende wäre eine Zusammenarbeit der beiden Gruppen die natürlichste Entwicklung gewesen. Sie kam aber aus verschiedenen Gründen nicht zustande. Pons war angeblich nicht an dem Spektrometer interessiert, da er der Meinung war, die Gruppe der Brigham Young University hätte eigentlich nichts zu bieten. Ablehnend sagte er: „Niemals brauchten wir Jones Spektrometer, niemals wollten wir es.“ Dies war, wie es sich später bei der Diskussion der von Fleischmann und Pons durchgeführten Neutronenmessungen zeigen wird, eine schwerwiegende Fehlentscheidung.

Jones arbeitete seit 1981 an der myonenkatalysierten Fusion und führte diese Arbeiten, seit er 1985 an die Brigham Young University kam, parallel zu den später einsetzenden Arbeiten zur piezonuklearen Fusion weiter. Jones Arbeiten wurden inspiriert durch die Untersuchungen des russischen Wissenschaftlers B.A. Mamyrin, der 1978 von ungewöhnlichen Helium-3 (^3He) Konzentrationen in verschiedenen Metallen berichtete. Schon 1986 behauptete die Gruppe der Brigham Young University, geringe Mengen an Neutronen mit einem wenig empfindlichen Neutronendetektor nachgewiesen zu haben, wodurch sie auf eine Kernfusion schlossen. In Sorge um diese zweifelhaften Ergebnisse, bauten die Wissenschaftler der Brigham Young University in einem zweijährigen Projekt ein Neutronenspektrometer, das sowohl die Neutronen als auch deren Energie zu messen vermag. Ende 1988 war das neue Spektrometer einsatzbereit. Einige Versuche mit dem neuen Detektor zeigten im Spektralbereich bei 2,5 MeV mehr Neutronen, als der Hintergrundstrahlung entsprach. Anfang 1989 waren Jones und seine Mitarbeiter sich ihrer Ergebnisse so sicher, daß sie eine wissenschaftliche Publikation vorbereiteten.

Die beiden Gruppen der University of Utah und der Brigham Young University standen zu der Zeit in Verbindung. Am 23. Februar 1989 besuchten Fleischmann und Pons die Gruppe der Brigham Young University. Während dieses Besuchs zeigte Jones den beiden Wissenschaftlern der University of Utah die Ergebnisse der Neutronenmessungen und sagte, sie hätten eigentlich genug Material zusammen, um eine Veröffentlichung zu wagen. Glaubt man Jones Aussagen, so wollten Fleischmann und Pons noch weitere 18 Monate an ihrem Projekt arbeiten, bevor sie eine Publikation in Angriff nehmen könnten. Sie schlugen Jones vor, mit der geplanten Veröffentlichung noch etwas zu warten. Jones hatte aber bereits für die am 4. Mai in Baltimore stattfindende Tagung der American Physical Society (APS)[1] einen Vortrag angemeldet und konnte diesen nicht mehr zurückziehen. Er entsprach aber teilweise Pons und Fleischmanns Wunsch, indem er seinen Vortrag am Physikalischen Institut der Brigham Young University absagte. Ein anderer interessanter

[1]Anmeldeschluß für die Vorträge dieser Tagung war am 3. Februar 1989. Jones wurde sicherlich wegen seiner Forschung zur myonenkatalysierten Fusion eingeladen. Der Inhalt seiner Vortragsankündigung war auch hauptsächlich diesem Problem gewidmet, enthielt aber auch den Satz: „Wir haben genügend Hinweise darauf, daß uns eine neue Art der Kalten Fusion gelungen ist, die dann eintritt, wenn Wasserstoffisotope in verschiedene Materialien eingelagert werden, z.B. in kristalline Festkörper (ohne daß Myonen daran beteiligt wären)".

Aspekt des Treffens der beiden Gruppen war, daß sie überlegten, ihre Ergebnisse gleichzeitig zu publizieren. Eine abschließende Übereinkunft wurde jedoch nicht getroffen [5].

Ein weiteres Treffen der beiden Gruppen der benachbarten Universitäten fand am Montag, dem 6. März, statt. Diesmal trafen sich die Wissenschaftler zusammen mit den Präsidenten der beiden Universitäten an der Brigham Young University. Bei diesem Treffen äußerte Chase Peterson, Präsident der University of Utah seinen Optimismus über die großartigen zukünftigen Gewinne für den Staat Utah und seine Bewohner durch die Kalte Kernfusion. Daß diese große Gewinne abwerfen werde, stimmte aber nicht mit den Ergebnissen der Brigham Young University überein, die keine praktische Anwendung vorsahen. Diesmal wurde eine Vereinbarung getroffen; beide Gruppen sollten ihre Arbeiten gemeinsam am 24. März bei der wissenschaftlichen Zeitschrift *Nature* einreichen. Mitglieder der beiden Gruppen sollten sich am Schalter des Federal Express Dienstes (Eilpostdienst) am Flughafen in Salt Lake City treffen, um ihre Manuskripte gleichzeitig loszuschicken. Festgehalten wurde bei diesem Treffen auch, daß Jones und Pons bezüglich einiger Punkte der Vereinbarung verschiedener Meinung waren, insbesondere wegen der Frage, wann man an die breite Öffentlichkeit treten sollte. Jones sagte: „Wir einigten uns darauf, nicht an die Öffentlichkeit zu gehen, bevor die Arbeiten eingereicht waren," während Pons später behauptete: „Es gab keine Übereinkunft, nicht zu publizieren"[6].

Berücksichtigt man die verschiedenen Treffen und die Vereinbarung der beiden Gruppen, gleichzeitig ihre Arbeiten zu veröffentlichen, ist die Entscheidung der University of Utah, diesen sehr unüblichen Weg zu wählen, schwer verständlich. Ich vermute, daß Fleischmann und Pons von den Ergebnissen des Neutronenspektrometers der Brigham Young University beeindruckt waren, und infolge dessen glaubten, daß auch ihre elektrochemische Zelle Neutronen emittiere. Fleischmann und Pons benutzten einen handelsüblichen, in der Medizin gebräuchlichen Strahlendetektor, um ihre Neutronen nachzuweisen! Fleischmann hoffte, aus Harwell, einem großen Kernforschungsinstitut in Großbritannien, Hilfe zur Messung der Neutronen zu erhalten, was aber aus mehreren Gründen nicht möglich war. In einer letzten verzweifelten Aktion zum

Nachweis der Neutronen bat Pons Anfang März R. Hoffman, einen Mediziner der University of Utah, die elektrochemische Zelle mit einem großen Natriumjodid-Detektor zu untersuchen. Die Ergebnisse wurden anschließend nicht nur mißinterpretiert, sondern warfen auch Fragen auf bezüglich des Umgangs mit den Daten (s. Kapitel 6 und 7). Die Sorge der University of Utah, die Brigham Young University könnte ihnen mit ihren Ergebnissen zuvorkommen, was sich möglicherweise negativ auf die Patentrechte ausgewirkt hätte, insbesondere auf die erhofften Milliardengewinne an Tantiemen, ließ sie ohne Zögern vorpreschen und ihre eigenen Arbeiten vorzeitig einreichen.

Am 11. März, fünf Tage nach der getroffenen Vereinbarung, reichten Fleischmann und Pons ihr Manuskript beim *Journal of Electroanalytical Chemistry* ein, einer wissenschaftlichen Zeitschrift, die Jones und seinen Mitarbeitern nicht bekannt war. Am 13. März traf das Manuskript bei W.R. Fawcett an der University of California in Davis ein. Fawcett ist amerikanischer Herausgeber der in der Schweiz erscheinenden Zeitschrift. Innerhalb von einer Woche hatte Fawcett die Gutachten eingeholt und mit Pons einige Verbesserungsvorschläge vereinbart. Die revidierte Fassung des Manuskripts wurde am 22. März (einen Tag vor der Pressekonferenz) von den Herausgebern zum Druck zugelassen, die wohl glaubten, mit dem Manuskript anders als üblich verfahren zu müssen, und die Ergebnisse von Fleischmann und Pons weder erklären noch verstehen zu müssen. Der Artikel erschien ungefähr einen Monat später in der genannten Zeitschrift [7]. Kommentare dazu, auch zu dieser Sonderbehandlung, finden sich im nächsten Kapitel.

Am 21. März traf die University of Utah die umstrittene Entscheidung zur Einberufung einer Pressekonferenz am darauffolgenden Tag, ohne jemanden von der Brigham Young University davon in Kenntnis zu setzen. Die experimentellen Ergebnisse der beiden Gruppen zur Kalten Kernfusion standen kurz davor, in der breiten Öffentlichkeit bekannt zu werden. Man könnte vermuten, daß die Entscheidung der University of Utah zur Sicherung der Vorreiterrolle getroffen wurde, da ihr Forschungsprojekt parallel zu dem an der Brigham Young University vorangetrieben wurde. Ohne den genauen Inhalt der Arbeiten der Brigham Young University zu kennen, entschlossen sich Fleischmann und Pons, ihre Ergebnisse an die große Glocke zu hängen. Wie erwartet, wurde die Rivalität zu der Nachbaruniversität heruntergespielt. Als Grund für die Pressekonferenz gab die University of Utah an, bestehenden „Gerüchten, Lücken, Fragen und Falschinformationen“ entgegenwirken zu wollen. Einer der Vertreter der Verwaltung ging sogar so weit, den Artikel der *Financial Times* als Beispiel dafür zu zitieren, daß die Presse der Sache auf der Spur sei.

Am 22. März erfuhr Jones von der geplanten Pressekonferenz, die die Entdeckung der University of Utah preisgeben sollte. Die Gruppe der Brigham Young University war schockiert und enttäuscht und sah dies als Affront gegen die getroffenen Vereinbarungen an. Die Verwaltung der Brigham Young University protestierte beim Präsidenten und Vizepräsidenten für Forschung der University of Utah gegen die Pressekonferenz, die aber trotzdem abgehalten wurde. Brophy wurde während der Pressekonferenz von Journalisten gefragt, ob auch andere Universitäten ähnliche Versuche durchführten, worauf er antwortete: „Wir wissen von keinen laufenden Experimenten dieser Art.“ Diese Stellungnahme ist tatsächlich überraschend, standen doch die Forscher der University of Utah und der Brigham Young University in direkter Verbindung, zudem hatten die beiden Gruppen einer gleichzeitigen Veröffentlichung zugestimmt. Was Jones besonders verärgerte, waren die verdeckten Anschuldigungen der University of Utah, er (Jones) habe ihre Ideen gestohlen. Der sonst zurückhaltende Jones sagte der *Business Week* am 8. Mai: „Ich glaube, die geben sich alle Mühe, uns zu diskreditieren“. Nachdem die Vereinbarung durch die University of Utah nicht eingehalten worden war, entschloß sich die Gruppe der Brigham Young University nicht, wie urspünglich geplant, das Manuskript am 23. März per Federal Express zu versenden, zumal ihnen zugetragen worden war, daß die Presse anwesend sein würde. Stattdessen wurde das Manuskript per Fax an *Nature* geschickt, um den 24. März als Einreichtermin zu sichern. Interessant ist, daß ein Vertreter der University of Utah am 24. März am Flughafen erschien, was im Nachhinein die Existenz der gegenseitigen Vereinbarung bestätigt.

Sowohl der Termin für die Pressekonferenz als auch die Entscheidung von Fleischmann und Pons zur Veröffentlichung ihrer Forschungsergebnisse wurden weitgehend von Faktoren bestimmt, die wissenschaftlichen

Gepflogenheiten völlig fremd sind. Deshalb kritisierten viele Forscher den von Fleischmann und Pons gewählten Weg, ihre Ergebnisse zu publizieren, ohne vorher entsprechende Nachweise durchgeführt zu haben. Berichten zufolge wollten Fleischmann und Pons ihre Forschung noch 18 Monate lang weiter verfolgen. Fleischmann soll in diesem Zusammenhang gesagt haben: „Meine Art der Vorgehensweise ist dies nicht." In vielerlei Hinsicht ist die Qualität der Ergebnisse zu dürftig, um auf fünf Jahre langer intensiver Arbeit von kompetenten Forscher zu beruhen. Wurden die Verantwortlichen der University of Utah alleine von der Vision der großen Gewinne der Kalten Kernfusion geleitet? Viele Mitarbeiter der University of Utah hatten während der letzten vier Jahre keine Gehaltserhöhungen erhalten, obwohl deren Gehälter ungefähr 20 % unter denen vergleichbarer Universitäten liegen. Folglich verließen viele Wissenschaftler die University of Utah, um andere Stellen anzunehmen. Hätte der Traum der Kalten Kernfusion gehalten, was er versprach, wären die Universität und das Chemische Institut samt ihrer glorreichen Erfinder, Fleischmann und Pons, sehr reich geworden. Es war nämlich vereinbart worden, daß je ein Drittel der Erträge der Entdeckung an die drei Nutznießer gehen sollte [8]. Für sie bedeutete Kalte Kernfusion Milliarden Gewinne, Prestige, große neue Forschungszentren und letztlich wirtschaftlicher Aufschwung für den Staat Utah.

Abschließend ist es wichtig, den großen Unterschied zwischen den Behauptungen der Wissenschaftler der University of Utah und denen der Brigham Young University zu betonen. Die angeblich an der University of Utah gemessene überschüssige Wärme hätte Nebenprodukte ergeben müssen, deren Menge die von der Brigham Young University gemessenen um 13 Größenordnungen (10^{13}) überschritten hätte. Die Diskrepanz der gemessenen Wärme und der Nebenprodukte wurde bald zu einem großen Problem. Unglücklicherweise trafen die Ankündigungen der beiden Gruppen mehr oder minder gleichzeitig zusammen, und beide Entdeckungen wurden als Kalte Kernfusion bezeichnet, was jedoch nicht heißt, daß sie nicht getrennt voneinander betrachtet werden müssen.

Kapitel 3
Bestätigungen, Dementis und Verwirrungen

Die Pressekonferenz in Salt Lake City löste hektische politische Aktivitäten aus. Der Gouverneur von Utah, N. Bangerter, sprach sich für eine außerordentliche Sitzung des Parlamentes aus, um fünf Millionen Dollar zu fordern, damit Utah „von der Forschung der University of Utah profitiert, die anscheinend das Geheimnis der Kernfusion gelöst hat." Er führte weiter aus: „diese Leistung ist das Ergebnis unserer Unterstützung für Forschung und Entwicklung, die in dieser und in früheren Legislaturperioden größte Priorität genossen hat." Die Mitglieder des Verwaltungsrats der University of Utah äußerten sich gegenüber der Presse mit Stolz und Begeisterung. W.E. Hansen, Vorsitzender des Verwaltungsrats, sagte: „wenn sich dies bestätigen sollte, ist es eines der bedeutendsten Ereignisse, ein Meilenstein des Jahrhunderts". Verwaltungsrat Charles W. Bullen fügte hinzu: „dies ist eine der größten wissenschaftlichen Entdeckungen in der Geschichte der Menschheit." Verwaltungsrat I. Cumming betonte die politische und ökonomische Bedeutung der Forschung von Fleischmann und Pons, die von Universitäten und Staat weiterverfolgt werden müsse. Die Universität solle die erforderliche technische Entwicklung schnellstens vorantreiben, um praktischen Nutzen aus dieser Entdeckung zu ziehen, da sicher sehr bald Konzerne und Regierungen der ganzen Welt versuchen würden, diese Forschung auszubeuten. Cumming glaubte: „der Staat Utah steht auf der Schwelle, den Lohn für die Investitionen in die Forschung der University of Utah zu ernten." Peterson kontaktierte wichtige Firmen in Utah, um Spenden für die notwendige technische Entwicklung zu sammeln. Er sagte: „es wäre deprimierend, wenn Mitsubishi unsere Forschung in drei Jahren übernimmt, weil wir nicht schnell genug gehandelt haben"[1].

Exemplarisch für die Euphorie in Utah war der Vorschlag von Senator Eldon Money. Anstatt die fünf Millionen Dollar vom Staat zu fordern, wie der Gouverneur es vorschlug, sollten freiwillige Beiträge der Steuerzahler die Fusionsforschung unterstützen. Im Gegenzug sollten die Beteiligten von Steuererleichterungen profitieren, wenn die Forschung später Gewinne abwerfe. Senator Money folgerte: „da die Entdeckung hohen Wohlstand verspricht, ist es sehr wichtig, die Gewinne auf möglichst viele zu verteilen, anstatt nur einige wenige Investoren oder den Staat Utah davon profitieren zu lassen" [2].

Am 30. März wurde James C. Fletcher zum Direktor des neu gegründeten *National Cold Fusion Institute* der University of Utah gewählt. Dieses sollte mit den geforderten fünf Millionen Dollar ausgestattet werden [3]. Dr. Fletcher, dessen Vorfahren zu den ersten Siedlern Utahs zählten, war von 1964 bis 1971 Präsident der University of Utah und später einige Jahre lang Direktor der NASA. Es stellte sich heraus, daß dies eine voreilige Entscheidung war, da die Berufung nicht abgesprochen war. Fletcher, so wurde später eingeräumt, solle lediglich als Berater das Fusionsprojekt begleiten.

Unmittelbar nach der Pressekonferenz konnte man Informationen über die Experimente von Fleischmann und Pons nur den Medien entnehmen. Mit Nachdruck wurde die Einfachheit und die wirtschaftliche Bedeutung der Experimente betont. Der Tenor war: „Ein einfacher Versuch liefert Kernfusion... Es wird relativ einfach sein, die Entdeckung als Energiequelle nutzbar zu machen... Das System erzeugt lange Zeit Wärme, die so groß ist, daß sie nur von einem Kernprozeß herrühren kann." Die Botschaft von Fleischmann und Pons in den letzten Märztagen war denkbar klar: Sie haben in einer einfachen Apparatur bei Raumtemperatur Kernfusion induziert! Als diese Nachricht einschlug, begann das wissenschaftliche Rennen des Jahrhunderts.

Viele Physiker und Chemiker versuchten, die Experimente aus Utah in ihren eigenen Labors nachzuahmen, sei es um die Ergebnisse zu bestätigen oder zu widerlegen. Einige Forscher waren einfach neugierig, andere waren von der Chimäre einer sicheren, grenzenlosen und sauberen Energiequelle geblendet, zudem wollte manch einer sich die Erträge und das Prestige, das diese Forschung versprach, sichern. Die Atmosphäre war geprägt von der Verheißung, die Energieprobleme der Welt mit extrem einfachen Apparaturen lösen zu können. Daß die ersten

Details über die Experimente bestenfalls skizzenhaft waren, ist für wissenschaftliche Forschung ungewöhnlich. Wissenschaftler waren daher gezwungen, nach den Angaben der Medien zu arbeiten.

In der wissenschaftlichen Welt machten Informationen und Gerüchte über elektronische Post (bitnet und Fax) die Runde. Ungenehmigte Kopien des von Fleischmann und Pons bei dem *Journal of Electroanalytical Chemistry* eingereichten Manuskripts wurden so oft kopiert und gefaxt, daß am Ende nur noch der Vermerk „Vertraulich - Nicht kopieren" deutlich lesbar war. Am 10. April erschien die Arbeit von Fleischmann und Pons, gerade 20 Tage nach dem Einreichen [4].

Dieser acht Seiten umfassenden Veröffentlichung folgte einige Wochen später das zwei Seiten lange Erratum [5]. Als die Arbeit dann endlich der verblüfften wissenschaftlichen Welt vorlag, waren die meisten Leser erschüttert über auffallende Fehler, augenfällige Schwächen, Inkonsistenzen und über das Fehlen wichtiger experimenteller Daten. David Baily, Physiker an der University of Toronto, sagte, die Arbeit sei „unglaublich schludrig." Er soll sogar gesagt haben: „Erhielte man solch eine Arbeit von einem Vordiplomstudenten, gäbe man ihm eine sechs." Weiter sagte er: „die Arbeit ist absolut inakzeptabel und klingt, als ob die beiden nicht wüßten, wovon sie redeten." Moshe Gai, Physiker an der Yale University, war der Ansicht, die Arbeit zeige, daß Fleischmann und Pons 'unzulängliche Apparaturen' benutzt hätten, und daß der kernphysikalische Teil nicht besonders sorgfältig durchgeführt worden sei. Es ist offensichtlich, daß die voreilige Veröffentlichung eine sorgfältige Begutachtung, die eine Zurückweisung des Manuskripts bedeutet hätte, verhindert hat. Die Errata enthüllten schließlich auch den Namen des dritten Autors, Marvin Hawkins. Den Namen eines von nur drei Autoren zu vergessen, ist wohl einzigartig in der Geschichte der wissenschaftlichen Veröffentlichungen. Ebenso gab es eine völlig neue Darstellung des γ-Strahlen-Spektrums mit neuen Daten, die dem Spektrum eine neue Form gaben, außerdem gab es eine Änderung im Maßstab der Ordinate um den Faktor 25! Dieses Spektrum war Anlaß zu viel Kritik, was später diskutiert werden soll. Die Schlußfolgerungen der Arbeit von Fleischmann und Pons waren:

1. Die Wärmeerzeugung ist abhängig von der Stromdichte und proportional zum Volumen der Elektrode; d.h. wir haben es mit einem Phänomen im Inneren der Elektrode zu tun.

2. Die Wärmeerzeugung kann mehr als 10 Watt pro Kubikzentimeter betragen; sie kann über 120 Stunden lang aufrecht erhalten werden; während dieser Zeit wird typischerweise mehr als vier Megajoules Wärme pro Kubikzentimeter Elektrode generiert.

3. Es wurden tatsächlich Neutronen in der Elektrode erzeugt; der Neutronenfluß liegt in der Größenordnung von 4×10^4 pro Sekunde.

4. Abbildung 13 zeigt, daß die angereicherte Spezies tatsächlich Tritium ist. Die Erzeugungsrate beträgt über 10^4 Atome pro Sekunde, was mit den Messungen des Neutronenflusses übereinstimmt.

In der Arbeit von Fleischmann, Pons und Hawkins findet man außerdem, daß aus den Daten der Wärmeerzeugung Nebenprodukte (nach Reaktion (1a) und (1b)) in der Größenordnung von 10^{11} bis 10^{14} Atome pro Sekunde zu erwarten wären. Daß sie diese nicht nachweisen konnten, erklären sie folgendermaßen: „Es ist offensichtlich, daß die Reaktionen (1a) und (1b) nur einen kleinen Teil der Gesamtreaktion beschreiben, und daß auch andere Kernprozesse ablaufen müssen." In dem Artikel wird aber nicht erklärt, welche „anderen Kernprozesse" Wärme hätten erzeugen sollen. (Zur Erinnerung: die gemessene Menge an Neutronen und Tritium könnte nur den hundert Millionstel Teil an Wärme liefern.) Man muß sich wohl fragen, wieso die Autoren ohne zu zögern ihre Ergebnisse veröffentlichten und mutmaßten, daß „ein großer Teil der Energie auf einen bis dahin unbekannten Kernprozeß zurückzuführen ist." Da war nicht die leiseste Andeutung, es könne sich möglicherweise um eine gewagte Hypothese handeln. Ihre Ausführungen ignorierten zudem die umfangreiche Literatur über Kernprozesse des letzten halben Jahrhunderts. Es ist wirklich verwunderlich, wieso solch eine undokumentierte Arbeit mit solch absurden Behauptungen weder von den Gutachtern noch von den Herausgebern zurückgewiesen wurde.

Die Wärmeerzeugung wurde mit der sogenannten kalorimetrischen Methode gemessen. Bei solchen Versuchen können verschiedene Arten von Kalorimetern eingesetzt werden. Fleischmann, Pons und Hawkins benutzten ein offenes Kalorimeter, wobei die bei der Elektrolyse entstehenden Gase entweichen. Dieses spezielle Verfahren, welches auf dem Prinzip einer schlecht isolierenden Thermoskanne beruht, nennt man 'Kalorimetrie mit Wärmeverlust'. Ein Teil der erzeugten Wärme verbleibt in der Zelle, während der andere Teil mit einer bekannten Rate in ein umgebendes Wärmebad entweicht. Zusätzlich kann die Zelle durch einen Vakuummantel vom Wärmebad abgetrennt werden, um den Wärmeübergang von der Zelle zum Wärmebad besser zu kontrollieren. Ist die Zelle ein gut isoliertes System, so ist der Wärmeverlust sehr gering, und im Inneren der Zelle kann eine Temperatur erreicht werden, die sehr viel höher ist als im Wärmebad. Ist die Zelle jedoch nur ungenügend isoliert, liegt ihre Gleichgewichtstemperatur nur wenig über der des Wärmebades. Diese Temperaturdifferenz, die sich zwischen der Zelle (T_{Zelle}) und dem Wärmebad (T_{Bad}) einstellt, wird gemessen. Die Temperatur der Zelle ist immer höher als die des Wärmebads. Der Wärmefluß von der Zelle zum Bad ergibt sich aus der Temperaturdifferenz ($T_{Zelle} - T_{Bad}$).

Eine größere Temperaturdifferenz zwischen Zelle und Bad bedeutet also eine größere Wärmeleistung. Um den genauen Wert des Wärmeflusses zu bestimmen, muß man den 'Wärmeleitungskoeffizienten' des Kalorimeters messen. Dies ist der weitaus wichtigste Faktor bei kalorimetrischen Messungen. Dieser Koeffizient wird durch Eichung mit einer im Inneren der Zelle befindlichen Wärmequelle unter Ausnutzung der Newtonschen Kühlgesetze bestimmt. Die interne Heizung wird während der Elektrolyse eingeschaltet, und man verfolgt die Temperatur-Zeit-Kurve, bis sich ein stationärer Zustand eingestellt hat. Dann wird die Heizung ausgeschaltet und die Abkühlkurve beobachtet. Dieses Verfahren liefert eine gute Näherung an die „differentielle kalorimetrische Konstante" bei der gegebenen Zelltemperatur. Kompliziertere Verfahren sind notwendig, um die „integrale kalorimetrische Konstante" zu bestimmen. Wenn diese Konstante k (Einheiten: Watt pro Grad Temperaturanstieg) bestimmt worden ist, kann man den Wärmeverlust aus dem Produkt $k(T_{Zelle} - T_{Bad})$ berechnen. Bei offenen Zellen gibt es noch eine weitere wichtige Korrektur zum Wärmeverlust, nämlich die Wärmemenge der entweichenden Gase. Schließlich muß diese gesamte Wärmeleistung mit der der Zelle zugeführten Leistung verglichen werden, um Überschußwärme nachzuweisen.

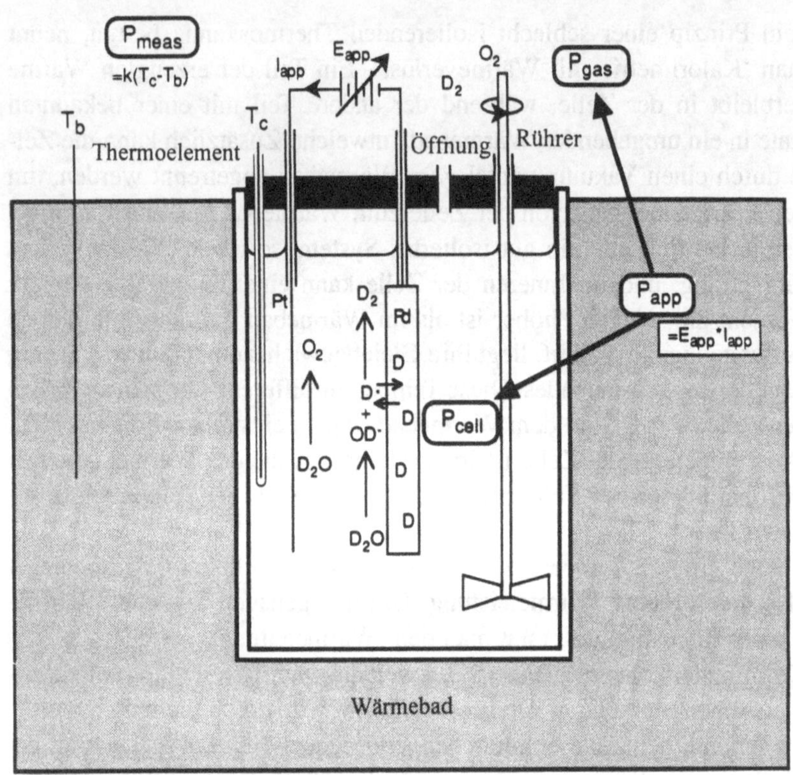

Bild 3.1 Schematische Darstellung des am Caltech verwendeten Kalorimeters. Die Kathode ist aus Palladium und absorbiert Deuterium, während die Anode aus Platin besteht. Von außen wird eine Leistung von $P_{app} = E_{app}I_{app}$ zugeführt, wobei E_{app} die angelegte Spannung und I_{app} der zugeführte Strom ist. Die zugeführte Leistung erzeugt einerseits eine Wärmeleistung P_{cell} in der Zelle, andererseits eine chemische Leistung P_{gas} durch die Erzeugung der Gase. $P_{app} = P_{cell} + P_{gas}$, falls keine Überschußleistung erzeugt wird. Die Wärmeleistung wird durch Messung der Temperaturdifferenz zwischen der Zelle und dem Wärmebad bestimmt. Wenn der Wärmeleitungskoeffizient k bekannt ist, wird die gemessene Wärmeleistung P_{meas} durch die Gleichung: $P_{meas} = k(T_c - T_b)$ bestimmt, wobei T_c die Temperatur der Zelle und T_b die des Wärmebades ist. (Mit freundlicher Genehmigung von Prof. Nathan Lewis.)

Wie dieser skizzenhaften Beschreibung der Kalorimetrie zu entnehmen ist, gibt es eine Reihe von experimentellen Schwierigkeiten bei der Beurteilung von Wärmeeffekten. Eine Schwierigkeit ist sicherlich die Temperaturverteilung im Inneren der Zelle. Bei dem Experiment von Fleischmann, Pons und Hawkins wurden zum Beispiel keine Maßnahmen getroffen, um Temperaturgradienten auszuschließen. Ein mechanischer Rührer wurde nicht eingesetzt. Stattdessen beriefen sie sich darauf, daß die Gasentwicklung an den Elektroden alleine ausreiche, um für eine gleichmäßige Temperaturverteilung zu sorgen. Fleischmann wurde auf einer Tagung gefragt, ob es möglicherweise in ihrer Zelle Temperaturgradienten gegeben habe, die zu Meßfehlern hätten führen können. Er zeigte ein Video von der Gasentwicklung in der Zelle. Man konnte sehen, wie sich die Flüssigkeit, der ein rotes Kontrastmittel zugegeben wurde, innerhalb von ungefähr 20 Sekunden gleichmäßig in der Zelle verteilte. Obwohl dieses Video zeigen sollte, daß es keine Temperaturgradienten in der Zelle gab, wäre die Präsentation überzeugender gewesen, wenn mehrere Thermometer in der Zelle verteilt gewesen wären. Versuche am Caltech Institut haben gezeigt, daß mechanische Rührer zur gleichmäßigen Verteilung der Temperatur notwendig sind.

Viele Kritiker nahmen Anstoß am Fehlen experimenteller Details in der Arbeit von Fleischmann, Pons und Hawkins. Jemand bemerkte, daß es die erste Arbeit mit kalorimetrischen Messungen sei, die keine einzige Temperaturangabe der Zelle enthielte (obwohl die Gleichgewichtstemperatur der Zelle mit 300°K angegeben wurde (300° Kelvin entsprechen 27°C), wurde diese Angabe später im Errata auf 303, 15° K korrigiert). Außerdem gab es keine Angaben zur außerordentlich wichtigen Eichung der Zelle.

Experimentelle Einzelheiten fehlten gleichermaßen in dem am 24. März bei *Nature* eingereichten Manuskript. Dies war lediglich eine verkürzte Fassung des im *Journal of Electroanalytical Chemistry* erschienen Artikels. Die Gutachter von *Nature* hatten einige Schwierigkeiten mit dem Manuskript und erbaten sich von den Autoren Antworten auf einige wichtige Fragen. John Maddox, Herausgeber der *Nature* sagte, die Arbeit sei lediglich eine gekürzte Version der bereits erschienenen und enthielte keine neuen Erkenntnisse. Der stellvertretende Herausgeber Peter A. Newmark bemerkte, die Arbeit von Fleischmann und Pons sei so fehlerhaft, daß die Gutachter sie in dieser Form abgelehnt hätten [6]. Statt auf die Vorschläge der Gutachter einzugehen, zogen Fleischmann und Pons ihr Manuskript zurück. Dies war wohl eine weise Entscheidung[1], da es sehr unwahrscheinlich schien, daß *Nature* diese verkürzte Fassung eines bereits erschienenen Artikels veröffentlichen würde.

Zusätzliche Informationen über die unterschiedlichen Behauptungen aus Utah erreichten die Fachwelt über Vorträge, die Pons, Fleischmann und Jones hielten. Pons zum Beispiel hielt am 31. März einen Vortrag an der University of Utah und am 4. April an der Indiana University. Zu Beginn des Vortrags in Utah beklagte sich Pons über den Druck, dem er seit der Pressekonferenz ausgeliefert sei. Er machte dann eine aufschlußreiche Bemerkung: „ich habe auf verschiedenen anderen Gebieten der Chemie ernsthaft gearbeitet... ich ziehe es vor, über eines dieser Gebiete zu reden." Dies zeigt doch, wie wenig Vertrauen er in seine eigenen Ergebnisse hatte und wie wenig er bereit war, sie zu verteidigen. Fleischmann sprach am 31. März vor europäischen Wissenschaftlern auf Einladung des Generaldirektors des CERN in Genf. CERN ist ein führendes, von europäischen Regierungen getragenes Forschungszentrum für Hochenergiephysik. In all diesen Vorträgen diskutierten Fleischmann und Pons den Inhalt ihrer Veröffentlichung, gaben aber keine neuen experimentellen Einzelheiten bekannt. Sie betonten den außerordentlichen Energiegewinn bei ihren Experimenten, hundert Mal höher als bei chemischen Reaktionen. Auf den Einwand, die der Wärmemenge entsprechende Menge der Fusionsprodukte sei viel zu gering, entgegneten Pons und Fleischmann, die Wärme sei durch eine noch unbekannte Art von Kernreaktion (mit noch nicht identifizierten Nebenprodukten) erzeugt worden. Diese höchst ungewöhnliche Antwort war für viele Kernforscher nicht akzeptabel.

Jones hielt am 31. März am Physikalischen Institut der Columbia University einen Vortrag. Er rechnete damit, vor einem kleinen Auditorium zu reden, wurde aber in einen großen Hörsaal geführt, in dem

[1] Wie auch immer, ist es aber eine unübliche Entscheidung. Die meisten Wissenschaftler bemühen sich, ihre Ergebnisse in einer renommierten Zeitschrift zu veröffentlichen.

Hunderte von Wissenschaftlern, Studenten und Journalisten warteten. Mit seinen Ausführungen überzeugte er die wissenschaftliche Welt, daß seine Ergebnisse zur Kalten Kernfusion sehr verschieden von denen der University of Utah waren. Der von Jones postulierte Fusionsprozeß liefert Neutronen, die wenig oberhalb der Hintergrundstrahlung liegen, und ist als Energiequelle nicht nutzbar, aber von großem wissenschaftlichem Interesse.

Die Ergebnisse beider Gruppen wurden am 12. April anläßlich einer Tagung am Ettore Majorana Center for Scientific Culture in Sizilien vorgestellt. Ein Bericht dieser Tagung wurde von R.L. Garwin veröffentlicht [7]. Die Arbeiten der University of Utah wurden von Fleischmann vorgestellt, die der Brigham Young University von Jones und J.B. Czirr. Bei der Tagung wurde hervorgehoben, wie unterschiedlich die Ergebnisse der beiden Gruppen waren. Die Gruppe der University of Utah betonte erneut die entstandene Wärmemenge, während die Vertreter der Brigham Young University von einer geringen Neutronenmenge berichteten, die eine millionenfach kleinere Wärmemenge liefern würde als die an der University of Utah gefundene. Neue Berechnungen von Steven E. Koonin, Theoretiker am Caltech, zeigen, daß selbst die Werte der Gruppe der Brigham Young University um einige Größenordnungen korrigiert werden müßten. Obwohl die Fusionsraten höher waren als bei vorherigen Berechnungen, ändern sie nichts an der prinzipiellen Erkenntnis, daß Kernfusion bei Raumtemperatur ein außerordentlich unwahrscheinlicher Prozeß ist. Bereits zu diesem Zeitpunkt, also drei Wochen nach der Pressekonferenz in Utah, gab es Gruppen, die die Ergebnisse der Elektrolyse von schwerem Wasser an einer Palladiumkathode widerlegten, während andere sie bestätigten. Was diese Bestätigungen betrifft, bleiben viele Fragen wegen des Fehlens experimenteller Details offen. Der letzte Satz aus Garwins Bericht ist eine gute Zusammenfassung: „Ein großer Energiegewinn durch Kernfusion bei Raumtemperatur wäre eine multidimensionale Revolution. Ich wette dagegen."

Bei der Tagung in Erice soll es eine außergewöhnliche Begegnung zwischen Fleischmann und Jones gegeben haben [8]. Fleischmann soll Jones aus dem Frühstückssaal gebeten haben, um sich bei ihm wegen der Ereignisse vor und nach der Pressekonferenz zu entschuldigen. Die

Pressekonferenz sei auf Drängen der Verwaltung der University of Utah zustandegekommen.

Bereits am 10. April, 18 Tage nach der Pressekonferenz, wurden die Ergebnisse des Experiments aus Utah bestätigt. Am Morgen dieses Tages gaben Chemiker der Texas A&M University bekannt, überschüssige Wärme nachgewiesen zu haben, und am Nachmittag behaupteten Physiker des Georgia Tech Research Institute, an einer Palladiumelektrode die Entstehung von Neutronen beobachtet zu haben. Die Wissenschaftler beider Institute schienen vom Fusionsfieber gepackt zu sein. Im Rampenlicht der Öffentlichkeit stürzten sich viele auf die Kalte Kernfusion und veröffentlichten tollkühn ihre Ergebnisse, ohne sie vorher zu überprüfen.

Die Gruppe der Texas A&M wurde von dem Elektrochemiker Charles Martin geleitet. In einer Pressekonferenz gaben sie bekannt, in ihrer elektrochemischen Zelle Wärme erzeugt zu haben, behaupteten jedoch nicht explizit, Kalte Kernfusion induziert zu haben. Sie erhielten aber 60 bis 80 % mehr Energie, als der Zelle (mit einer 5 mm langen und 1 mm dicken Palladiumkathode) zugeführt wurde. Ihre Zelle sei, nachdem sie 20 Minuten lang elektrolysiert worden war, aktiv geworden, und habe drei Tage lang ununterbrochen Energie geliefert. Die Gruppe des Georgia Tech Research Instituts unter der Leitung von James Mahaffey bestätigte das Stattfinden von Kernfusion; sie hätten mit einem Bortrifluorid-Neutronendetektor die Entstehung von Neutronen beobachtet und konnten pro Stunde 600 Neutronen in ihrem System zählen, während lediglich 40 Neutronen der Hintergrundstrahlung zuzurechnen wären.

Gerüchte über die Richtigkeit der Versuche kamen auch schnell von außerhalb der USA. Anläßlich der Tagung der Chemical Society of Japan berichtete N. Koyama, er habe sowohl einen Energieüberschuß als auch γ-Strahlen in seiner Zelle nachweisen können. Andere Wissenschaftler waren skeptisch, da bis zu dem Zeitpunkt keine neuen Neutronenmessungen durchgeführt worden waren. Obwohl nach wie vor keine experimentellen Details bekannt waren, behaupteten auch Wissenschaftler der Lajos Kossuth Universität in Debrecin, Ungarn, die gleichen Ergebnisse wie Fleischmann und Pons zu erhalten. Von überall aus der Welt, auch aus der UdSSR, trafen plötzlich Computernachrichten mit Bestätigungen ein.

So war die Atmosphäre bei der Tagung der ACS in Dallas (vom 9. bis 14. April 1989) hoch geladen mit Gerüchten und Bestätigungen der Kalten Kernfusion. Dr. Valerie J. Kuck, eine Wissenschaftlerin des AT&T Bell Laboratories in Murray Hill (NJ), organisierte in letzter Sekunde ein Sondersymposium über Kalte Kernfusion, das mittags am 12. April begann. Frau Dr. Kuck zeichnete auch für das Sondersymposium über Supraleitung bei der ACS-Tagung im April 1987 verantwortlich, kurz nachdem dieses Gebiet bekannt wurde. Als Sprecher waren am 12. April eingeladen: Harold P. Furth, Direktor des Plasma Physics Laboratory der University Princeton, Allen J. Bard, Chemiker an der University of Texas, Ernest Yeager, Chemiker an der Case Western Reserve University, B. Stanley Pons, Chemiker an der University of Utah, und Brigitta Whaley, Chemikerin an der University of California, Berkeley.

Clayton Callis, 1989 Präsident der ACS, eröffnete die Vortragsreihe, die von manchen als „Woodstock der Chemie“ bezeichnet wurde. Er begeisterte die siebentausend in einem großen Konferenzsaal in Dallas versammelten Chemiker, indem er das großartige Potential der Kalten Kernfusion bejubelte und behauptete, es sei möglicherweise die Entdeckung des Jahrhunderts. Er sprach dann über die Schwierigkeiten, die Physiker bei Versuchen mit der kontrollierten Kernfusion hätten. „Jetzt scheint es, als ob die Chemiker die Lösung hätten“ fuhr er fort, und die Menge lachte und applaudierte begeistert. Als Zeuge dieses Vortrags und der Kommentare meiner unmittelbaren Nachbarn kam ich zu dem Schluß, daß der Großteil des Auditoriums glaubte, dem Durchbruch in der Energiegewinnung beizuwohnen. Die einleitenden Bemerkungen von Callis brüskierten Physiker und einige Chemiker und spaltete die Gemeinschaft der Physiker und Chemiker. Die Reaktionen der Physiker bei der Tagung der APS, ungefähr drei Wochen später, wird in Kapitel 6 behandelt.

Furth diskutierte in einem vortrefflichen Übersichtsvortrag die Entwicklungen zu einer nutzbaren Kernfusionsenergie. Er war der Alibi-Kernphysiker der Tagung. In seinem Vortrag betonte er die geringe Wahrscheinlichkeit der Fusion von Wasserstoffisotopen bei Raumtemperatur und die hohe effektive Elektronenmasse, die dafür erforderlich wäre. Furth beendete seinen Vortrag, indem er sagte, daß noch viele weitere Versuche nötig wären, bis Kernphysiker den Behauptungen der University of Utah Glauben schenken würden. Ein sehr wichtiger Versuch wäre, Wasser (H_2O) und schweres Wasser (D_2O) unter den gleichen elektrolytischen Bedingungen zu untersuchen. Pons erwiderte, er bereite diesen Versuch gerade vor. Später, nach Pons Vortrag, stellte sich heraus, daß Pons und Fleischmann diesen Versuch bereits durchgeführt hatten. Als Pons gefragt wurde, warum er die Ergebnisse dieses Kontrollexperiments nicht bekannt gegeben habe, antwortete er: „Ein Kontrollexperiment mit gewöhnlichem Wasser ist nicht zwangsläufig ein gutes Kontrollexperiment." Als er gebeten wurde, dieses näher zu erläutern, sagte er, er habe den Versuch mit Wasser durchgeführt und Kernfusion festgestellt: „Wir erhalten nicht das erwartete Kontrollexperiment... Wir erhalten nicht wie erwartet entsprechende Referenzwerte" [9].

Die beiden folgenden Redner, Bard und Yeager, referierten über die Elektrochemie. Während Bards Vortrag Grundlagen der Elektrochemie zum Thema hatte, war Yeagers Vortrag dem speziellen elektrochemischen System Wasserstoff/Palladium gewidmet. Elektrochemiker fühlten sich über die neue Aufmerksamkeit, die ihrem Gebiet nicht nur von Chemikern, sondern von einem größeren wissenschaftlichem Publikum geschenkt wurde, geschmeichelt. Es seien aufregende Zeiten für einen Elektrochemiker, sagte Yeager dem Auditorium. Er fuhr fort: „Hoffentlich bleibt das Fusionsfieber hoch." Es war überraschend, daß die Organisatoren der Tagung gleich zwei Elektrochemiker zu einleitenden Vorträgen einluden, zumal man davon ausgehen könnte, daß Chemiker mit diesem Gebiet der Chemie vertraut sind, da es im Grundstudium gelehrt wird. Wäre es schließlich nicht vorteilhafter gewesen, den Kreis der Chemiker mit Grundlagen der Kernphysik vertraut zu machen, um die kernphysikalischen Probleme der Versuche von Fleischmann und Pons zu beleuchten?

Pons gab im wesentlichen den Inhalt des Artikels aus dem *Journal of Electroanalytical Chemistry* wieder. Er unterstrich erneut den ungeheuren Energiegewinn (bis zu 50 Megajoules Wärme) der Zelle, was

Größenordnungen mehr sei, als eine chemische Reaktion liefern könne. Die Logik von Fleischmann und Pons war folgende: Die Energie, die in der Zelle entstand, war größer, als daß sie von einer chemischen Reaktion herrühren könne. Folglich entstehe die Energie durch einen Fusionsprozeß. Dies wurde postuliert, obwohl die Intensität der Fusionsprodukte mindestens acht Größenordnungen kleiner war als die entsprechende Wärmemenge. Fleischmann und Pons folgerten, ein bislang unbekannter Kernprozeß sei Ursache für die beobachteten Phänomene! Die enorme Diskrepanz schien aber keinen abschrecken zu können, der an die Kalte Kernfusion glaubte. Es bildete sich ein Lager von „Anhängern“ und eins von „Skeptikern“. Pons erfreute die große Zuhörerschaft, indem er bei seinem Vortrag (Furth folgend, der ein Dia vom Tokamak in Princeton zeigte)[2] seine Zelle, die bei Raumtemperatur Fusionsenergie erzeugen soll, in einer Spülwanne zeigte. „Dies ist, sagte er, der U-1 Utah Tokamak.“ Die Chemiker tobten vor Begeisterung. Pons machte während seines Vortrags den gleichen Fehler wie in dem veröffentlichten Artikel. Nach seiner Auslegung der Nernstgleichung betrage der Druck des Deuteriums in der Palladiumkathode ungefähr 10^{27} Atmosphären! Wahrscheinlich war diese Fehlinterpretation verantwortlich dafür, daß Fleischmann und Pons glaubten, Deuteriumkerne müßten im Inneren der Palladiumelektrode so eng aneinander kommen, daß eine Fusion möglich sei. Die Nernstgleichung, anwendbar bei Gleichgewichtsbedingungen, wurde benutzt, um aus der Überspannung einer elektrochemischen Zelle die Fugazität des Deuteriums zu berechnen. Man kann jedoch bei hohen Überspannungen den Deuteriumdruck im Palladium nicht einfach dadurch bestimmen, daß man die Nernstgleichung auf die Deuteriumentwicklung anwendet [10]. Dieses fehlerhafte Verfahren führt zu einem berechneten Deuteriumdruck im Palladium, der um einige Größenordnungen höher ist als der tatsächliche. Fleischmann und Pons sind demnach von Anfang an von falschen Prämissen ausgegangen. Es ist eines

[2]Der von der Princeton University betriebene Tokamak Fusionsreaktor ist eine torusförmige Anlage, in dem das heiße Wasserstoffgas durch extrem starke Magnetfelder zusammengehalten wird. Experimente mit Deuteriumgas ergaben Plasmatemperaturen von 300 Millionen Grad. Wie auch immer, ist es bisher nicht gelungen, das heiße Plasma lange genug einzudämmen und solch hohen Druck aufrechtzuerhalten, daß mehr Energie gewonnen als zugeführt wird.

der großen Rätsel der Kalten Kernfusions Saga, wieso erfahrene Elektrochemiker ihre Untersuchungen zur Kalten Kernfusion auf solch eine naive Berechnung des Deuteriumdrucks aufbauen konnten.

Auf den Vortrag von Pons folgte B. Whaley von der University of California, Berkeley. Sie schlug eine Theorie vor, wonach Bosonen die Coulombkräfte abschirmten, so daß die Deuteriumkerne im Palladiumgitter so nahe aneinander gebracht werden könnten, daß sie schließlich verschmelzen. Da sie vor einem hauptsächlich aus Chemikern bestehenden Publikum sprach, machte sie ziemlich triviale Bemerkungen über Kerneigenschaften, zum Beispiel: Deuteriumkerne (^{2}H) sind Bosonen, während die Kerne von Wasserstoff (^{1}H) und Tritium (^{3}H) Fermionen sind. Dann wagte Whaley einen großen Schritt und stellte ohne detaillierte Rechnungen die Hypothese auf, daß die Abstoßung der Deuteriumkerne so weit abgeschirmt wird, daß die Teilchen einander trotz der Abstoßung berührten. Die zahlreichen Chemiker in dem überfüllten Hörsaal waren übereinstimmend der Meinung, dies sei die Theorie, die Fleischmann und Pons Behauptungen untermauere. Whaley reichte, wie viele andere, ein Manuskript bei *Science* ein, was als ein Symptom der ersten Periode des Fusionsfiebers angesehen werden kann. Gutachter des Manuskripts verwiesen zu gegebener Zeit auf die zahlreichen Fehler und lehnten es schließlich ab. Ein Jahr später überarbeitete Whaley ihre These und veröffentlichte in einem Artikel [11], daß die berechnete Fusionsrate um einige Größenordnungen kleiner sei als die von Jones gefundene.

Nach diesen Vorträgen gab es eine offene Diskussion. Der Meinungsaustausch führte jedoch kaum zu neuen Erkenntnissen, wenn man von der ergebnislosen Diskussion über das Kontrollexperiment absieht. Zahlreiche Angebote, die Palladiumelektrode auf Fusionsprodukte zu untersuchen, wurden allesamt abgelehnt, wahrscheinlich wegen patentrechtlicher Erwägungen. Alles in allem war dieses Sondersymposium einzigartig in der Geschichte der Wissenschaft. Und es bleibt ein Rätsel, wieso der Großteil der sieben Tausend Chemiker an das Phänomen der Kalten Kernfusion glaubte, obwohl die Höhe der Fusionsprodukte mindestens acht Größenordnungen geringer war als die entsprechende Wärme.

Einige Wochen nach den Ankündigungen der Kalten Kernfusion kursierten Theorien des Phänomens schneller als eine unkontrollierte Kernfusion. Das Wuchern dieser sogenannten Theorien war eine der großen Überraschungen der gesamten Kalten Kernfusions Saga. Die meisten dieser Theorien kümmerten sich wenig um wissenschaftliche Prinzipien oder um die Richtigkeit der bekanntgegebenen experimentellen Werte. Die Theorie der Abschirmung durch Bosonen wurde bereits erwähnt. Eine der bekanntesten Theorien dieser ersten Wochen stammt von Peter Hagelstein, einem Elektroingenieur vom MIT. Er glaubte offensichtlich trotz der spärlichen experimentellen Beweise an die Verheißung von Fleischmann und Pons. Hagelstein postulierte zunächst, daß im Inneren der Palladiumkathode ein Heliumisotop der Masse 4 (^{4}He) und sehr viel Energie entstünde. Die Energie wird durch kollektive und kohärente Effekte im Metallgitter eingeschlossen. Zu diesem Thema schrieb er in den Wochen nach der Pressekonferenz vier Artikel. Grundlage aller seiner Artikel sind die falschen Prämissen, daß die Kalte Kernfusion Helium produziere, daß die entstandene Wärme auf wundersame Weise im Metallgitter gespeichert wird, und daß dabei keine γ-Strahlen frei werden. Die Presse berichtete, MIT ringe mit der University of Utah um Patentrechte. Später gab der Direktor des MIT bekannt, daß die Anmeldung von Patentrechten ein Fehler gewesen wäre. Auch andere, wie zum Beispiel Walling und Simons, schlugen ähnlich fehlerhafte Theorien vor, dieses soll zu einem späteren Zeitpunkt diskutiert werden.

Der theoretische Physiker George Chapline und zwei seiner Kollegen des Lawrence Livermore National Laboratory gaben als Grund für die geringe Anzahl von Neutronen, wie sie von Jones Gruppe gefunden worden war, eine myonenkatalysierte Kernfusion an. Sie glaubten, daß in Utah die von kosmischer Strahlung herrührenden Myonen ausreichten, um in der elektrolytischen Zelle Deuteriumfusion zu induzieren. Sie reichten ihr Manuskript bei *Physical Review Letters* ein, eine Veröffenlichung wurde jedoch abgelehnt. Chaplines Gruppe ließ die Bedeutung des Palladiums bei der Kalten Kernfusion unberücksichtigt. Aufgrund seiner höheren Kernladung werden Myonen nämlich bevorzugt vom Palladium eingefangen. Dies wurde später von einer japanische Gruppe bewiesen, die eine Deuterium enthaltende Palladiumkathode mit Myonen beschossen. Diese Theorie erklärte also nicht einmal Jones Beobachtungen, obwohl dessen Messungen lediglich eine sehr geringe Neutronenmenge ergaben. Gutachter des Manuskripts von Chapline taten also gut daran, den fehlerhaften Artikel abzulehnen.

Am 14. April, drei Wochen nach der Pressekonferenz, reichten Cheves Walling und Jack Simons, Chemiker an der University of Utah, ein Manuskript mit ihrer Theorie zur Kalten Kernfusion beim *Journal of Physical Chemistry* zur Veröffentlichung ein. Nach einigen Änderungen wurde das Manuskript am 15 Juni veröffentlicht [12]. Die 'Theorie' von Walling und Simons zeigt, wie tief wissenschaftlicher Diskurs sinken kann, wenn er umgeben ist von den Verlockungen des Fusionsfiebers, welches den Großteil der Bevölkerung Utahs befallen zu haben schien. Diese 'Theorie' verstößt gegen gesicherte Erkenntnisse über Kernprozesse, gab aber den beiden Autoren die Möglichkeit, eine Kette von Wundern zu entwickeln.

Walling und Simoms entwickelten ihre Theorie, um die große Menge an Helium (^{4}He) zu erklären, die Fleischmann und Pons durch massenspektroskopische Messungen der aus der Zelle entweichenden Gase gefunden haben wollten. Die Ergebnisse dieser Messungen schienen mit dem Fehlen anderer Fusionsprodukte (Neutronen und Tritium) übereinzustimmen. Walling und Simons erklärten, der erstaunlichste Aspekt der experimentellen Ergebnisse von Fleischmann und Pons sei, daß die Wärmeerzeugung, die durch einfache kalorimetrische Messungen bestimmt worden ist, 10^7 bis 10^9 Mal größer sei, als der gemessenen Menge an Neutronen und Tritium entspreche. Ihrem Artikel zufolge (dem persönliche Mitteilungen von Pons und Hawkins zugrundeliegen), entstehen 8×10^{12} bis 8×10^{13} Helium (^{4}He) Atome pro Sekunde und pro Kubikzentimeter Kathode. Plötzlich tauchte also das in bisherigen Arbeiten vermißte Fusionsprodukt Helium (^{4}He) auf. Diese Menge an Helium ist sogar größer als der beobachteten Wärmeentwicklung von 0,5 Watt pro Kubikzentimeter Kathode entspräche. Walling und Simons erklärten diese Diskrepanz mit Meßfehlern bei den massenspektrometrischen Untersuchungen. Der Fusionsprozeß müßte demnach ausschließlich Helium und γ-Strahlen (Reaktion (1c)) liefern, was jedoch bisherigen Erkenntnissen über den Ablauf von Fusionsreaktionen widerspricht.

Die Walling-Simons-Theorie kann als dreifaches Wunder angesehen werden. Das erste Wunder vollbrachten sie, indem sie die von Fleischmann und Pons gemessene Wärmemenge theoretisch bestätigten. Um diesen Wert zu erhalten, nahmen sie an, daß ein Deuteron im Metallgitter mit 'schweren Elektronen' assoziiert sei, deren effektive Masse 10 Mal höher ist als die der gewöhnlichen Elektronen. Die Elektronen im Gitter mit solch hoher Masse würden tatsächlich die Wahrscheinlichkeit einer Fusion erhöhen. Das Phänomen der 'schweren Elektronen' ist jedoch nur dann zu beobachten, wenn langwellige Anregungen durch starke Wechselwirkungen die Wellenfunktion der Elektronen nahe dem Ferminiveau beeinflussen. Da aber bei dem Tunnelprozeß der Kalten Kernfusion die Abstände um einige Größenordnungen unterhalb des Gitterabstandes liegen, ist allein die kurzwellige Elektronenanregung für die Abschirmung verantwortlich. Also ist die effektive Elektronenmasse beim Tunneln sehr nahe der eigentlichen Elektronenmasse, und demnach kann es keine erhöhte Wahrscheinlichkeit der Fusion geben [13].

Walling und Simons schafften es, einem zweiten Wunder gleich, die Verzweigung der Fusionsreaktion (vgl. Reaktionen (1a) bis (1c)) zu verändern. Bei Energien bis hin zu wenigen Kiloelektronenvolt sind die Querschnitte der Reaktionen (1a) und (1b) annähernd gleich, während die Reaktion (1c) (bei der Helium (^{4}He) und γ-Strahlen entstehen) einen 10^7 Mal kleineren Querschnitt hat. Ähnliche Querschnitte wurden bei der myonenkatalysierten Kernfusion gefunden. Die Walling-Simons-Theorie aber postulierte willkürlich, die Verzweigungsrate sei um einige Größenordnungen verschieden, so daß hauptsächlich die Reaktion (1c) abläuft. Sie erklärte zwar die gemessene (später widerrufene) große Menge Helium und das Fehlen von Neutronen und Tritium, widersprach aber der Bohrschen Theorie.

Walling und Simons drittes Wunder sollte untermauern, daß die gesamte Reaktionswärme im Metallgitter verbleibe und nicht als γ-Strahlung freiwerde. Diese Annahme ergab sich zwangsläufig aus den ersten beiden Postulaten. Die bei der Reaktion entstandene γ-Strahlung wäre aus der Zelle entwichen, und die resultierende tödliche Strahlendosis wäre sehr einfach nachweisbar gewesen. So löschten sie kurzerhand die γ-Strahlen. Sie rechtfertigten dies mit einem im Inneren des Gitters stattfindenden Umwandlungsprozeß, wonach die angeregten elektronischen Zustände der Moleküle in Wärme umgewandelt würden. Dies gilt jedoch nicht für Kernprozesse. Der DOE-Untersuchungsbericht [14] erläutert dies folgendermaßen:

> Durch interne Konversion kann ein Elektron anstelle eines Photons die Energie eines angeregten Kerns übernehmen. Dies ist ein quantitativ gut untersuchter Prozeß, der hauptsächlich bei schweren Atomen mit fest gebundenen inneren Elektronen bei niedrigen Photonenenergien (weniger als 1 MeV) beobachtet wird. Im Helium werden die inneren Elektronen nur schwach angezogen, und die Energie der Photonen beträgt ungefähr 23,8 MeV. Unter diesen Bedingungen kann es keine Wechselwirkung zwischen Photonen und angeregten Elektronen geben, und demnach wird weder eine innere Umwandlung stattfinden, noch irgendein anderer Vorgang dieser Art. Walling und Simons postulierten eine Erhöhung der Konversionsrate durch Elektronen mit einer hohen effektiven Masse, wie man sie in manchen Festkörpern findet; wie oben bereits erwähnt, können solche Bandstruktureffekte bei Abständen, die viel kürzer als die Gitterkonstante sind, insbesondere bei der internen Konversion (mit Energien im MeV-Bereich), keine Rolle spielen.

Fast unmitelbar nachdem Walling und Simons ihre Arbeit zur Veröffentlichung eingereicht hatten, zogen Pons und Fleischmann die Behauptung zurück, ^{4}He nachgewiesen zu haben, und gaben zu, daß ihre Messungen durch atmosphärische Verunreinigungen verfälscht worden waren (in Kapitel 8 wird dieses Problem ausführlicher behandelt). Dieses Eingeständnis entzog der Arbeit von Wallings and Simons jegliche Grundlage, da es nun keine experimentellen Beweise für die Produktion von ^{4}He gab. Trotzdem wurde das Manuskript veröffentlicht, desgleichen weitere Erläuterungen der Autoren zu ihrer Theorie.

Die Publikation der 'Drei-Wunder-Theorie' von Walling und Simons ist ein eklatantes Beispiel dafür, wie lasch Manuskripte auf dem Höhepunkt des Fusionsfiebers begutachtet wurden. In diesem Fall veröffentlichten die Herausgeber der Zeitschrift einige Kommentare der Gutachter zusammen mit der Arbeit – ein höchst ungewöhlicher Vorgang. Die meisten Kommentare waren kritisch, aber zwei Gutachter merkten an, es sei wichtig, die Helium-Messungen zu veröffentlichen, die in der Arbeit als private Mitteilung von Pons und Fleischmann zitiert waren. Die Publikation der Arbeit damit zu rechtfertigen, daß sie die kritischen

Heliumdaten enthielt, war ein schwerer Fehler. Zu diesem Zeitpunkt galt der Nachweis von Helium als kritischer Test für die Kalte Kernfusion. Deswegen mußten die entscheidenden Daten unbedingt von Pons und Fleischmann selber publiziert werden, und zwar auf solche Weise, daß sie der üblichen wissenschaftlichen Begutachtung unterzogen wurden. Diese Vorgehensweise hätte erwiesen, daß die ^{4}He-Daten, wie sie in der privaten Mitteilung standen, völlig unglaubwürdig waren, und hätte ihre Publikation verhindert. Die Berechtigung für die 'Theorie' von Walling und Simons wäre somit entfallen.

Unter den diversen, sogenannten theoretischen Arbeiten, die in den ersten hektischen Wochen des Fusionsfiebers entstanden, zeichnet sich die von Walling und Simons durch ihre Mißachtung aller etablierten Prinzipien der Kernphysik aus. Nicht nur ein, sondern gleich drei Wunder zu postulieren, um unbestätigte, zweifelhafte Heliumwerte zu erklären, ist beispielhaft für das unwissenschaftliche Verhalten so vieler Anhänger der Kalten Kernfusion.

Zehn Tage nach dem Einreichen des Manuskripts von Walling und Simons wurde in der Zeitschrift *Chemical and Enineering News* [15] ein Artikel mit dem Titel „Betrug in der Forschung" von Cheves Walling veröffentlicht (geschrieben wurde dieser Artikel natürlich, lange bevor die Kalte Kernfusion Schlagzeilen machte). Dieser Text enthielt ironischerweise einige Aussagen, die unmittelbar auf die Ereignisse und Umstände der Veröffentlichung der Walling-Simons-Theorie anwendbar sind. Hier einige Kostproben:

> Das Problem von Betrug und Nachlässigkeit in der Forschung gewinnt immer mehr an Bedeutung.(...) In der Öffentlichkeit wächst die Besorgnis, daß nicht alles so ist, wie es sein sollte, und die Rechtschaffenheit des Wissenschaftsbetriebes wird immer stärker hinterfragt.(...) Zwei wesentliche Faktoren können helfen, dieses Problem aus der Welt zu schaffen; zum einen sorgfältige Aufzeichnungen, und zum anderen müssen erfahrene Wissenschaftler die Verantwortung übernehmen. Diese einfachen aber bedeutungsvollen Maßnahmen, denen wir alle zustimmen, werden in der Praxis leicht durch Nachlässigkeit, Ungeduld und Eile, die Ergebnisse möglichst schnell zu veröffentlichen, untergraben.(...) Vor der Schwelle zur vorsätzlichen Täuschung liegt, wie wir alle wissen, eine Grauzone, die ich subjektiven Umgang mit Daten nennen möchte. Wir stolpern alle mal in diese hinein, und gelegentlich macht sich manch einer die Hände schmutzig .(...) Dabei geht es hauptsächlich darum, Werte so auszusuchen und anzuordnen, daß eine bestimmte Hypothese dadurch untermauert wird.(...) Da

das Vertrauen in eigene Ideen und das Vermögen, die eigenen Ergebnisse in einem möglichst günstigem Licht darzustellen, mit der Erfahrung zunimmt, ist das der Punkt, an dem erfahrene Wissenschaftler leicht in die Irre gehen. Die Grundprinzipien der Wissenschaft verlangen gut beschriebene Versuche und getreue Darstellung der Ergebnisse.(...) Je wichtiger das Ergebnis, desto höher ist die Verantwortung des erfahrenen Wissenschaftlers, die Originaldaten sorgsam zu prüfen und den Gedankengang nachzuvollziehen, der zu der entscheidenden Aussage geführt hat.

Welche Lehren kann man aus den Ereignissen, die sich in den drei Wochen nach der Pressekonferenz bis zum Einreichen des Walling-Simons-Manuskriptes abspielten, ziehen? Manch weiser Ratschlag wird in dem oben zitierten Artikel gegeben. Insbesondere müssen Nachweisexperimente wiederholt durchgeführt werden, um sicher zu sein, daß systematische Fehler ausgeschlossen sind, und daß die Ergebnisse hinreichend genau sind. Dieses ist um so wichtiger, wenn die neuen Ergebnisse vorherigen experimentellen und theoretischen Erkenntnissen widersprechen. Es ist im höchsten Maße unbefriedigend, wenn wichtige und entscheidende Daten von Autoren veröffentlicht werden, die bezüglich der Daten keine Auskunft über die Messungen geben können. Experimentatoren sind für die Veröffentlichung der eigenen Daten verantwortlich. Sie müssen auch über den Verlauf der Messungen Rechenschaft abgeben. All diese Bemerkungen gelten ganz besonders für die besprochenen Heliummessungen, da die Heliumdaten, falls sie richtig gewesen wären, ein entscheidender Beweis für die Hypothese von Fleischmann und Pons gewesen wären. Die „übertriebene Eile“, Ergebnisse zu veröffentlichen, bevor die höchst zweifelhaften Heliumdaten bestätigt wurden, war zweifellos einer der Hauptgründe für das verfrühte Einreichen des Manuskripts von Walling und Simons. Wesentlich dazu beigetragen hat wohl auch das in Utah grassierende Fusionsfieber. Pons sagte sogar, die Walling-Simons-Theorie stimme mit allen verfügbaren Daten überein. Das Fusionsfieber war hochgradig ansteckend. Walling behauptete nämlich: „dieses Konzept ist die spannendste Entwicklung meines Lebens, wenn man von dem Manhattan Projekt (Entwicklung der Atombombe) absieht.“ Anscheinend war es unbedeutend, die Bestätigung der Heliumdaten abzuwarten, bevor sie damit an die Öffentlichkeit gingen. Das Ringen um Ruhm und Patentrechte hingegen schien wichtiger zu sein, als den in der Wissenschaft üblichen Weg zu gehen. Wie später gezeigt werden soll, sind Walling und Simons zusammen mit Pons und Fleischmann beim Patentamt als Erfinder der Kalten Kernfusion genannt.

Die Walling-Simons-Theorie hatte nicht nur für die Anhänger der Kalten Kernfusion, sondern für ein breites Publikum viele reizvolle Züge. Der vorgeschlagene Mechanismus wäre in der Tat ein annähernd perfekter Weg, um Kalte Kernfusion zu induzieren; er übertrifft alle bisher bekannten Mechanismen der Fusionsreaktionen von Deuterium. Bei diesem Mechanismus wird die Energie des entstandenen angeregten Heliumkerns auf wundersame Weise im Gitter der Palladiumatome gespeichert, wobei eine nur geringe Menge an unerwünschten Fusionsprodukten, Neutronen, Tritium und γ-Strahlen entstehen. Ein Jammer, daß die Heliumdaten schlichtweg falsch waren und der Traum der nutzbaren Fusionsenergie damit ausgeträumt war.

Sehr bald nachdem sie die aufregende und publikumswirksame Erfahrung mit den frühen Bestätigungen des Fleischmann-Pons-Effekts gemacht hatten, mußten zwei Forschungsgruppen ihre verfrühten Behauptungen zurückziehen. James Mahaffeys Gruppe vom Georgia Tech Research Institute gab bekannt, daß ihr Bortrifluorid-Neutronendetektor extrem temperaturempfindlich sei. Die Neutronenzählrate schnellte in die Höhe, sobald jemand in die Nähe des Detektors kam. Ihre Ergebnisse waren also auf Hintergrundstrahlung zurückzuführen. Die Gruppe von Charles Martin an der Texas A&M University kündigte an, daß sie ihre frühen kalorimetrischen Messungen nicht reproduzieren könne. Inkorrekte Handhabung der Apparatur führte zu den frühen Bestätigungen. Die Offenheit und Ehrlichkeit, mit der diese Forscher ihre Meldungen zurückzogen, wirkte beruhigend in der geladenen Atmosphäre jener Zeit.

Überall auf der Welt kursierten Gerüchte und Bestätigungen der experimentellen Daten (Wärme und Teilchen) des Fleischmann-Pons-Effekts. Viele dieser frühen Bestätigungen waren unbedeutend, da ihnen sehr schnell Dementis folgten. Dies führte zu der verbreiteten Meinung, daß nichts außer der Leichtgläubigkeit und der unzulänglichen Versuchsanordnung bewiesen sei. Das gleiche gilt auch für die vermeintlichen Theorien zur Erklärung des Fleischmann-Pons-Effekts. Viele statteten das Palladiumgitter mit magischen Eigenschaften aus, die gegen bekannte Prinzipien der Kernphysik verstoßen. Mitte April 1989 wurde schließlich die Kalte Kernfusion sehr gut mit den Worten „Fusions-Konfusion" charakterisiert.

Kapitel 4
Ein Komitee wird berufen

Präsident Bush und einige Mitglieder des Kongresses verlangten zuverlässige Informationen über die Kalte Kernfusion. Am 13. April, einen Tag nach dem Vortrag von Pons in Dallas, erhielt der Nobelpreisträger Glenn T. Seaborg einen Anruf aus Washington. Er saß gerade beim Frühstück in einem Restaurant seiner Heimatstadt, Lafayette in Kalifornien, als eine erstaunte Kellnerin ihm mitteilte, es sei ein Anruf aus der Hauptstadt für ihn da. Robert O. Hunter jun., zu der Zeit Direktor der Forschungsabteilung des DOE, fragte Seaborg, ob er sobald wie möglich nach Washington kommen könne, um Präsident George Bush und John Sununu, den Stabschef des Weißen Hauses, über die Kalte Kernfusion zu informieren. Seaborg war als Nuklearchemiker lange Zeit Berater mehrerer Präsidenten und Vorsitzender der Atomenergiekommission unter Kennedy, Johnson und Nixon.

Am nächsten Morgen gingen Hunter und Seaborg zunächst ins Büro von Admiral James D. Watkins, dem Minister für Energiefragen, um mit ihm über die Kalte Kernfusion zu diskutieren. Im Weißen Haus trafen sie schließlich Sununu und seine Mitarbeiter. Seaborg berichtete über die Experimente der University of Utah und merkte an, daß es Zweifel an der Richtigkeit der Versuche gäbe. Trotz der positiven Aufnahme des Phänomens der Kalten Kernfusion bei der ACS-Tagung in Dallas stünden Kernforscher den Behauptungen aus Utah skeptisch gegenüber. Die Gruppe begab sich anschließend ins Büro des Präsidenten. Seaborg unterrichtete den Präsidenten über seine Zweifel und die seiner Kollegen bezüglich der Kalten Kernfusion. Er war der Ansicht, daß die Versuche von einer unabhängigen Gruppe überprüft werden müßten, und schlug vor, dazu eine Expertenkommission zu bilden.

Zwei Maßnahmen wurden unmittelbar nach Seaborgs Besuch in Washington getroffen. Zuerst beauftragte Admiral Watkins die zehn großen

Nationalen Institute, die über das DOE finanziert werden, einen Teil ihrer Mittel zur sofortigen Untersuchung aller Aspekte der Kalten Kernfusion bereitzustellen. Einige der Gruppen hatten schon unmittelbar nach der Presssekonferenz mit Untersuchungen begonnen. Auf Veranlassung des DOE wurden diese Untersuchungen weiter vertieft. Danach gab Admiral Watkins dem Energy Research Advisory Board (ERAB), einer ständigen Kommission zur Beratung des Energieministeriums, den Auftrag, einen Ausschuß zur Beurteilung des neuen Forschungsgebietes, der Kalten Kernfusion, zu berufen. Dieser erhielt folgende Aufgaben:

1. Experimente und Theorien der neueren Arbeiten zur Kalten Kernfusion überprüfen.
2. Die Forschungsgebiete benennen, die bei dem Fusionsprozeß eine Rolle spielen.
3. Angeben, auf welchen Gebieten die DOE weiterforschen soll, um das Phänomen vollständig zu verstehen, und welche Entwicklungen notwendig sind, um die Entdeckung nutzbar zu machen.

Admiral Watkins schlug vor, daß die Kommission bis Ende Juli einen Zwischenbericht und bis zum 15. November 1989 den abschließenden Bericht vorlegen sollte.

Die Berufung des Ausschusses war Aufgabe des ERAB. Es gab aber Vorschläge von Seaborg, Hunter, den Mitgliedern des ERAB und anderen professionellen Organisatoren. Mir wurde Anfang April von John H. Schoettler, Vorsitzendem des ERAB, der Vorschlag unterbreitet, den Vorsitz des Ausschusses zu übernehmen. Ich glaubte anfangs, die Kalte Kernfusion sei eine kurzlebige Episode, und daß es klüger sei, die Berufung des Ausschusses zu verschieben. Schoettler und Seaborg unterstrichen aber, wie wichtig es für das DOE sei, den Ausschuß möglichst schnell einzuberufen (die Gründe dafür werden im nächsten Kapitel erörtert), und überzeugten mich schließlich. Unter der Bedingung, daß ein Stellvertreter mir bei dieser wichtigen Aufgabe, die in so kurzer Zeit bewältigt werden sollte, behilflich sein sollte, stimmte ich zu. Es wurden danach Versuche unternommen, Mildred S. Dresselhaus vom MIT, frühere Präsidentin der APS, als zweite Vorsitzende zu gewinnen. Sie prüfte den Vorschlag ernsthaft, doch erlaubte ihre Arbeit es ihr nicht, das Amt anzunehmen. Sie verpflichtete sich aber, mir bei der Auswahl der Mitglieder und später dem Ausschuß selbst zur Seite zu stehen. Als nächster wurde Professor Norman Ramsey von der Harvard University kontaktiert. Er war einverstanden, die ersten Monate, bis zum Erstellen des Zwischenberichts, die Aufgabe des zweiten Vorsitzenden zu übernehmen, danach würde er einige Monate im Ausland verbringen.

Während der Tagung der National Academy of Sciences (NAS) in Washington begannen Professor Dresselhaus und ich, Mitglieder für die Kommission auszuwählen. Die Auswahlkriterien waren wissenschaftliche Leistungen und Ruf. Es war außerdem wichtig, daß die potentiellen Mitglieder auf mehreren verschiedenen Gebieten arbeiteten, so daß die diversen Aspekte des interdisziplinären Phänomens der Kalten Kernfusion beleuchtet werden könnten. Es mußten also Forscher mehrerer Disziplinen gefunden werden, die nicht ausschließlich Mitglieder des ERAB waren. Auch andere Kommissionen, die im Auftrag des ERAB arbeiteten, setzten sich immer sowohl aus Mitgliedern des ERAB als auch aus anderen Forschern zusammen.

Alle bis auf einen waren einverstanden, im Ausschuß mitzuarbeiten. Dies ist umso erstaunlicher, wenn man bedenkt, daß diese Tätigkeit ehrenamtlich und sehr zeitaufwendig ist. Der Erfolg, in so kurzer Zeit solch einen hervorragenden Ausschuß zu gründen, kann nur mit dem Interesse der einzelnen Mitglieder an den außergewöhnlichsten wissenschaftlichen Behauptungen des Jahrhunderts erklärt werden. Das Komitee umfaßte Atomphysiker, Elektrochemiker, Geologen, Festkörper- und Materialwissenschaftler, Kernchemiker, Kernkraftingenieure, Kernphysiker und Theoretische Physiker. Sechs dieser 32 Wissenschaftler waren Mitglieder des ERAB. Die Größe des Komitees war nicht nur durch die verschiedenen vertretenen Disziplinen vorgegeben, sondern auch durch den engen zeitlichen Rahmen. Durch diesen Zeitplan und die vielfältigen Verpflichtungen aller Mitglieder war es unrealistisch anzunehmen, daß jeder bei allen Laborbesuchen und Treffen anwesend sein könnte.

Die Arbeit des Komitees begann unmittelbar nach seiner Einberufung. Die Diskussionen bei der NAS-Tagung wurden von der Kalten Kernfusion dominiert. Einige Vorträge wie auch viele private Diskussionen außerhalb der Plenen waren diesem Thema gewidmet. Das vielleicht wichtigste neueste Ergebnis der Kalten Kernfusion, das als Vorabdruck auf der Tagung zirkulierte, kam von einer italienischen Gruppe unter der Leitung von Professor F. Scaramuzzi aus Frascati. Die Arbeiten dieser Gruppe, die von Professor E. Amaldi, ausländischem Mitglied der NAS, vorgestellt wurden, eröffneten einen völlig neuen Aspekt der Kalten Kernfusion. Bei ihren Experimenten benutzten sie keine Elektrolyse, deshalb spricht man in dem Zusammenhang auch von *trockener Kernfusion.* Dabei wird Deuteriumgas mit einem Druck von sechzig Atmosphären in einem Reaktionsgefäß aus Edelstahl in Kontakt mit fein verteiltem Titan gebracht. Die Temperatur des Systems wird durch Heizen oder Abkühlen variiert. Es wurden keine Neutronen bei Raumtemperatur oder erhöhter Temperatur beobachtet, so lange das Deuterium vom Titan absorbiert war. Der Neutronennachweis wurde durch einen Bortrifluorid-Neutronendetektor, der neben dem Reaktionsgefäß stand, vorgenommen. Diese Neutronendetektoren reagieren, wie schon bei den Versuchen von Mahaffeys Gruppe gezeigt wurde, auf Hintergrundstrahlung sehr empfindlich. Wurde die Zelle auf die Temperatur von flüssigem Stickstoff abgekühlt, wurden Pulse gemessen, die wahrscheinlich von Neutronen herrührten. Die Gruppe aus Frascati meldete eine andere Art von Neutronenstrom beim Aufwärmen der Zelle auf Zimmertemperatur. Die Zählrate folge einer glockenförmigen Kurve bis zu einem Maximum bei 300 Neutronen bei zehnminütigen Zählintervallen und bei einer Beobachtungsdauer von fünf Stunden. Obwohl viele sehr skeptisch waren, verursachten diese Meldungen großes Aufsehen und veranlassten einige, diese Versuche zu überprüfen.

Zu diesem Zeitpunkt der Geschichte der Kalten Kernfusion schenkten die Medien jedem, der etwas vorschlug, was nach einer Bestätigung der Kalten Kernfusion aussah, viel Aufmerksamkeit. Dies lag sicherlich am Traum der unerschöpflichen Energiequelle. Diejenigen, die keinen Hinweis auf Kalte Kernfusion in ihren Experimenten fanden, veröffentlichten nur widerwillig ihre Ergebnisse. Zum einen waren diese Gruppen sehr vorsichtig und wollten sicher sein, keine Fehler gemacht zu haben, zum anderen vermuteten sie, es gebe einen von Fleischmann und Pons noch nicht bekanntgegebenen Teil des Experiments. Das Zögern dieser Gruppen ist verständlich. Gleichwohl waren viele Gerüchte im Umlauf, da Wissenschaftler sich zum Teil laut fragten, wie sie am besten ihre negativen Ergebnisse veröffentlichen könnten. Vielleicht waren es die großen Gruppen, die viele verschiedene Experimente und sorfältige Nachweisreaktionen durchführen konnten, die diese Schranke überschreiten wollten und ihre negativen Ergebnisse veröffentlichten. Andere, kleinere Gruppen stellten ihre negativen Ergebnisse zur Kalten Kernfusion auf Tagungen vor (vgl. dazu Kapitel 6, wo Kalte Kernfusionsexperimente auf der APS-Tagung in Baltimore vorgestellt werden).

Kapitel 5
Anhörung vor einer Regierungskommission

Am 26. April 1989 fand eine Anhörung vor dem Committee on Science, Space and Technology (Forschungsausschuß) des Repräsentantenhauses zu den neuen Entwicklungen in der Fusionsforschung statt, bei der die dramatischen Entwicklungen der letzten Wochen überprüft werden sollten. Einen Monat nach der Pressekonferenz war die Atmosphäre extrem geladen. Der demokratische Abgeordnete des Staates New Jersey, Robert A. Roe, Vorsitzender der Anhörung, erklärte, warum die Regierungskommission einberufen worden war: „Wir wollen diese erstaunliche Entwicklung verstehen und Einsicht in ihre weitreichenden Auswirkungen erhalten. Wir glauben, auf der Schwelle zu einer neuartigen wissenschaftlichen Erkenntnis zu stehen." Robert S. Walker, Republikaner, äußerte seine Begeisterung: „Der Ausschuß ist begeistert, die Versprechungen einer neuen potentiellen Energiequelle zu untersuchen. Kalte Kernfusion könnte die Energiequelle der 90'er Jahre werden, und ich freue mich, von Experten mehr über diese Entdeckung zu erfahren."

Die Anhörung wurde von Roe eröffnet. Folgende Zitate sollen die Stimmung wiedergeben.

> Guten Morgen. In den zurückliegenden Wochen erfüllte eine Atmosphäre von höchster Spannung und Erwartung die wissenschaftliche Welt, als behauptet wurde, es sei möglich, bei Raumtemperatur eine fortlaufende Kernreaktion zu induzieren. Die Möglichkeiten dieser wissenschaftlichen Entdeckung sind spektakulär.
>
> Im Mittelpunkt der Aufregung steht ein Experiment von Stanley Pons, University of Utah, und Martin Fleischmann, University of Southampton (England). Die Arbeiten dazu wurden in Utah durchgeführt, und die ersten Ergebnisse am 23. März bekanntgegeben. Die Ankündigungen wurden gemacht, bevor das Manuskript, wie sonst üblich, bei einer wissenschaftlichen Zeitschrift eingereicht wurde, um dort von Forschern des gleichen Gebiets begutachtet zu werden. Seit dem 23. März versuchen Wissenschaftler der ganzen Welt, die Experimente von Pons und Fleischmann nachzuvollziehen, mit widersprüchlichen Ergebnissen.

Ziel der Anhörung ist es, die verschiedenen Entwicklungen zu untersuchen, einen Austausch verschiedener Experten mit unterschiedlichen Meinungen herbeizuführen und den Mitgliedern des Science, Space and Technology Ausschusses zu helfen, die Bedeutung der Informationen zu beurteilen.

Die Zähmung der Fusionsenergie für kommerzielle Zwecke war Jahrzehnte lang ein Traum. Die Vereinigten Staaten, wie auch viele andere Industrienationen, haben Millionen Dollar in verschiedene Projekte zur Erforschung der kontrollierten Fusion investiert. Alle bisherigen Bemühungen erforderten nicht nur sehr teure Anlagen, sondern auch sehr hohe Temperaturen. Bis vor zwei Monaten war es reines Wunschdenken, an eine Fusion bei Raumtemperatur zu glauben. Heute haben wir neue Hoffnung geschöpft.

Die Hoffnung, Fusionsenergie in kommerziellem Maßstab zu erzeugen, ist die Hoffnung einer energiehungrigen Welt. Energie ist das Lebenselixier der Industriegesellschaft. Energie ist essentiell sowohl für unsere nationale wie auch individuelle Existenz. Und doch sind wir auch heute noch von den Zufällen abhängig, die vor Jahrmillionen bestimmten, wo die Energieressourcen dieser Welt entstanden.

Über die Hälfte des bekannten Ölvorkommens und ein Viertel des gesamten Gasvorkommens liegen im Mittleren Osten. Die Vereinigten Staaten verfügen nur über ein Viertel der Kohlereserven, 4% des Öls und 6% der Gasreserven. Diese geographischen Gegebenheiten können von keiner Macht der Welt verändert werden.

Diese Gegebenheiten können aber, und das ist mehr als erstaunlich, durch die Erfindungsgabe und beharrliche Neugier des Menschen überlistet werden.

Heute stehen wir auf der Schwelle zu einer neuen Ära. Möglicherweise werden wir Zeugen der 'Kalten Kernfusions Revolution'. Die Menschheit wäre von den Fesseln der begrenzten Energiequellen befreit. Wir freuen uns außerordentlich, die beiden Erfinder der Kalten Kernfusion, die für große Aufregung in der wissenschaftlichen Welt gesorgt haben, unter uns begrüßen zu dürfen.

Der Forschungsausschuß setzt sich aus 29 demokratischen und 19 republikanischen Abgeordneten zusammen. Nach den einleitenden Worten von Roe und Walker meldeten sich auch andere Abgeordnete zu Wort. Ihre Kommentare waren durchweg optimistisch, was die folgenden Sätze deutlich machen.

Die Aussicht auf eine unbegrenzte, billige und saubere Energiequelle ist sehr verlockend.

Energie ist das Lebenselixier unserer Nation, und Fusionsenergie wäre ein riesiger Schritt, um Unabhängigkeit auf dem Energiesektor zu gewinnen. Die Entdeckung der Kalten Kernfusion könnte ein historisches Ereigniss von außerordentlicher Wichtigkeit werden...

Der Prozeß der Kalten Kernfusion verspricht, die Probleme bei der Entsorgung von Atommüll zu beenden.

Es gab immerhin auch warnende Worte vom Abgeordneten Scheuer aus New York. Mit dem Hinweis, er habe seine Lektion über Kalte Kernfusion gelernt, gab er zu bedenken: „Was wir bisher von diesem Prozeß wissen, ist mehr Konfusion als Kernfusion, und es scheint, daß es eher um das Sichern von zukünftigen Gewinnen geht als um die Einhaltung wissenschaftlicher Gepflogenheiten beim Veröffentlichen eines Artikels..."

Die Abgeordneten aus Utah, Wayne Owens und Howard C. Nielson, waren anwesend, um die beiden Zeugen Pons und Fleischmann vorzustellen. Deren Aussagen waren den im *Journal of Electroanalytical Chemistry* veröffentlichten sehr ähnlich. Pons sprach als erster und führte aus:

> Als ich, wie üblich, mit Martin Fleischmann 1984 neuere Entwicklungen in der Forschung besprach, diskutierten wir auch Phänomene von hoher Energie und hohen Drücken in der Elektrochemie. Wir wußten, daß man auf elektrochemischem Wege in gewissen Metallen eine sehr hohe Konzentration an Wasserstoff erzeugen kann. Versuchte man, dieselbe Konzentration mit hydrostatischem Druck zu erreichen, müßte man einen astronomisch hohen Druck anwenden. Dies eröffnete uns viele neue Forschungsgebiete... Die faszinierendste Folgerung war, daß unter solchen energetischen Bedingungen leichte Atomkerne tatsächlich verschmelzen können...

Pons zeigte mehrere Dias, und auf einem dieser Dias war die Nernstsche Gleichung zu sehen. Er benutzte sie als theoretische Grundlage seiner Überlegung, daß der Deuteriumdruck in der Palladiumkathode während der Elektrolyse (wenn die Zelle eine Überspannung von 0,8 Volt hat) ungefähr 10^{27} Atmosphären betrüge. Fleischmann und Pons glaubten, in ihrer Palladiumkathode diesen enormen Deuteriumdruck erhalten zu können, und folgerten daraus, daß die Deuteriumkerne im Palladiumgitter durch den Druck verschmelzen. Diesen astronomisch hohen Druck in Wirklichkeit zu erreichen, ist jedoch nicht möglich [1]. Hohe Überspannungen erzeugen keinen astronomisch hohen Deuteriumdruck. Deuterium verhält sich nicht wie ein Ideales Gas, zudem dürften Deuteriumverluste an der Elektrode (entweichen von Deuteriumgas) zu eher bescheidenem Deuteriumdruck führen. Will man aus der Gasphase dieselbe Konzentration an Deuterium im Palladiumgitter erreichen wie auf elektrischem Wege, so braucht man dazu nur einen Druck von $1,5 \times 10^4$ Atmosphären, ein Wert, der um 20 Größenordnungen kleiner ist als der von Fleischmann und Pons angenommene. Die Grundlage ihrer weiteren Arbeit an der Kalten Kernfusion, nämlich die Annahme dieses 'enormen, fast schon astronomischen Drucks', war schlichtweg falsch. Beim tatsächlich erreichten Druck verschmelzen die Deuteriumkerne bei Raumtemperatur keineswegs. Die Mutmaßungen von Fleischmann und Pons, daß es möglich sei, durch Elektrolyse von schwerem Wasser Kalte Kernfusion zu induzieren und dabei eine beträchtliche Wärme zu erzeugen, sind demnach ebenso falsch.

Fleischmann erhielt nach Pons das Wort. Er erklärte: „Pons hat Ihnen bereits das Wesentliche erläutert, und ich möchte Ihnen in der kurzen Zeit, die mir zur Verfügung steht, lediglich einige Spekulationen über die Natur der Ergebnisse vorstellen, Perspektiven aufzeigen und Vergleiche mit der herkömmlichen Kernfusion ziehen..." Erst diskutierte er die herkömmlichen Kernfusionsexperimente, bei denen das Plasma bei hohen Temperaturen durch starke Magnetfelder eingeschlossen ist, und illustrierte dies mit einem Dia der Plasmaparameter. Danach stellte er die Einschlußparameter vor, die er der Kalten Kernfusion zuordnete. Nach seiner Ansicht betrugen diese (bei den entsprechenden Temperaturen) ungefähr 10^{15} für die konventionelle und 10^{36} für die Kalte Kernfusion. Es ist ein Vergleich, der völlig bedeutungslos ist. Bemerkenswerterweise sagte Fleischmann dem Ausschuß: „Unsere Arbeit war keineswegs nur ein Schuß ins Dunkle, wie viele glauben. Wir wurden von vernünftigen theoretischen Überlegungen geleitet." Diese vernünftigen theoretischen Überlegungen basierten aber auf der unzulässigen Auslegung der Nernstschen Gleichung.

Die anwesenden Abgeordneten stellten weitreichende Fragen. Die Antworten von Pons und Fleischmann waren eher ausweichend. Als Pons gefragt wurde, warum es diese voreilige Pressekonferenz gegeben habe, antwortete er, es sei in der Chemie sehr üblich, Ergebnisse bekanntzugeben, nachdem sie von einer wissenschaftlichen Zeitschrift akzeptiert worden sind. Nach meiner Erfahrung ist solch ein Vorgehen durchaus nicht typisch in der Chemie. Auf die Frage hin, warum andere Gruppen die Ergebnisse nicht reproduzieren könnten, versicherte Pons, seine Gruppe wolle mit dem National Laboratory in Los Alamos gemeinsam an den Experimenten arbeiten. Diese Zusammenarbeit kam aber wegen patentrechtlicher Bedenken nicht zustande. Auch die Antworten auf die Fragen nach der Diskrepanz zwischen erzeugter Wärme und Fusionsprodukten waren wenig zufriedenstellend, manchmal sogar grotesk. Verschiedene andere Fragen, wie auch die Frage nach den hohen geforderten Mitteln zur Unterstützung der Forschung, wurden an Dr. Chase Peterson gerichtet. Er wurde von PR-Experten für Finanzen begleitet. Pons und Fleischmann wurden zudem über die Kommerzialisierung der Kalten Kernfusion befragt, über die Möglichkeiten, die sich im Vergleich zur Hochtemperaturfusion ergäben, und über die Konkurrenz im Ausland. Zur Hochtemperaturfusion antwortete Fleischmann, und das ist ihm hoch anzurechnen, diese Projekte seien sowohl theoretisch als auch experimentell gut fundiert. Fleischmanns Aussage war diesmal nicht eigennützig.

Die Anwesenheit von Pons und Fleischmann bei der Anhörung brachte wegen der traurigen Berühmtheit der beiden Elektrochemiker, die sie durch Interviews und Berichte in allen nationalen Fernsehanstalten und Zeitungen erlangt hatten, etwas Spannung mit sich. Es war erstaunlich, wie diese beiden wohlbekannten Wissenschaftler versuchten, den Kongreß davon zu überzeugen, daß der zukünftige Energiebedarf der Welt aus einem kleinen Becherglas gedeckt werden könne. Wegen der Reaktion der Abgeordneten schienen die Aussagen von Pons und Fleischmann an Glaubwürdigkeit zu gewinnen. Dieser Zeitpunkt wurde genutzt, um Mittel für die Forschung an der Kalten Kernfusions zu fordern. Um die noch skeptischen Ausschußmitglieder umzustimmen, versicherte Pons: „Fünfeinhalb Jahre lang waren wir unsere schärfsten Kritiker in dieser Sache... Seit zwei bis drei Jahren sind wir uns unserer Ergebnisse sicher."

Ein weiteres Mitglied der Delegation aus Utah war Ira C. Magaziner [1], Präsident einer Unternehmensberater Firma (TELESIS, USA, Inc.). Magaziner wurde von Peterson als einer der bekanntesten Unternehmensberater auf internationalem Niveau vorgestellt. Magaziners Aussage hinterfragte die Zukunftsaussichten von Amerika, insbesondere im internationalen Vergleich und hinsichtlich der Konkurrenz aus dem Ausland. Utah hätte keinen besseren Werber für seine Zwecke finden

[1] Anfang 1993 wurde Magaziner zum Manager der Gesundheitskommission, die von Hillary Rodham Clinton geleitet wurde.

können. Er begann folgendermaßen:

> Ich bin hier, weil ich um meine drei Kinder und den zukünftigen Wohlstand ihrer Generation besorgt bin.

Magaziner führte eine ganze Liste von amerikanischen Erfindungen auf, die heute hauptsächlich von japanischen, koreanischen und europäischen Firmen ausgenutzt werden. Dazu gab er zwei Beispiele:

> Amerikanische Wissenschaftler bei RCA entwickelten den Farbfernseher, aber heute werden 97% der Farbfernseher, sogar 85% der von Amerikanern gekauften, in Ostasien und Europa hergestellt. Amerikanische Wissenschaftler haben in den Forschungslabors von AT&T Bell Labs und Texas Instruments die Grundlagen für den ersten Chip der Welt entwickelt, aber heute stellen die Japaner 80% der Chips her, einschließlich 50% derer, die von Amerikanern gekauft werden.

Magaziners Liste wurde immer länger. Das Ergebnis sei eine negative Außenhandelsbilanz der Vereinigten Staaten, da ausländische Unternehmen amerikanische Erfindungen nicht nur schneller, sonden auch in besserer Qualität auf den Markt brächten.

Der interessanteste und für manche der überzeugenste Teil aus Magaziners Aussage war sein geschickter Umgang mit Statistiken zur internationalen Handelskonkurrenz, um das finstere Schicksal der USA, falls sie nicht sofort Mittel zur Finanzierung der Forschung an der Kalten Kernfusion bereitstellten, an die Wand zu malen. In seiner Risikoanalyse spielte er die 'paar Millionen Dollar' für die Forschung herunter (in Wirklichkeit verlangte die University of Utah 25 Millionen Dollar) und hob die enormen, zu erwartenden Gewinne hervor, verdeutlichte gleichzeitig den immensen Verlust, falls ausländische Firmen die Weiterentwicklung der Forschung übernähmen.

> Nehmen wir an, diese Forschung würde bestätigt, so eröffnete sie im nächsten Jahrzehnt eine neue Energiequelle und wüchse zu einer Industrie im Umfang von mehreren Milliarden Dollar innerhalb der nächsten Jahrzehnte. Verbummeln wir die Zeit und warten erst ab, bis die Entdeckung bewiesen ist, bis Ökonomen Tagungen abgehalten haben, ob Adam Smith zugestimmt hätte, öffentliche Gelder in diese Forschung zu investieren oder nur Grundlagenforschung oder Rüstungsprojekte zu unterstützen, wären wir wesentlich langsamer als unsere japanischen und europäischen Konkurrenten, da diese das Rennen anders angehen.

Magaziners Strategie war eindeutig: den Kongreß zu überzeugen, das große finanzielle Risiko, welches mit der raschen Förderung der Entwicklung der Kalten Kernfusion verbunden wäre, einzugehen.

Erfolg im Wettbewerb ist der beste Ausgangspunkt des Rennens. Fallen wir anfangs schon zu weit nach hinten, können wir möglicherweise nie wieder aufholen. Die Kehrseite der Medaille wäre der Verlust Hunderter gut bezahlter, hochqualifizierter Arbeitsplätze für unsere Kinder, Milliarden Dollar Verluste in der Handelsbilanz und im Wohlstand, die dann irgendwo anders hin fließen würden...Die richtige Entscheidung ist ganz offensichtlich.

Magaziners letzte beeindruckende Bemerkungen waren die der ganz und gar altruistischen Sorge um den zukünftigen Wohlstand der Vereinigten Staaten von Amerika.

Jetzt verstehen Sie hoffentlich, warum ich hier bin, obwohl ich nicht aus Utah stamme und auch nicht im Interesse der Palladiumindustrie[2] handele. Ich bin an der Zukunft Amerikas interessiert. Ich sehe dies in doppelter Hinsicht als Chance für die USA, diese Forschung in Wohlstand umzuwandeln und ein Modell zu entwickeln, wie Amerika seine Vorreiterrolle in der Welt bei der Vermarktung neuer Technologie zurückgewinnen kann.

Ich bin heute hier, um neue Fernseh-, VCR- oder Computerspiel-, Solarzellen- oder Supraleitergeschichten zu verhindern. Ich bin gekommen, um Sie zu bitten, das Land so zu führen, daß wir nicht die Ersten in der Geschichte unserer Nation werden, die ihren Kindern ein weniger wohlhabendes Land hinterlassen, als wir geerbt haben. Ich bin hier im Namen meiner Kinder, im Namen Amerikas nächster Generation, um Sie zu bitten, es diesmal richtig zu machen.

Magaziner wollte den Kongreß von der Dringlichkeit der schnellen Förderung überzeugen, damit man im internationalen Vergleich in diesem neuen Forschungsfeld konkurrenzfähig bleibe. Er beharrte darauf, möglichst schnell zu handeln, nicht zu warten bis sich das Forschungsgebiet als zuverlässig erwiesen habe.

Im Anschluß an Magaziner lenkte Peterson den Blick von Amerika nach Utah. Er wolle, sagte er: „den allgemeinen Kontext dieser Forschung skizzieren, ihre mögliche Bedeutung für den Menschen, für den ganzen Planeten vorstellen, und zusammen mit dem erhabenen Ausschuß des Kongresses die intellektuellen und kulturellen Voraussetzungen Utahs, die zu dieser Entwicklung beigetragen haben, erörtern." Nachdem er in allgemeiner Form Kernspaltung und Kernfusion erläutert hatte, sprach er von der Schönheit des Experiments von Pons und Fleischmann, die in der Einfachheit läge, und von der enormen Bedeutung der sogenannten 'Festkörperfusion'.

---

[2]Palladiumpreise stiegen infolge der Pressemitteilung aus Utah steil an.

Petersons Aussagen vermochten dem Publikum den Eindruck zu vermitteln, daß die Experimente von Pons und Fleischmann die Welt schon auf die Schwelle zu billiger, unbegrenzter Fusionsenergie gebracht hätten. In seinen Ausführungen betonte er die schon allseits bekannten Vorteile der Kernfusion, die auch auf alle anderen Fusionsprozesse anwendbar sind. Die Mitglieder des Ausschusses waren allenfalls von den ungeheuren Vorteilen der Energiegewinnung durch Kernfusion gegenüber der Kernspaltung und den fossilen Brennstoffen beeindruckt. Das Problem des Atommülls sei weitgehend ausgeschlossen. Die Kosten für die Wasserstoffisotopen seien gering und deren Verfügbarkeit praktisch unbegrenzt. Eine Verminderung der Verbrennung fossiler Brennstoffe verringere zudem den Kohlendioxidausstoß, der bekanntlich zu globaler Erwärmung führt (Treibhauseffekt). Außerdem vermindere sich dadurch auch gleichzeitig der Schwefeldioxidausstoß und damit das Problem des Sauren Regens. Die wertvollen Kohle-, Erdöl- und Erdgasreserven könnten dann ausschließlich als Rohstoff für hochwertige chemische Produkte genutzt werden.

Der interessanteste Aspekt seiner Aussage war aber die Analyse der Umstände, die zu den Experimenten geführt hatten. Er erklärte, weshalb diese so grundlegende Entdeckung nur in Utah möglich war und nicht an irgendeiner anderen Universität.

Es bedurfte der Fähigkeit, ein altes Problem aus einer neuen Perspektive zu sehen. Chemiker und Elektrochemiker nahmen sich dieses Problems an, welches traditionell den Physikern vorbehalten war. Hierin liegt auch der Witz und der Reiz dieser wissenschaftlichen Kontroverse. Ich glaube, daß dies nicht zufällig in Utah geschah, an einer Universität, die immer schon unorthodoxes Denken ermutigte, während sie außerhalb als eine besonders konservative Institution galt. Vielleicht war die Isolierung von den Hochburgen der Forschung sogar förderlich. Amerika florierte schon immer an seiner Grenze, und von dort gingen die Impulse für Neuerungen aus. Die University of Utah sei immer noch von diesem Pioniergeist beseelt, der die Wissenschaftler anzieht, die ihre intellektuelle Freiheit über alles schätzen.

Diese Fixierung Utahs auf die etablierten Universitäten zeigt sich auch in einer Äußerung von David M. Grant, Chemiker an der University of Utah. Pons Kritiker seien doch nur „die miesen Angeber von der Ostküste, die uns einschüchtern wollen“ [2].

Ein Vorteil ist es jedenfalls nicht, in den Wissenschaften in ein neues Gebiet zu wechseln, dessen Grundlagen man nicht beherrscht. Wissenschaftliche Fortschritte sind nicht so einfach zu haben, wie Peterson es gerne hätte. Die meisten Fortschritte sind das Ergebnis langer, gemeinsamer Bemühungen verschiedener Wissenschaftler an den Grenzen ihrer eigenen Gebiete. Selten wurde eine Disziplin von einem Fachfremden weitergebracht. Man muß nicht nur über gute Grundlagen auf seinem Gebiet verfügen, sondern auch über die neuesten Entwicklungen, Erfolge wie auch Mißerfolge, informiert sein. Die Realität wissenschaftlichen Fortschritts sieht jedenfalls anders aus, als Petersons Schilderung es suggeriert. Diese Isolation, die er als so förderlich erachtet, hat bisher nur für Verwirrung in der Wissenschaft gesorgt. Zum Beispiel berichtete 1972 eine Gruppe unter der Leitung von Edward Eyring von der University of Utah, sie hätten einen Röntgenlaser entwickelt. Diese Ankündigung schlug hohe Wellen, da Wissenschaftler schon seit Jahren versuchten, einen solchen Laser zu entwickeln, der anstatt des sichtbaren- bzw. Infrarotlichts Röntgenstrahlen aussendet. Die Erfolgsmeldungen stießen bei den Laserexperten auf erheblichen Widerstand, zum einen, weil die Forscher aus Utah keine Laserspezialisten waren, zum anderen, weil es keinen physikalischen Prozeß gab, der diesen Effekt erklären konnte. Trotzdem wurden mehrere Theorien dazu entwickelt und die Ergebnisse bestätigt, obwohl die meisten Wissenschaftler den Effekt nicht reproduzieren konnten. Schließlich erwies sich die Entdeckung des Röntgenlasers wegen unerklärlicher Effekte, der ‘Utah Effekte’, die sporadisch auftraten, als falsch. Die auffallenden Parallelen zur Entdeckung von Fleischmann und Pons legte für viele die Vermutung nahe, der ‘Utah Effekt’ habe wieder zugeschlagen [3].

Die folgende Diskussion beschäftigte sich hauptsächlich mit der Frage der Verteilung der staatlichen Mittel auf Forschung, Patente, internationalem Wettbewerb und der Notwendigkeit, den Fleischmann-Pons-Effekt zu überprüfen. Danach war der uneingeschränkte Optimismus eines weiteren Delegationsmitglieds aus Utah zu hören.

> Manche sagen, die Kalte Kernfusion sei die größte Entdeckung der Menschheit seit dem Feuer. Andere, wie ich übrigens auch, sagen, es könne die Erfindung sein, die wir brauchen, um das bedrohte Ökosystem zu schützen, wichtiger als eine mögliche Rettung der dahinsiechenden industriellen Überlegenheit Amerikas. Die Menschheit kann noch ein Jahrhundert wie das ausklingende nicht überleben. In diesen letzten hundert Jahren haben wir mehr nichtregenerierbare Brennstoffe verbraucht als je zuvor in der Geschichte der Menschheit. Wir haben dadurch unsere Umwelt verpestet und vergiftet und werden nun von ihr bedroht. Die revolutionäre Entdeckung der Kalten Kernfusion kommt zu dem Zeitpunkt, da wir in eine alarmierende Phase der Energieversorgung eintreten. So überbringt Ihnen die Delegation aus Utah voller Stolz die Aussicht auf eine neue Chance für Wirtschaft und Umwelt. Wir wollen nicht nur über die Entdeckung berichten, die das Energiesystem der Erde revolutionieren könnte, sondern auch, was vielleicht noch wichtiger ist, Ihnen die Lösung zur Erhaltung und Sicherung unseres Lebensraumes, des Planeten Erde, vorzustellen. In den folgenden zwei Wochen werden wir Ihnen den Plan für eine innovative Gesetzgebung vorlegen mit einem völlig neuen Konzept für nationale Partnerschaft. Dieses Konzept verbindet private und öffentliche Investitionen und gibt Amerika die Chance, die weitreichendste Innovation unserer Zeit zu entwickeln, zu konstruieren und anzuführen.

Dies waren wahrhaft berauschende Versprechungen! Sie waren aber zu diesem Zeitpunkt völlig unpassend, sollte doch eigentlich die Bestätigung des Fleischmann-Pons-Effektes höchste Priorität genießen. Peterson täuschte Verantwortung vor, um den Kongreß von der Notwendigkeit der Förderung dieses Projekts zu überzeugen: „Was einem in den Sinn kommt, sind die 25 Millionen Dollar der Regierung. Vielleicht werden es später 125 Millionen Dollar sein, aber das spielt heute keine Rolle. Diese 25 Millionen Dollar würden es uns erlauben, mit der Saat zu beginnen, mit staatlichen und privaten Mitteln." Peterson betonte auch, daß Utah, sozusagen als finanziellen Anreiz, bereits fünf Millionen Dollar in das geplante Forschungszentrum investieren wolle und an weiteren Geldgebern interessiert sei. „Wir sind bereit, ein neuartiges Konsortium aus staatlichen, körperschaftlichen und universitären Mitteln zu bilden, wenn sie bereit sind, sich uns anzuschließen. Ohne Bundesmittel wird die Wettbewerbsfähigkeit herabgesetzt sein."

Petersons Argumente waren jedoch nicht für alle überzeugend. Die *New York Times* zum Beispiel brachte am 30. April einen vernichtenden Leitartikel über Petersons Plädoyer für die 25 Millionen staatliche Unterstützung.

> Bei dem jetzigen Stand der Erkenntnis über das Phänomen der Kalten Kernfusion täte die Regierung gut daran, nicht auf dieses Pferd zu setzen. ... Für Herrn Fleischmann und Herrn Pons wäre es das Beste, sich in ihr Labor zurückzuziehen und ein ausgefeiltes, gut untermauertes Experiment zu entwickeln, das andere reproduzieren können. Bis sie das nicht vorweisen können, haben sie gar nichts. Für die University of Utah sind Meldungen wie die Horrorgeschichte um das künstliche Herz und der Zirkus um die Kalte Kernfusion keine gute Werbung. Wenn es auch keine Meilensteine in der Geschichte der Wissenschaft sind, Meilensteine der Unterhaltung sind es gewiß.

Die Entscheidung der University of Utah, direkt beim Kongreß die nötigen Mittel zu fordern, war der Versuch, den üblichen Weg zur Beantragung von Forschungsgeldern durch Einreichen eines detaillierten Forschungsvorhabens, welches anschließend begutachtet wird, zu umgehen. Der Abgeordnete Ron Packard aus Kalifornien war der Ansicht, daß dieses Verfahren der Begutachtung „inzestuös (sei). Dabei fließt das Geld zu denen, die die Entscheidungen treffen." Seine Untersuchungen hätten ergeben, daß 60% der staatlichen Forschungsgelder an die zwanzig führenden Universitäten gingen. Die University of Utah, die nicht zu dieser Gruppe gehörte, versuchte deshalb, die übliche Beantragung der Forschungsmittel zu umgehen. Um in dieser Sache unterstützt zu werden, beauftragte die University of Utah die Firma von Gerald S.J. Cassidy. Es ist ein Unternehmen mit Sitz in Washington, welches Universitäten hilft, direkt vor dem Kongreß Forschungsgelder zu beantragen, falls ihr regulärer Antrag abgelehnt wurde. Die Verfechter dieser Methode behaupten, es sei die beste Möglichkeit, die Dominanz der etablierten Universitäten bei der Vergabe von staatlichen Mitteln zu durchbrechen. Kritiker vertreten jedoch die Ansicht, daß die Vergabe staatlicher Zuschüsse keine politische, sondern eine wissenschaftliche Entscheidung sei. Die alles überragende Bedeutung von Patenten und die Hoffnung auf eine reiche finanzielle Ausbeute der Kalten Kernfusion stieß nicht bei allen Abgeordneten auf taube Ohren. Folgende Frage wurde an Peterson schriftlich abgegeben.

> Inwiefern beeinträchtigen das Recht am intellektuellen Eigentum und Patentrechte die Möglichkeit, technische Informationen der Ergebnisse der Forschung an der University of Utah weiterzugeben und ihren Forschern einen Austausch mit staatlichen Forschungszentren, wie Los Alamos und Oak Ridge, zu gestatten, damit diese von der experimentellen Unterstützung profitieren, um die nötigen

Details zu erarbeiten, die für die Reproduzierbarkeit der Ergebnisse notwendig sind?

Die Antwort von Peterson war sehr viel ehrlicher als die vorher gemachten Äußerungen zu diesem Punkt.

> Nach Maßgabe unserer Patentberater ist es der University of Utah nicht möglich, ihre Ergebnisse mit anderen Forschungseinrichtungen zu teilen, insbesondere nicht mit staatlichen Institutionen, bis sämtliche Informationen in einem Patentantrag formuliert sind und beim Patentamt zur Bearbeitung vorliegen.

Der Abgeordnete Morrison ließ sich auf eine Diskussion über die von Peterson geäußerten Punkte ein und forderte unverzüglich eine Überprüfung. „Ich glaube, es ist dringend nötig, die Ergebnisse jetzt zu überprüfen...Ich möchte nochmals das Angebot des Pacific Northwest Laboratory erneuern, kostenlos Apparaturen zur Verfügung zu stellen und der Reproduktion der Experimente beizuwohnen." Peterson antwortete, Pons verhandele zur Zeit mit einer Gruppe aus Los Alamos. Es wurde aber bereits gesagt, daß diese Zusammenarbeit wegen patentrechtlicher Erwägungen aus Utah nie zustandekam. Es ist außerordentlich schade, daß sämtliche Hilfsangebote wegen der Patentrechte ausgeschlagen wurden. Die viel zu frühe hohe Gewichtung der Patent- und Copyrightrechte führte dazu, daß die University of Utah sich wissenschaftlich selbst isolierte.

Der dritte Teil der Anhörung umfaßte die Aussagen von Robert Huggins, Institut für Material- und Ingenieurwissenschaften der Stanford University; Steven E. Jones und Daniel L. Decker, Institut für Physik und Astronomie, der Brigham Young University; George Miley, Forschungsbereich Kernfusion der University of Illinois und Michael J. Saltmarsh, Abteilung Fusionenergie des Oak Ridge National Laboratory.

Von den genannten Sprechern unterstützte nur Huggins die Ergebnisse von Fleischmann und Pons. Seine Zelle habe Beobachtungen zufolge mehr Energie geliefert, als der Ausgangsleistung entsprach, er habe aber keine Fusionsprodukte gemessen, daher könne er einen möglichen Mechanismus, der das beobachtete Phänomen erkläre, nicht liefern. Huggins gab indessen zu bedenken, daß materialwissenschaftliche Aspekte von vielen, die versucht hätten die Ergebnisse zu reproduzieren, vernachlässigt worden seien.

Jones und Decker wurden von Howard C. Nielson, einem Abgeordnetem aus Utah, vorgestellt. Das Hauptanliegen der Delegation der Brigham Young University war es, ihre Glaubwürdigkeit in der Fusionsforschung unter Beweis zu stellen. Deshalb berichtete Jones, er arbeite seit 1981 an der myonenkatalysierten Kernfusion, zusätzlich habe er seit seinem Eintreten in die Brigham Young University weitere, diesem Gebiet verwandte Forschungsprojekte initiiert. Die Aussagen von Jones und Decker waren wissenschaftlich fundierter als jene der Delegation der University of Utah. Die Physiker der Brigham Young University erklärten den Aufbau ihres Neutronendetektors. Sie führten aus, wie empfindlich dieser auf Hintergrundstrahlung, aber auch auf die bei der Kernfusion entstehenden Neutronen reagiere. Zudem erklärten sie, wie wichtig es sei, die Hintergrundstrahlung zu kennen, damit diese herausgefiltert werde. Jones legte auch eine Kopie ihres begutachteten Artikels vor, der am 27. April in der Zeitschrift *Nature* erscheinen sollte. Jones und Decker unterstrichen die wissenschaftliche Bedeutung ihrer Experimente, die jedoch keine Möglichkeit der Vermarktung beinhalte. Außerdem waren deren Forderung nach finanzieller Unterstützung wesentlich geringer als die ihrer Nachbaruniversität. Sie verteidigten sodann ihren Standpunkt, daß sämtliche Anträge zur Unterstützung der Forschung an der Kalten Kernfusion den normalen Weg der Begutachtung (über einen Antrag bei dem DOE oder der NSF) gehen sollten. Es gäbe zu diesem Zeitpunkt keine Notwendigkeit, immense Summen in neue Forschungszentren und Sonderforschungsbereiche zu investieren.

Die Arbeiten jener experimenteller Gruppen, die keinen Hinweis auf eine Kernfusion fanden, wurden von Saltmarsh, Harold P. Furth, Direktor des Princeton Plasma Physics Laboratory, und Roland G. Ballinger (MIT) vorgestellt. Diese Sprecher waren erst spät nachmittags zu hören, als der Großteil der Kommissionsmitglieder die Anhörung schon verlassen hatte. Letztere erhielten demnach kein ausgewogenes Bild der Kalten Kernfusion.

Saltmarsh, der die Gruppe vom Oak Ridge National Laboratory vertrat, gab zu erkennen, daß seine Gruppe weder Überschußwärme noch Fusionsprodukte beobachtet hätte. „Es ist bitter, betonen zu müssen, daß, all jene Gruppen mit denen ich in Kontakt bin, ähnliche Beobachtungen gemacht haben. Bei einem Treffen der großen Forschungslabors des DOE berichteten alle von den gleichen Bemühungen und den gleichen Ergebnissen." Saltmarsh sagte weiterhin, alle Versuche in den USA sowie im Ausland, die Experimente von Fleischmann und Pons zu reproduzieren, seien fehlgeschlagen. Er gab aber auch zu bedenken, daß Details über die Experimente nicht veröffentlicht seien. Er war der Ansicht: „Es ist am sinnvollsten, wenn eins oder mehrere der großen Forschungslabors mit den Gruppen der University of Utah und der Brigham Young University zusammenarbeiten und ihnen für die schon laufenden Experimente zusätzliche Apparaturen zur Verfügung stellen."

Ballingers argumentierte ähnlich. „Über die Versuche des Teams vom MIT kann ich nur sagen, daß wir bis jetzt nicht in der Lage waren, diese Ergebnisse wissenschaftlich zu bestätigen, obwohl unsere Methoden zur Messung der Wärme und zum Nachweis der Fusionsprodukte noch ausgereifter und empfindlicher sind als die in Utah angewandten." Ballinger machte zudem noch einige treffliche Bemerkungen über die Wichtigkeit der Begutachtung wissenschaftlicher Artikel:

> In der wissenschaftlichen Welt wird die Tragweite von experimenteller oder theoretischer Forschung durch Gutachten und Nachvollziehen überprüft. Gerade für die bekanntgegebenen Ergebnisse ist dieser Prozeß wegen seiner Bedeutung für Wissenschaft und Wirtschaft unbedingt erforderlich. Unglücklicherweise ist dies, aus mir unbekannten Gründen, diesmal nicht geschehen. Details der Experimente, Bedingungen und Ergebnisse, die für eine Nachprüfung überaus wichtig sind, wurden nicht veröffentlicht. Gleichzeitig haben die beinah täglich erscheinenden Artikel in den Medien, die häufig den Tatsachen widersprachen, die Hoffnungen der Öffentlichkeit, unsere Energieprobleme seien gelöst, wahrscheinlich zu unrecht genährt. Wir alle haben in diesem Zusammenhang die Redewendung gehört 'zum Ablesen zu billig', die auf andere Arten der Energieerzeugung angewandt wurde. Die wissenschaftliche Welt war gezwungen, die experimentellen Details zum Nachvollziehen und Überprüfen des möglicherweise größten wissenschaftlichen Durchbruchs dem *Wall Street Journal* oder anderen Medienberichten zu entnehmen.

Furths Ausführungen bezogen sich auf die zur Bestätigung der Behauptungen aus Utah erforderlichen Nachweisversuche. Da solche Experimente noch nicht durchgeführt worden waren, zeigte er einen gesunden Skeptizismus, wies aber auch auf einen positiven Effekt der gegenwärtigen Fusions-Konfusion hin: „Immerhin ist in den letzten Monaten die

Aufmerksamkeit der Welt darauf gelenkt worden, welch großen Nutzen eine realistische Langzeitstrategie für eine kontrollierte Kernfusion haben könnte."

Abschließend kann gesagt werden, daß trotz der breiten Berichterstattung in den Medien die Anhörung vor dem Kongreß den Wissenschaftlern und der Öffentlichkeit zeigte, wie unsicher die Ergebnisse aus Utah waren. Zudem wurde deutlich gemacht, wie wichtig es sei, die verschiedenen Ergebnisse der beiden Gruppen aus Utah getrennt voneinander zu betrachten.

Die beantragte Höhe der Forschungsgelder der beiden Gruppen unterschied sich im gleichen Maße wie die wissenschaftlichen Ergebnisse voneinander. Während die University of Utah sogar die Leistungen der Unternehmerberaterfirma, die ihnen helfen sollte, das Projekt des millionenschweren Forschungszentrums für Kalte Kernfusion durchzusetzen, auflistete, war die Brigham Young University sehr viel vorsichtiger. Viele Wissenschaftler und Wissenschaftsreferenten hielten die Entscheidung der University of Utah, so schnell und mit Unterstützung von prominenten Beraterfirmen vor den Kongreß zu treten, um für eine nicht bestätigte Entdeckung Forschungsgelder zu beantragen, für falsch.

Abgeordnete aus anderen Staaten der USA nährten die Zweifel über die Behauptungen von Fleischmann und Pons, indem sie berichteten, daß sowohl auf nationaler wie auch auf internationaler Ebene die meisten Versuche, diese Behauptungen zu überprüfen, fehlgeschlagen seien. Trotzdem schien der Optimismus bei dieser Anhörung am 26. April zu überwiegen. In den Wochen nach der Anhörung setzte sich eine andere Meinung durch, nämlich daß die Beweise für die gemessene Wärme nicht überzeugend genug war um ein Forschungszentrum zu rechtfertigen. Demnach gab es keine staatliche finanzielle Unterstützung für das Forschungszentrum zur Kalten Kernfusion in Utah.

Kapitel 6
Höhepunkt des Fusionsfiebers

Zwei Monate nach der Pressekonferenz fanden drei große Konferenzen statt, auf denen positive wie negative Ergebnisse der Kalten Kernfusion diskutiert wurden: Die Frühjahrstagung der APS in Baltimore (Maryland, USA) vom 1. bis 4. Mai; eine Woche später, am 8. Mai begann in Los Angeles die Tagung der Electrochemical Society. Obwohl das wissenschaftliche Programm dieser beiden Tagungen viele verschiedene Themen umfaßte, nahmen doch Vorträge und breite öffentliche Diskussionen über die Kalte Kernfusion einen besonderen Raum ein. Die dritte Konferenz, die in diesem Zusammenhang genannt werden muß, ist die vom DOE organisierte Tagung des Los Alamos National Laboratory, die ausschließlich der Kalten Kernfusion gewidmet war und vom 23. bis 25. Mai in Santa Fe (New Mexico, USA) abgehalten wurde. Im Gegensatz zum unkritischen Verhalten der meisten Teilnehmer der Tagung der ACS in Dallas zeigte sich das Publikum der APS ungläubig und skeptisch gegenüber den Behauptungen aus Utah. W.H. Beckenridge, Chemiker an der University of Utah, bemerkte, die Rivalität zwischen Physikern und Chemikern beruhe auf der Tatsache, daß „zwei Chemiker eine ungewöhnliche Entdeckung auf dem Gebiet der Physik gemacht haben, worüber nie ein Physiker mit einem Chemiker redet“ [1]. Beckenridges Aussage zeugte zwar von seinem Vertrauen gegenüber Fleischmann und Pons, traf aber nicht den Kern der Auseinandersetzung, bei der es um die fehlenden Fusionsprodukte ging. Allen Kritikern, Chemikern wie auch Physikern, war die Bedeutung dieser großen, vernichtenden Inkonsistenz bewußt.

Das Symposium über Kalte Kernfusion bei der Tagung in Baltimore begann am 1. Mai abends. Die erste Sitzung zog 1800 Zuhörer an und dauerte bis nach Mitternacht. Unter den Hauptrednern waren S.E. Jones,

Brigham Young University, J. Rafelski, University of Arizona, S.E. Koonin und N. Lewis, Caltech, M. Gai, Yale University und W. Meyerhof, Stanford University. Zusätzlich gab es mehrere kürzere Beiträge. Insgesamt wurden ungefähr 40 Vorträge für dieses Sondersymposium über Kalte Kernfusion angemeldet. Wegen der fortgeschrittenen Stunde und der großen Anzahl von Gruppen, die über ihre Ergebnisse berichten wollten, wurde das Symposium am folgenden Nachmittag fortgesetzt. Die erste Sitzung begann mit dem Übersichtsvortrag von D.R.O. Morrison (CERN). Er zeigte Statistiken, aus denen hervorging, daß es Korrelationen zwischen positiven und negativen Ergebnissen und bestimmten Regionen gab. So berichteten zum Beispiel Gruppen in Nordwest-Europa sowie in östlichen und westlichen Teilen der USA von negativen Ergebnissen, mit Ausnahme der Gruppe von Huggins an der Stanford University. Diese Gruppen verfügten über hochentwickelte Apparaturen und erfahrene Mitarbeiter, die sehr bald versuchten, die Experimente von Fleischmann und Pons zu reproduzieren. Aus anderen Teilen der Welt, wo die Forschungsgruppen, insbesondere für interdisziplinäre Versuche, weniger gut ausgestattet waren, traten nur die wenigen Laboratorien an die Öffentlichkeit, die die Experimente bestätigen konnten.

Bemerkenswerterweise waren Fleischmann und Pons bei der Tagung in Baltimore nicht anwesend. Fleischmann war eingeladen worden, einen Hauptvortrag zu halten, was er ablehnte, sicherlich weil er befürchten mußte, ein feindliches Auditorium vorzufinden. Stattdessen erläuterte Nathan Lewis den Physikern die Prozesse bei einer Elektrolyse. Lewis Vortrag fand beim Publikum große Anerkennung und führte zu einem Meinungsumschwung der zunächst grundsätzlich positiven Ansichten über die Kalte Kernfusion. Lewis berichtete von den Ergebnissen eines Teams von fünfzehn Chemikern und Physikern am Caltech. Das Spektrum der an dem Projekt beteiligten Forscher war breit und umfaßte die entsprechenden Gebiete der Elektrochemie und der Teilchenphysik. Dank der Zusammenstellung wurde diese Gruppe führend unter jenen, die an der Kalten Kernfusion arbeiteten. Es war sogar eine der ersten Gruppen, die versuchten, den Fleischmann-Pons-Effekt zu reproduzieren. Charles Barnes, Leiter der Caltech Kooperation, hörte durch Zufall von Fleischmann und Pons Behauptungen noch vor der Pressekonferenz.

Ein Gastwissenschaftler seiner Abteilung hatte über einen ausländischen Sender von dem Bericht in der *Financial Times London* (vgl. Kapitel 1) erfahren.

Die Gruppe von Lewis und Barnes ging sofort an die Arbeit und führte eine Reihe verschiedener Experimente durch, indem sie Palladiumkathoden auf unterschiedliche Weise vorbehandelte und verschiedene Elektroden benutzte . In diesem frühen Stadium der Kalten Kernfusions-Geschichte war es sehr wichtig, eine Reihe von Elektrolysen unter verschiedensten Bedingungen durchzuführen, und dabei insbesondere die Größe der Elektrode zu verändern und diese auf unterschiedliche Weise vorzubehandeln (z.B. kalt gewalztes oder gegossenes Palladium verwenden), Stromdichte und Ladezeit variieren, usw. Lewis detaillierter Bericht über die Enthalpiemessungen an den verschiedenen Zellen, die sowohl mit D_20 als auch mit H_2O betrieben wurden, beeindruckte das Auditorium. Unter Berücksichtigung der Enthalpie der entweichenden Gase (H_2/D_2 und O_2), erhielt das Team eine Übereinstimmung der zugeführten Energie und der erzeugten Energie bis auf 6%. Diese geringe Abweichung war durchaus im Rahmen dessen, was bei kalorimetrischen Messungen chemischer Reaktionen zu erwarten war. Das Ergebnis war zudem weit unterhalb der von Fleischmann und Pons gemessenen Wärme.

Die Caltech-Gruppe versuchte auch, Neutronen, Tritium und γ-Strahlen in ihren Zellen nachzuweisen. In keiner einzigen Zelle konnten signifikante Mengen an Neutronen, die nicht der Hintergrundstrahlung entsprachen, gezählt werden, ein Ergebnis, daß sich stark von dem von Fleischmann und Pons unterscheidet. Der Neutronendetektor war am Kellogg Laboratory für astrophysikalische Studien entwickelt worden. Er besteht aus einem Würfel aus Polyethylen mit einer Seitenlänge von 40 cm. In der Mitte befindet sich ein horizontaler 10×10 cm großer Kanal, in den die Zellen plaziert wurden. Die Neutronen wurden in dem Würfel thermalisiert und mit zwölf ^{3}He Proportionalzählern nachgewiesen, die sich in dem Würfel um den Kanal herum befanden. Der Würfel war mit verschiedenen abschirmenden Materialien umgeben. Ferner wurde der Einfluß der Hintergrundstrahlung durch die Verwendung von Pulstechniken reduziert. Nach ihren Messungen betrug der

Bild 6.1 Mitglieder des Caltech Teams mit einer ihrer Zellen im Labor von Nathan S. Lewis. Von links nach rechts (hintere Reihe): Amit Kumar, Reginald M. Penner, Michael Heben und Eric Kelson; von links nach rechts (vordere Reihe): Lewis und Sharon Lunt. (Mit freundlicher Genehmigung des Caltech-Magazins *Engineering and Science*.)

Unterschied zwischen der gemessenen und der Hintergrundstrahlung maximal 100 Neutronen pro Stunde. Rechnet man dies auf eine Palladiumelektrode mit einem Durchmesser von 0,22 cm und einer Länge von 10 cm um, entspricht dies einer oberen Grenze von 0,07 Neutronen pro Sekunde und Kubikzentimeter Palladium. Diese obere Grenze muß man mit dem Neutronenfluß von $3,2 \times 10^4$ Neutronen pro Sekunde und Kubikzentimeter Palladium vergleichen, den die Gruppe aus Utah gemessen haben wollte.

Bevor die Messungen für andere Fusionsprodukte besprochen werden sollen, folgen zunächst einige Kommentare zu der Art und Weise, wie Fleischmann und sein Team ihre Neutronenmessungen durchgeführt haben, was auch auf der APS-Tagung diskutiert wurde. Anstatt die Neutronen direkt aus der Reaktion ($D+D \rightarrow {}^3He+n$) zu messen, beruhten die Messungen der Fleischmann-Gruppe auf Thermalisierung und Einfangen der Neutronen durch den Wasserstoff im Wasserbad, welches die Zelle umgab. Die 2,224 MeV γ-Strahlen wurden mit einem Natriumjodid-Szintillationszähler mit einem Durchmesser und einer Höhe von jeweils 10 cm nachgewiesen. Diese Methode ist um einige Größenordnungen ungenauer als die direkte Zählmethode der Caltech-Gruppe.

Die Zuverlässigkeit der Meßmethode der Gruppe von Fleischmann wurde durch die genauen Untersuchungen von R.D. Petrassos Gruppe beim MIT stark in Frage gestellt. Petrasso stellte seine Ergebnisse bei der APS-Tagung vor und veröffentlichte sie später in *Nature* [2]. Diese Gruppe untersuchte den Neutroneneinfang durch Wasserstoff, indem sie eine kalibrierte Plutonium-Beryllium-Neutronenquelle in Wasser tauchten. Sie kamen zu dem Schluß, daß die Messungen von Fleischmann und Pons [3] falsch waren. Die Forscher vom MIT stützten ihr Urteil auf drei Beobachtungen. Erstens ist die Linienbreite des γ-Spektrums bei Fleischmann und Pons um einen Faktor 2 kleiner, als es ihre Instrumente erlaubten; zweitens zeigte ihr Spektrum nicht den Compton Effekt bei 1,99 MeV, der von der Streuung der γ-Strahlen an den Elektronen herrührt; drittens war ihre geschätzte Neutronenrate von 4×10^4 Neutronen pro Sekunde verglichen mit der Intensität der γ-Strahlen um einen Faktor fünfzig zu hoch. Demnach kann das von Fleischmann und Pons angeblich gemessene Spektrum nicht von den 2,224 MeV γ-Strahlen kommen, die von dem Einfangen thermischer Neutronen durch den Wasserstoff herrühren. Fleischmann und Pons hatten bereits zugegeben, daß die entstandene Wärme den Neutronenfluß um acht Größenordungen übertreffe. Nun berichtete Petrasso, die gemessenen γ-Strahlen wären eher auf fehlerhafte Instrumente zurückzuführen. Diese Erkenntnisse entschärften zusätzlich die Behauptungen von Fleischmann und Pons, da es keine sicheren Hinweise mehr auf die Entstehung von Neutronen gab. Die Kontroverse um den Nachweis der Fusionsprodukte wird in Kapitel 8 skizziert.

Die Caltech Gruppe konnte mit ihren experimentellen Methoden weder Tritium noch Helium noch γ-Strahlen nachweisen. Der Elektrolyt ihrer Zellen wurde auf Tritium hin untersucht [s. Reaktion (1b)]. Mit dem Szintillationszähler (Beckmann LS-5000 TD) konnten jedoch keine Spuren von Tritium beobachtet werden. Die Caltech Gruppe untersuchte zudem die Gasentwicklung an den Elektroden, um das Entstehen von Heliumgas nachzuweisen. Pons behauptete in den Medien, Helium entwickele sich an der Palladiumkathode. Dies war später in dem Artikel von Walling und Simons auch nachzulesen. Die Analysen wurden mit einem Massenspektrometer (Typ: VG 7070E) durchgeführt, demselben Modell, das in Utah verwendet wurde. Die hochenergetischen γ-Strahlen wurden mit großen Germanium und Natriumjodid-Detektoren nachgewiesen. Selbst bei vorsichtiger Abschätzung der Intensitäten gab es keine Hinweise auf γ-Strahlen bei 5,5 [$H + D \rightarrow {}^3He + \gamma(5,5 MeV)$] und 23,8 MeV. Der hochauflösende Germaniumdetektor zeigte keine γ-Strahlen, die infolge der Coulombanregung des Palladiums durch geladene Nebenprodukte der Fusion hätten entstehen können.

Lewis diskutierte zudem eine Analyse der von Fleischmann und Pons bekanntgegebenen Ergebnisse der kalorimetrischen Messungen [4]. Er hinterfragte die unaufbereiteten Daten, die Fleischmann und Pons als Grundlage für die gemessene riesige Überschußwärme nahmen. Dies war sehr aufschlußreich, da die Medien wiederholt darauf hingewiesen hatten, daß die Zelle von Fleischmann und Pons 4 Watt Energie liefere bei 1 Watt zugeführter Energie, was einen 300% Energiegewinn bedeutet [bezogen auf die zugeführte Energie (4 Watt - 1 Watt) / (1 Watt)]. Es handelte sich dabei offensichtlich um hypothetische Zahlen, die in dem Artikel von Fleischmann et *al.* zu finden waren [5]. Tatsächlich betrug, wie dort auch angegeben, der Energiegewinn bei neun Zellen im Mittel 27 %. Die gemessene Überschußwärme war in Wirklichkeit sehr viel niedriger als in den Medien verbreitet wurde[1]. Angesichts dieser sehr

[1] Die Quelle sämtlicher Mitteilungen über den von der University of Utah postulierten 300 % Energiegewinn ihrer Zelle ist die Pressekonferenz. Es war eine extrapolierte und keine gemessene Angabe. Sie wurde anschließend von Jerry E. Bishop (*Wall Street Journal*, 24. März 1989) verbreitet: „Ein Experiment liefert jetzt pro Watt zugeführter Leistung 4 Watt, sagte James Bophy." In Bishops nächstem Artikel (27. März) hieß es: „die letzte Meldung vom 23. März, daß die Apparatur in Utah das vierfache an Leistung liefert, hat viele Physiker erstaunt...Die Professoren Pons und Fleischmann ...hatten bei der Pressekonferenz verkündet, daß sie eine fortlaufende Wasserstoffusionsreaktion bei

viel tiefer liegenden tatsächlichen Werte der erzeugten Leistung betonte Lewis, wie wichtig es sei, eine genaue Fehleranalyse sämtlicher Parameter durchzuführen und alle möglichen Aussagen über die Rohdaten erst zu bewerten, bevor diese als Energiegewinn ausgelegt würden.

Lewis Vortrag war für die Glaubwürdigkeit der Behauptungen von Fleischmann und Pons vernichtend. Die Caltech-Gruppe fand bei ihren großangelegten, sorgfältigen Untersuchungen keinen Beweis für die Kalte Kernfusion von Deuterium in Palladium. Ihre kalorimetrischen Messungen ergaben keine Überschußwärme. Sie konnten auch keine Fusionsprodukte nachweisen. Aufgrund ihrer Neutronenmessungen erhielten sie eine obere Grenze von $1,5 \times 10^{-24}$ Fusionen pro Deuteriumpaar und Sekunde nach dem Mechanismus (1a). Ein Bericht über diese Arbeit wurde später auf dem üblichen Weg begutachtet und erschien schließlich in *Nature* [6].

W.E. Meyerhof kritisierte bei dieser Tagung die Ergebnisse der kalorimetrischen Messungen der Gruppe von R.A. Huggins von der Stanford University. Meyerhof, D.L. Huestis und D.C. Lorents vom der Stanford Research Institute berechneten die Wärmeverteilung und die Temperaturgradienten in Huggins Zelle. Die kalorimetrischen Messungen seien, so Meyerhof, sehr stark von den einzelnen Bestandteilen der Zelle abhängig, die bekanntgegebenen Ergebnisse seien folglich auf falsche Messungen zurückzuführen. Meyerhof hatte versucht, seine Berechnungen mit Huggins zu besprechen, was ihm vor der Tagung nicht gelungen sei. Drei Wochen später, bei der Tagung in Santa Fe, sagte Huggins, einige Differenzen bei der unterschiedlichen Interpretation der Messungen seien beseitigt worden, es blieben jedoch noch offene Fragen. Huggins Messungen blieben zweifelhaft.

S.E. Koonin betonte in seinem theoretischen Vortrag die geringe Wahrscheinlichkeit der Fusion von Wasserstoffisotopen bei Raumtemperatur. Er stellte neue Rechnungen für die Fusionsraten zweiatomiger Wasserstoffmoleküle vor, wobei er die verschiedenen Isotope berücksichtigte. Für die Fusion von D+D ergebe sich eine Rate von 3×10^{-64} pro Sekunde, ungefähr zehn Größenordnungen schneller als bei früheren

---

Raumtemperatur realisiert hätten. Sie behaupteten, ihre Reaktion liefere mehr Energie, als sie verbrauche, und nannten die Zahl 4 Watt.“

Rechnungen. Die Rate bleibt aber verglichen mit denen, die von den beiden Gruppen aus Utah angegeben wurden, sehr klein. Koonins neue theoretische Rate ist immer noch so klein, daß sie eine Fusion pro Jahr ergibt für die Masse von Deuterium, die der Masse der Sonne entspricht. Die berechnete Fusionsrate für die Reaktion p+D betrage 10^{-55} pro Sekunde, diese ist damit um acht Größenordnungen schneller als die Fusion zweier Deuteriumkerne. Als Gründe für diese höhere Rate (sie ist immer noch außerordentlich langsam) gilt das Tunneln in dem leichteren System.

Im Gegensatz zu dem leichtgläubigen Publikum bei der ACS-Tagung in Dallas, das bei der Ankündigung von Clayton F. Callis, das Jahrzehnte alte Problem der Energieversorgung sei durch die Entdeckung von Pons und Fleischmann ein für alle Mal gelöst, begeistert applaudierte, waren die Zuhörer bei der APS-Tagung sehr viel skeptischer und applaudierten, als Koonin darlegte, daß die Ergebnisse falsch seien. Er verlieh seiner Meinung untrüglichen Ausdruck: „Wir leiden an der Inkompetenz und an den Wahnvorstellungen der Drs. Fleischmann und Pons.“ Viele andere Teilnehmer waren seiner Meinung. Acht von neun Rednern bei der APS-Pressekonferenz vertraten die Meinung, der Energiegewinn der Zelle der University of Utah sei nicht auf eine Kernfusion zurückzuführen. Der einzige, der diese Ansichten nicht teilte, war Johann Rafelski, University of Arizona. Er mußte zwar bekennen, die Glaubwürdigkeit von Fleischmann und Pons sei angeschlagen, die Kontroverse jedoch noch nicht beigelegt, da die beiden Wissenschaftler nicht anwesend seien und die Kritik nicht zurückweisen könnten.

Als Jones das Podium betrat, waren Fleischmann und Pons erstmal vergessen, und alle konzentrierten sich auf dessen Ausführungen zur myonenkatalysierten Kernfusion, die kaum Gemeinsamkeiten mit der fragwürdigen Kalten Kernfusion aufwies. Jones war noch vor der Pressekonferenz der University of Utah als Sprecher zur Tagung in Baltimore eingeladen worden. Der Artikel, den seine Gruppe am 24. März bei *Nature* einreichte, erschien am 27. April, also noch vor der Tagung in Baltimore. Jones Behauptungen unterschieden sich in zwei wesentlichen Punkten von den Behauptungen von Fleischmann und Pons. Abgesehen davon, daß Jones keine kalorimetrischen Messungen durchführte, habe er einen Neutronenfluß in seiner Zelle nachweisen können, der um fünf Größenordungen kleiner sei als der von Fleischmann und Pons gemessene. Dieser Wert war aber immer noch um 13 Größenordnungen unterhalb der Menge an Neutronen, die der gefundenen Wärmemenge von Fleischmann und Pons hätte entsprechen müssen. Trotzdem ist das Ergebnis der Jones Gruppe, 10^{-23} Neutronen pro Sekunde und Deuteriumpaar, unter der Annahme, daß es ein Volumeneffekt ist, höchst überraschend. (Diese Erzeugungsrate war ursprünglich nur auf der Basis eines einzigen Experiments angegeben worden; später, als man über mehrere Experimente gemittelt hatte, war sie um einen Faktor 6 kleiner.) Wie schon erwähnt, hatte Koonin für ein Deuteriumpaar in einem zweiatomigen Molekül eine Fusionsrate von 3×10^{-64} pro Sekunde berechnet. Jones fand also angeblich eine Steigerung der Fusionsrate von 10^{40}, wenn Deuterium während der Elektrolyse Gitterplätze in der Kathode einnimmt. Ein gewaltiger Effekt; falls er bestätigt wird, ist er von großem wissenschaftlichem Interesse. Obwohl Jones Ergebnis revolutionär ist, kann man es nicht mit dem von Fleischmann und Pons vergleichen, da keine Überschußwärme gemessen wurde und der Effekt als Energiequelle nicht nutzbar ist.

Da Jones und seine Mitarbeiter eine sehr geringe Fusionsrate erwarteten, entwickelten sie einen Neutronendetektor, der für die 2,45 MeV Neutronen [vgl. Reaktion (1b)] empfindlich ist und die Hintergrundstrahlung minimiert. Die Neutronenzählrate der Gruppe war nahe an der Hintergrundstrahlung und erforderte eine genaue Kenntniss derselben. Also war es verständlich, daß nur ein einziger Artikel mit experimentellen Daten ihre Behauptungen, Neutronen einer Kernfusion beobachtet zu haben, bei der Tagung in Baltimore belegte. Alle anderen Artikel berichteten zu diesem Zeitpunkt von einer oberen Grenze der Neutronenintensität, die höher lag als die von Jones gefundene, aber Größenordnungen unter der von Fleischmann und Pons gemessenen. Einige der Forscher, die innerhalb der Fehlergrenze keine Neutronen nachweisen konnten, waren vom IBM Thomas J. Watson Research Center, AT&T Bell Laboratories, Oak Ridge National Laboratory, Lawrence Berkeley Laboratory, Chalk River Nuclear Laboratory of Canada, Florida State University, University of Rochester und der University of Toronto. Moshe Gai, Sprecher der Kooperation Yale-Brookhaven National Laboratory, lieferte einen interessanten Bericht ihrer Neutronenmessungen, deren obere Nachweisgrenze weit unterhalb dessen war, was Jones Gruppe gemessen hatte. Gais Gruppe hatte Neutronen und γ-Strahlen mehrerer elektrochemischer Zellen mit einem sehr empfindlichen Detektor, der kaum Hintergrundstrahlung durchließ, untersucht. Es konnten keine statistisch signifikanten Abweichungen von der Hintergrundstrahlung, weder für Neutronen noch für γ-Strahlen, gefunden werden. Die obere Grenze der Neutronenrate lag bei 2×10^{-25} Neutronen pro Deuteriumpaar und Sekunde, also eine Größenordnung unterhalb des Ergebnisses der Jones-Gruppe. Der Neutronendetektor der Yale-Brookhaven Gruppe war technisch sehr ausgefeilt, und ihre Ergebnisse warfen Zweifel an den Behauptungen von Jones auf.

Bei der Pressekonferenz stimmte die bereits erwähnte Gruppe von neun Physikern darüber ab, ob die von Jones gefundenen Neutronen Fusionsprodukte seien oder nicht. Drei Physiker stimmten dagegen. Hingegen glaubten acht der neun Physiker nicht, daß die Ergebnisse von Fleischmann und Pons auf eine Kernfusion zurückzuführen seien. Der Ausgang dieser Abstimmung kann als stellvertretend für die Stimmung in Baltimore angesehen werden. Der Großteil der anwesenden Physiker akkzeptierte die Richtigkeit von Jones Ergebnissen (selbst unter der Voraussetzung, daß diese 40 Größenordnungen über der berechneten Fusionsrate liegen), während die Messungen von Fleischmann und Pons als falsch erachtet wurden. Abgesehen von Jones Bericht über den positiven Nachweis von Neutronen beinhalteten alle anderen Vorträge in Baltimore Stellungnahmen über negativ ausgefallene Nachweise und Obergrenzen für den Neutronennachweis, der weit unterhalb dessen liegt, was Fleischmann und Pons angeblich gemessen haben wollten.

Einige der theoretischen Vorträge in Baltimore waren positiv und zeugten von dem krampfhaften Versuch, das Phänomen zu erklären. Rafelski, beispielsweise, meinte, die von Jones gefundene Kernfusion lasse sich leicht aus den bekannten Prinzipien der Kern- und Festkörperphysik ableiten, indem man die üblichen Methoden zu Berechnung von Tunnelwahrscheinlichkeiten benutzt. Er zog seine Behauptungen später zurück. In einem weitaus überraschenderen Vortrag stellte Michael Danos vom

National Institute of Standards and Technology seine Theorie zu dem Fleischmann-Pons-Phänomen vor. Er behauptete: „Die Größenordnungen der theoretisch berechneten Raten entsprechen den beobachteten von 10^{-1} pro Sekunde.“ Er fand sogar einen Mechanismus, der das Fehlen der Protonen, Neutronen und Photonen erklären sollte. Danos soll gesagt haben: „meiner Meinung nach gibt es keinen Zweifel, daß Kernfusion stattfindet und Pons hat es möglicherweise beobachtet“ [7]. Einige Monate später kam Danos zu einem völlig anderen Schluß und zog seine Theorie ebenfalls zurück.

Die Stimmung bei der APS-Tagung in Baltimore war gleichwohl anders als bei der ACS-Tagung in Dallas drei Wochen vorher. Die große Anzahl negativer Berichte über den Nachweis der Fusionsprodukte sorgte für ein eher skeptisch eingestelltes Auditorium. Die Welle der Begeisterung schien abzuklingen. Am folgenden Montag, dem 8. Mai, berichteten namhafte Zeitschriften wie die *Business Week, Newsweek* und *Time* auf der Titelseite von der Kalten Kernfusion. Es ist durchaus unüblich, daß drei Nachrichtenmagazine zur selben Zeit die gleiche Titelgeschichte bringen. Wie auch immer spiegelt aber dieser Zufall das öffentliche Interesse an diesem Wissenschaftskrimi wider, den die University of Utah lanciert hatte. Die Medienberichte, denen die Vorträge der Baltimore-Tagung zugrunde lagen, dämpften den Optimismus der Öffentlichkeit, daß die Kalte Kernfusion die Energiequelle der Zukunft sei. Die letzten Meldungen standen dann auch im krassen Gegensatz zu den ersten, enthusiastischen Berichten etwa des *Wall Street Journals*. Die meisten Wissenschaftler waren jetzt skeptisch gegenüber den Äußerungen von Fleischmann und Pons, aber auch gegenüber dem, was diese beiden verschwiegen. Physiker konnten sich zum einen nicht erklären, wie diese große Überschußwärme durch Kernfusion bei Raumtemperatur entstehen solle, und zum anderen, wieso man von Kalter Kernfusion sprach, obwohl die Fusionsprodukte nicht nachgewiesen werden konnten. Die Kalte Kernfusion wurde für diejenigen Wissenschaftler zur Frustration, die anfangs beschämt von ihren vergeblichen Versuchen, die gleichen Ergebnisse wie Fleischmann und Pons zu erhalten, berichteten. Der Konsens der an der Tagung teilnehmenden Wissenschaftler wurde gut durch Koonins Worte wiedergegeben: „Ich finde die Ergebnisse der Brigham

Young University zweifelhaft aber nicht undenkbar. Ich finde die Ergebnisse der University of Utah vom theoretischen Standpunkte her unmöglich."

Nach der APS-Tagung in Baltimore erlitt die University of Utah zwei große Niederlagen bei der Anfrage um staatliche Fördermittel für Forschung an der Kalten Kernfusion. Am 3. Mai flogen Fleischmann und Pons nach Washington, um dort am folgenden Nachmittag John Sununu zu treffen. Am Morgen des fraglichen Tages wurde den beiden Wissenschaftlern vom Weißen Haus mitgeteilt, daß das Treffen abgesagt worden sei. Ob die negative Werbung der APS-Tagung an der Absage dieses Treffens Schuld hat, kann nicht endgültig beantwortet werden, die Umstände legen diese Vermutung jedoch sehr nahe. Ähnliches könnte auch der Grund für die Absage einer von Wayne Owens organisierten Demonstration der Kalten Kernfusion für die Mitglieder der Regierungskommission in Salt Lake City am 13. Mai sein. Owens hatte einen Vorschlag zur Gründung eines staatlichen Fusionszentrums ausgearbeitet und erwartete die Regierungsdelegation sehnlichst in Salt Lake City. Die Absage der Reise durch den Vorsitzenden Roe war ein schwerer Schlag für die University of Utah.

Am 8. Mai, also genau eine Woche nach der Tagung der APS in Baltimore, strömten ca. 1500 Chemiker zu der Sondersitzung der Electrochemical Society über die Kalte Kernfusion nach Los Angeles. Man erwartete, daß diese Gruppe sehr viel wohlwollender und freundlicher mit den beiden Chemikern aus Utah umgehen würden. Es wurden sehr viel mehr Sprecher mit positiven Berichten erwartet, und Pons selbst wollte anläßlich dieses Treffens detaillierte Erklärungen über die kalorimetrischen Messungen preisgeben. War doch das Fehlen dieser Einzelheiten einer der Hauptkritikpunkte bei der APS-Tagung.

Da Fleischmann und Pons zu den führenden Elektrochemikern gehörten, hielten sie es für angebracht, an der Tagung ihrer Gesellschaft in Los Angeles teilzunehmen. Ihre Anwesenheit erhöhte die Spannung und die Erwartungen des Auditoriums. So versuchten sie, einige der in Baltimore aufgeworfenen Kritikpunkte zu entschärfen. Zunächst versuchten sie die Frage der Temperaturgradienten in ihrer Zelle zu klären. Dazu zeigte Fleischmann ein Video ihrer Zelle, der ein roter Farbstoff zugegeben wurde. Der Farbstoff war in ungefähr zwanzig Sekunden durch die Gasentwicklung an den Elektroden gleichmäßig in der Zelle verteilt. Damit wollte Fleischmann zeigen, daß sich ebenso schnell eine gleichmäßige Verteilung der Temperatur in der Zelle einstellte. Diese Demonstration konnte aber Kritiker wie Nathan Lewis nicht überzeugen, da dieser sehr sorgfältige Untersuchungen zur Temperaturverteilung in solch einer Zelle durchgeführt hatte und zu dem Ergebnis gekommen war, daß es Temperaturgradienten immer dann in der Zelle gibt, wenn keine mechanische Rührvorrichtungen vorhanden sind. Umsichtiges Experimentieren hätte demnach sowohl mechanische Rührer als auch Temperaturmessungen an verschiedenen Punkten in der Zelle erfordert. Den Vorwurf, die Zelle erzeuge keine überschüssige Energie, beantworteten Fleischmann und Pons mit der erstaunlichen Mitteilung, daß eine ihrer Zelle explosionsartig zwei Tage lang Wärme geliefert habe. Sie sagten, die freiwerdende Energie sei 50 Mal höher gewesen als die zugeführte elektrische Energie. Sie behaupteten ferner, dieser Energieschub müsse nuklearer Herkunft gewesen sein, da er in dieser Höhe nicht allein auf elektrochemische Prozesse zurückgeführt werden könne. Wäre dies tatsächlich der Fall, hätten entprechende Fusionsprodukte entstehen müssen. Ohne deren Nachweis konnten Fleischmann und Pons die meisten Wissenschaftler nicht davon überzeugen, daß sie Kalte Kernfusion induziert hatten.

Bei der Tagung in Los Angeles gab es auch wieder Bestätigungen der kalorimetrischen Messungen, und zwar von Huggins aus Stanford sowie von Bockris und Appleby von der Texas A&M University sowie von Landau, Case Western Reserve University. All diese Wissenschaftler berichteten von einem unterschiedlich hohen Energiegewinn und gaben verschiedene Erklärungen des Phänomens ab. Beim Versuch, ebenfalls Überschußwärme zu erzeugen, mußte Bockris einräumen, es gebe dabei beachtliche Schwierigkeiten, während Pons angab: „ich kann in über 90% der Fälle die Ergebnisse reproduzieren“ [8]. Obwohl die beiden in der Frage der Reproduzierbarkeit der Ergebnisse sehr unterschiedlicher Meinung waren, so teilten sie mit einigen anderen die erfolgreiche Wärmegewinnung. Gleichwohl ist es erstaunlich, daß so viele andere große Forschungsgruppen, die sowohl Physiker als auch Chemiker umfaßten, trotz ihrer ausgefeilten Apparaturen diese Ergebnisse nicht nachvollziehen konnten. Unter diesen Gruppen waren einige dem DOE zugeordnete Institute, sowie Caltech, MIT und das Atomic Energy Authority's Harwell Research Laboratory in Großbritannien. Dieses Experiment also, das anfänglich als so einfach gepriesen wurde, daß jeder es mit einem Cosmos-Kasten nachmachen könne, war so kompliziert geworden, daß erstklassige Forschungsgruppen es nicht reproduzieren konnten.

Lewis, der die negativen Ergebnisse seiner Gruppe vorgestellt hatte, wurde zur Zielscheibe einer eher belanglosen Kritik. Huggins sagte: „Kritiker wie Nathan Lewis stellen ihr eigenes Unvermögen zur Schau" [9]. Huggins fuhr fort: „Es ist schwer für ihn (Lewis) den Effekt zu sehen, weil er es falsch macht... Der Schlüssel zum Erfolg ist die Kristallstruktur des Palladiums, die so beschaffen sein muß, daß Deuteriumatome in dem Gitter eingelagert werden können." Worauf Lewis entgegnete: „Ohne Zweifel hatten auch unsere Palladiumkathoden Deuterium eingelagert, es gibt bloß keine Fusion." Wie Fleischmann und Pons weigerte sich auch Huggins, der eigentlich keine Patentrechte geltend machen wollte, sein Geheimnis der Reproduktion mit anderen zu teilen. Lewis, zu der Zeit einer der härtesten Kritiker von Fleischmann und Pons, ist nicht etwa Physiker, sondern wie diese beiden auch Elektrochemiker, und war demnach auf dieser Tagung in seiner geistigen Heimat. Hier beschrieb er, wie schon auf der Tagung in Baltimore, die vielfältigen Versuche, die von der Caltech-Gruppe durchgeführt worden waren. In keinem dieser Versuche habe es Hinweise auf eine Kernfusion gegeben, weder Wärmeentwicklung noch Fusionsprodukte konnten nachgewiesen werden. Bezeichnend für die Tagung in Los Angeles war, daß Lewis Schwierigkeiten hatte, überhaupt vorzutragen. Die Organisatoren der Tagung hatten ursprünglich nur jene Sprecher zugelassen, die mit positiven Ergebnissen aufwarten konnten, unter anderen natürlich Fleischmann und Pons. Einer der Organisatoren erklärte dies mit erstaunlicher Logik: „da das Thema der Tagung die Kalte Kernfusion ist, sind Vortragende, die keine Ergebnisse haben, irrelevant" (R.L. Park, 6. Mai 1989). Dieses abgekartete Spiel zu Gunsten der Kalten Kernfusion führte viele Elektrochemiker in das Lager der Kritiker. Erst bei der Pressekonferenz der Tagung traf Lewis mit Fleischmann und Pons direkt zusammen.

Eine der wichtigsten Meldungen der Tagung in Los Angeles war der Stand der Heliummessungen der University of Utah. Es wurde erwartet, daß Fleischmann und Pons ihre neuesten Ergebnisse zu diesen Messungen bekanntgeben würden. Ursprünglich wollte Pons lediglich mitteilen, daß sie noch nichts darüber sagen könnten und das Publikum ungläubig und mißtrauisch zurücklassen müßten. In dem Artikel von Walling und Simons wurde aber Pons mit der Behauptung zitiert, daß die gemessenen Heliumwerte in Übereinstimmung mit der Wärmemenge wären [10]. Helium wurde durch Massenspektroskopie der entweichenden Gase nachgewiesen. Bei der Diskussion in Los Angeles zogen Fleischmann und Pons ihre früheren Behauptungen über Neutronen- und Heliummessungen zurück, diese seien auf Apparaturfehler zurückzuführen. Dies löste jedoch nicht die grundsätzlich strittige Frage des Heliumnachweises. Dieser basierte auf der falschen Annahme, daß Helium, falls es überhaupt bei der Kernfusion entstehe, an der Palladiumkathode entweiche. Einige der Tagungsmitglieder, Forscher vom Sandia National Laboratory und vom MIT, schlugen der University of Utah vor, einige Proben der Palladiumkathoden auf Helium zu überprüfen. Pons antwortete auf diesen Vorschlag: „Wir unternehmen einiges, um die Proben analysieren zu lassen“[11]. Interessanterweise hatte man Pons schon einmal diesen Vorschlag bei der ACS-Tagung in Dallas unterbreitet, seine Antwort war diesmal aber sehr viel unverbindlicher, hatte er doch vier Wochen vorher behauptet, die Proben seien bereits unterwegs, um analysiert zu werden. Informierte Zuhörer fragten sich wohl, welches Spiel hier gespielt wurde. Jedes gut ausgestattete Labor hätte die Analysen in kurzer Zeit durchführen und die Frage, ob die Heliummenge der entstandenen Wärme entspreche, endgültig beantworten können.

Fleischmann und Pons Umgang mit dem Nachweis ihrer Fusionsprodukte war ein einziger Reinfall. Die Angebote namhafter Institute zur Durchführung der Analysen wurden abgelehnt, wahrscheinlich gab es auch hier wieder patentrechtliche Bedenken oder andere subtile Gründe. James Brophy habe am 12. Mai gesagt, einige der Proben seien zwecks Nachweises des Heliums und anderer möglicher Fusionsprodukte an die britische Firma Johnson&Matthey abgegeben worden [12]. Es ist bekannt, daß die Firma Johnson&Matthey ein Abkommen mit Fleischmann und Pons traf, ihnen die Palladiumstäbe zu liefern unter der Bedingung, daß sie nach den Experimenten zur Untersuchung an die Firma zurückgingen. Bis jetzt gab es keine Informationen über die Ergebnisse dieser Analysen, die das Vorhandensein von Fusionsprodukten bestätigten. Dieses fortwährende Hinausschieben der Heliumanalysen ist ein eklatantes Beispiel für die Art, mit der die University of Utah der Öffentlichkeit und der wissenschaftlichen Welt Informationen vorenthielt. Eine Aussage von James Brophy deckt den Kernpunkt des Problems auf: „Ich kann mir keinen vernünftig denkenden Menschen vorstellen, der die Palladiumkathoden seinen Konkurrenten gibt ... unsere Anwälte würden in die Luft gehen" [13]. Dies ist aber noch lange nicht das Ende des Heliumfiaskos, in Kapitel 8 wird es weitergehen.

Die Tagung der Elektrochemiker in Los Angeles trug wenig dazu bei, die zunehmende Kritik einzudämmen. Das Fehlen neuer Informationen von Fleischmann und Pons sowie die Geheimnistuerei um den Heliumnachweis machte die Teilnehmer ungeduldig und skeptisch. Die *Los Angeles Times* berichtete am 9. und 10. Mai mit folgenden Schlagzeilen von der Tagung: „Wissenschaftlern gelang es nicht, neue Beweise für die Kernfusion zu liefern" und „Was als Triumphzug begann, löst sich auf in Konfusion und Streiterei." Noch kritischer war die *Washington Post*; ebenfalls am 9. Mai, berichtete sie, Fleischmann und Pons stünden „jetzt einem neuen überwältigenden Konsens der Wissenschaftler gegenüber, daß ... die Behauptungen über die Kalte Kernfusion falsch sind." Da fünf Millionen Dollar staatlicher Unterstützung beantragt worden waren, reagierte die University of Utah sehr empfindlich auf die äußerst negativen Presseberichte über die Tagungen in Baltimore und Los Angeles. James Brophy versuchte diese negativen Meldungen herunterzuspielen, indem er behauptete, es sei eine Kampfansage der Ostküsten-Presse, die nicht hinnehmen wolle, daß es bei der Tagung in Los Angeles mehrere Bestätigungen gegeben habe [14]. Peterson fügte hinzu: „die lautesten Kritiker kommen von renommierten, wohlhabenden Universitäten, die selber Unsummen in die konventionelle und sehr viel teurere Heiße Kernfusions-Projekte investiert haben" [15]. Die Schuld den renommierten Universitäten der Ostküste zuzuschieben, war ein häufig angewendeter Trick, der sich in Utah gut verkaufte. Ein anderer Trick war, die Japaner als Bedrohung hinzustellen. In dem gleichen Artikel sagte Brophy: „Wir wissen, daß die Japaner sich jetzt damit beschäftigen. Ich bin es leid, die Japaner als Buhmänner hinzustellen, aber darauf muß es eine nationale Antwort geben.“ Auch schon bei der Anhörung vor dem Kongreß wurden die Japaner für die eigene Sache benutzt (vgl. Kapitel 5). Zuverlässige Quellen berichteten jedoch, daß Japan zu der Zeit keine staatlichen Mittel der Kalten Kernfusionsforschung zur Verfügung gestellt hatte [16].

Bei der Geheimnistuerei um die Heliumanalysen sowie um andere Aspekte der Arbeiten von Fleischmann und Pons hatte wahrscheinlich die Rechtsabteilung der Universität die Fäden in der Hand, um die guten Beziehungen zur Wirtschaft zu schützen. Fleischmann und Pons ließen wissen, daß sie an einem heiklen Thema arbeiteten, und daß genaue Einzelheiten nicht bekannt gegeben werden dürften. So war es den Teilnehmern bei der Tagung in Los Angeles verboten, die Vorträge der beiden aufzunehmen und die Folien abzuphotographieren. Die Pressestelle der University of Utah stellte aber Informationen über technische Zusammenarbeit für interessierte Firmen zur Verfügung. Die *Salt Lake Tribune* berichtete [17], ungefähr 120 Firmen hätten um Technologietransfer gebeten, darunter 33 der größten amerikanischen Konzerne. Einige fünfzig Firmen, unter anderem auch Westinghouse, unterzeichneten ein Vertraulichkeitsabkommen. Diese Abkommen berechtigten die Firmen, die Patentanträge zu untersuchen, um abzuwägen, ob eine Zusammenarbeit in Frage komme. Da aber diese Abkommen keine finanziellen Zusagen beinhalten, können sie nicht sonderlich ernst genommen werden. Nichtsdestotrotz benutzte die University of Utah sie als Werbung für ihre Anträge um öffentliche Unterstützung. Wie in Kapitel 5 bereits beschrieben, erklärten die Verantwortlichen der Universität in Washington, die üblichen Wege zur Unterstützung der Forschung seien zu langsam, um mit den ausländischen Konkurrenten, insbesondere mit den Japanern, Schritt halten zu können. Diese Strategie war insofern erfolgreich, als daß sie vom Staat Utah finanzielle Unterstützung erhielten, nicht aber Bundesgelder.

Die dritte, in Santa Fee stattfindende Konferenz (23. - 25. Mai) war ausschließlich der Kalten Kernfusion gewidmet und wurde vom Los Angeles National Laboratory und dem DOE organisiert. Obwohl Fleischmann und Pons werbewirksam angekündigt wurden, erschienen sie nicht. Damals zogen sich die beiden immer mehr aus der Öffentlichkeit zurück und vermieden wichtige wissenschaftliche Tagungen und vor allem Journalisten, die sie als grundsätzlich feindselig einstuften. Welche Rolle dabei die Rechtsanwälte der University of Utah und die negative Publicity um das Fehlen neuer Ergebnisse auf der Tagung in Los Angeles spielten, ist ungewiß. Die meisten anderen an der Kalten Kernfusion beteiligten Forscher waren bei der Tagung in Santa Fe anwesend, darunter auch einige ausländische Wissenschaftler. Unter den über 400 Teilnehmern des Workshops waren Wissenschaftler von nationalen Forschungsinstituten und Universitäten sowie aus der Industrie und Unternehmer, die hofften, die Kalte Kernfusion ausnutzen zu können. Viele Vorträge wurden via Satellit im Fernsehen übertragen. Es gab fünf Plenarsitzungen, die jeweils einen halben Tag dauerten, wobei 35 Vorträge gehalten wurden. Zusätzlich waren am Abend vom 23. und 24. Mai Sitzungen angesetzt worden. Die Organisatoren hatten Bockris gebeten, die erste Sitzung mit einer ausgewählten Anzahl von Sprechern mit Kurzbeiträgen zu leiten. Dieser richtete den Zeitplan so ein, daß nur Sprecher mit positiven Berichten zu Wort kamen. Bockris und andere Anhänger der Kalten Kernfusion waren der Ansicht, daß nur über positive Ergebnisse bei diesen Sitzungen diskutiert werden solle. Nur die lauten Proteste der Tagungsteilnehmer konnte die Organisatoren überzeugen, so daß ein Sprecher ohne Ergebnisse einbezogen wurde. Die Vorträge wurden von einer Postersession mit ungefähr 80 Beiträgen, haupsächlich mit negativen Ergebnissen, begleitet.

Die Tagung in Santa Fe brachte zum ersten Mal eine beträchtliche Anzahl von Teilnehmern mit ganz unterschiedlichen Interessen an der Kalten Kernfusion zusammen: Elektrochemiker, Nuklear- und Atomphysiker, Materialwissenschaftler, Vertreter der Erdöl- und Energiegesellschaften sowie Kapitalanleger und Vertreter der Regierung. Diese Tagung war auch eine gute Gelegenheit für die Mitglieder unseres Ausschusses, den Behauptungen und den Gegenbehauptungen zu folgen und dabei die Anhänger sowie die Gegner der Kalten Kernfusion kennenzulernen. Mit der Absicht, eine Zusammenarbeit zwischen Chemikern und Physikern herbeizuführen, war jeweils ein Vertreter der anderen Disziplin Stellvertretender Vorsitzender; Norman Hackermann, Chemiker, und J. Robert Schrieffer, Physiker. Die Tagung in Santa Fe wird in die Geschichte als eine sehr ungewöhnliche wissenschaftliche Tagung eingehen, bei der die experimentellen Vorträge widersprüchlich und chaotisch waren. Eine Gruppe berichtete über das Entstehen von Tritium, andere von Wärmeentwicklung, einige wollten kleine Mengen Neutronen gemessen haben, während andere weder Wärme noch Fusionsprodukte nachweisen konnten. Dabei gelang es nicht einmal den Gruppen, die positive Ergebnisse vorwiesen, diese zu reproduzieren, obgleich die Experimente unter gleichen Bedingungen durchgeführt wurden. Zudem lagen Wärmemenge und Intensität der Fusionsprodukte um einige Größenordnungen auseinander, was darauf hindeutet, daß sie von verschiedenen Prozessen herrühren. Die Ergebnisse der Texas A&M können als stellvertretend für die chaotischen Berichte auf der Tagung in Santa Fe angesehen werden. Applebys Gruppe gab an, 16 bis 19 Watt Wärme pro Kubikzentimeter Palladium gemessen zu haben, während Wolfs Gruppe, ebenfalls von der Texas A&M, eine Neutronintensität von 0,4 Zerfällen pro Sekunde (was ungefähr 5×10^{-13} Watt pro Kubikzentimeter Palladium entspricht) und dazu 10^{14} Tritiumatome in einer Bockris-Zelle, die 10 Stunden lang lief, gezählt habe (was ungefähr 10^{-3} Watt pro Kubikzentimeter Palladium entspricht). Also kann man aus den oben angeführten Ergebnissen relative Erzeugungsraten von $1, 10^{-4}$ und 10^{-14} berechnen. Es ergab sich ein zweites Problem, nämlich daß die Erzeugungsraten für Tritium und Neutronen, die gleich sein müßten, weit auseinander lagen. Die Zelle von Wolfs Gruppe wurde auch auf Neutronen hin untersucht. Diese Untersuchung ergab eine Erzeugungsrate, die einige Größenordnungen niedriger war als die entsprechende Rate des Tritiums.

Angenommen, Neutronen und Tritium entstehen gemäß den Gleichungen (1a) und (1b), so muß man all das berücksichtigen, was bisher über diese Reaktionen von der sogenannten Heißen Kernfusion und von den Berechnungen für den Temperaturbereich der Kalten Kernfusion bekannt ist. Dies war Thema eines theoretischen Vortrags von G.M. Hale. Er zeigte, daß die Reaktionen (1a) und (1b) mit gleicher Intensität ablaufen, und daß sich die Querschnitte der beiden Reaktionen nur um einige Prozent verschieben, wenn man die Erzeugungsrate bei gemessenen Energien auf Energien zum Nullpunkt hin extrapoliert. Hale und seine Mitarbeiter kamen zu dem Schluß, daß es für die Reaktion zweier Deuteriumkerne bei niedrigen Energien: „keine Beweise für eine Erhöhung der Erzeugungsrate zugunsten der Protonen gibt, die angeblich auf den Oppenheimer-Philips-Effekt oder ähnliches zurückzuführen sind.“ Einige der Verfechter der Kalten Kernfusion glaubten nämlich, der Oppenheimer-Philips-Effekt sei für die erhöhten Tritiumwerte verantwortlich. Bei niedrigen Energien unterhalb der Coulombenergie orientieren sich zwei Deuteriumkerne so, daß die Neutronen sich annähern und die Protonen abgewendet sind. Diese Polarisation erhöht geringfügig die Erzeugungsrate für die Protonen, so daß gleichermaßen mehr Tritium entstehen muß. Dieser Effekt der deuteroninduzierten Kernfusion ist schon seit Jahren bekannt. Er wirkt sich aber nur sehr geringfügig bei der Fusion von Deuterium aus. Daher können die erhöhten Tritiumwerte nicht das Ergebnis einer Fusionsreaktion zweier Deuteriumkerne sein. Diese extreme Erhöhung der Erzeugungsrate von Tritium widerspricht kernphysikalischen Gesetzmäßigkeiten.

Die relativ hohen Tritiumwerte blieben bei der Tagung in Santa Fe ein ungelöstes Rätsel. Tagungsteilnehmer wollten glauben, daß Tritium in dieser Höhe gemessen wurde. Unklar blieb jedoch, woher das Tritium kam. Einige glaubten, es seien Verunreinigungen, und Richard Garwin schlug vor, die Kathoden auf mögliche Tritiumverunreinigungen zu untersuchen. Es sollte, wie es in Kapitel 8 beleuchtet wird, ein Jahr lang dauern, bis dieser einfache Nachweis durchgeführt wurde. Das Ergebnis war, daß die Palladiumkathoden eines bestimmten Herstellers tatsächlich Tritiumverunreinigungen aufwiesen. Dieses Ergebnis beendete die Spekulationen, ob die gemessenen Tritiumwerte auf eine Kernfusion zurückzuführen seien. In Kapitel 8. werden dazu noch zusätzliche Informationen gegeben.

Auf der Tagung in Santa Fe präsentierten nur wenige neue Gruppen positive Ergebnisse, darunter Applebys Gruppe von der Texas A&M University. In einem einleitenden Vortrag berichtete diese Gruppe von ungewöhlich hohen Wärmemengen, von 16 bis 19 Watt pro Kubikzentimeter Palladium. Ihr überraschendes Ergebnis übertraf sogar die von Fleischmann und Pons gemessenen Werte, die bei sechs Zellen zwischen 0,6 und 1,6 Watt pro Kubikzentimeter Palladium betrug. Drei weitere Zellen ergaben bei Fleischmann und Pons höhere Werte; diese Werte wurden jedoch nicht direkt gemessen, sondern durch Extrapolation erhalten. Melendres und Greenwood vom Argonne National Laboratory kritisierten Fleischmann und Pons Abschätzungen auf einem Poster. Sie behaupteten, die hohen Werte der Überschußwärme seien auf „höchst zweifelhafte Extrapolation“ zurückzuführen. Einige Bedenken wären ebenso für Applebys Werte angebracht. Auch diese Werte wurden nicht direkt gemessen, sondern ausgehend von Messungen mit einer kleineren Palladiumkathode (mit einem Volumen von 0,002 cm^3) hoch extrapoliert, wobei mit einen Faktor 500 multipliziert werden muß. Was als sehr hoher Wärmeüberschuß ausgelegt werden kann, verschwindet wieder, wenn man von einem 10 % Fehler bei der Wärmemessung oder von 25% Rekombination des D_2 und O_2 Gases ausgeht.

Werden die Daten von Fleischmann und Pons tabelliert in Prozent der Überschußwärme (Überschußwärme/zugeführte Energie), so erhält man für Stromdichten von 8,64 und 512 mA/cm^2 einen Wärmeüberschuß von 30, 28 und 21 %. Dieses sind eher bescheidene Werte, verglichen mit den bei der Pressekonferenz proklamierten 300 %. Die Gruppen von Huggins und von Appleby fanden nur einen bescheidenen Wärmeüberschuß, der ungefähr 12 % beträgt. Keine dieser Gruppen hat jedoch behauptet, Ursache des Wärmeüberschusses sei eine Kernfusion.

Bockris stellte in seinem Vortrag verschiedene Mechanismen als mögliche Erklärung der von Fleischmann und Pons gemessenen Überschußwärme vor. Er behauptete, daß ungefähr 2,1 Watt Wärme pro Kubikzentimeter Palladium durch chemische Prozesse zu rechtfertigen seien. Fleischmann und Pons hätten aber ungefähr 10 Watt pro Kubikzentimeter gemessen. Folglich könne dieser Wärmeüberschuß nicht von einer chemischen Reaktion herrühren. Bockris Schlußfolgerung ist äußerst zweifelhaft, stützt sie sich doch nicht wirklich auf die von Fleischmann und Pons veröffentlichten Daten (0,1 bis 0,6 Watt pro Kubikzentimeter), sondern auf willkürlich angenommene Werte. Zudem ist Bockris Argumentation, wie auch die von Fleischmann und Pons, fehlerhaft.

Anstatt die entstandenen Nukleartеilchen als Beweis für die Kernfusion anzuführen, wurden beharrlich alle anderen möglichen wärmeliefernden Prozesse ausgeschlossen.

Es gab auch einige Vortragende, die behaupteten, die Elektrolyse von D_2O mit Palladiumkathoden liefere keine Wärme. Der wichtigste Vortrag über kalorimetrische Messungen wurde von zwei kanadischen Gruppen gehalten, die im Gegegensatz zu Fleischmann und Pons ein geschlossenes Kalorimeter benutzten. M.E. Hayden von der University of British Columbia in Vancouver hatte ein geschlossenes Kalorimeter entwickelt, das geeignet war, Messungen aus einer elektrolytischen Zelle mit einer Genauigkeit von 0,3% durchzuführen. In ihrer Zelle wurden die entstehenden Gase katalytisch rekombiniert. Dies hat den Vorteil, daß über die möglicherweise ohne Reaktion entweichenden Gase keine Spekulationen gemacht werden müssen. Haydens Gruppe fand bei zugeführter Energie von 4 bis 18 Watt keine überschüssige Wärmeentwicklung. Ähnliche Ergebnisse erhielt die Gruppe von J. Paquette von den Chalk River National Laboratories in Chalk River, Ontario, die ebenfalls Messungen mit einem geschlossenen Kalorimeter durchführten. Ihre Zellen wurden bei verschiedenen Bedingungen untersucht, wobei zugeführte und erzeugte Energie bis auf 2% übereinstimmten. Nach diesen Vorträgen mußte man sich fragen, wieso die Verfechter der Kalten Kernfusion immer noch offene Kalorimeter benutzten, obwohl geschlossene Kalorimeter genauere Werte lieferten.

Zusätzlich sollen hier zwei weitere Ergebnisse kalorimetrischer Untersuchungen elektrochemischer Zellen diskutiert werden. Redeys Gruppe vom Argonne National Laboratory benutzte ein Kalorimeter mit konstanter Wärmeverlustrate mit Stromdichten bis zu 500 mA/cm^2. Sie konnten bei keiner ihrer zahlreichen Zellen einen Wärmeüberschuß feststellen. Randolph von der Westinghouse Savannah River Company stellte auf einem Poster dar, daß ihr sehr genau arbeitendes Kalorimeter ebenfalls keine Wärmeerzeugung anzeigte.

Die meisten Anhänger der Kalten Kernfusion, die Wärmeüberschuß gemessen haben wollten, gaben an, ein Hauptcharakteristikum der Kalten Kernfusion sei das spontane Auftreten und die Irreproduzierbarkeit (obwohl einige behaupteten, 90% Erfolgsraten zu haben). Normalerweise ist die Irreproduzierbarkeit in den Wissenschaften ein negatives Zeichen, welches andeutet, daß irgendetwas grundsätzlich falsch ist. Daß diese Anhänger die Irreproduzierbarkeit plötzlich als positiv ansahen, ist in der Tat umwerfend. Überraschend ist auch ihr Glaube, daß die Größenordnungen der Fusionsprodukte und der entstandenen Wärme so weit auseinanderliegen können. Sie beharrten darauf, Kernfusion induziert zu haben, selbst wenn die Intensität der Fusionsprodukte weit unterhalb der proklamierten Wärmemenge lag. Fleischmann und Pons setzten sich über diese eklatante Inkonsistenz hinweg, indem sie ganz einfach behaupteten, ein bisher unbekannter Kernprozeß liefere die Wärme. Auch Bockris und einige andere wollten trotz der Diskrepanz zwischen Tritium- und Neutronenmengen daran glauben, daß dies ein Charakteristikum der Kalten Kernfusion sei. Um diese Diskrepanz zu erklären, beriefen sie sich auf den Oppenheimer-Philips-Effekt. Die meisten Anhänger aber, die in Santa Fe von so hohen Wärmemengen berichteten, daß allein eine Kernfusion diese verursacht haben könnte, mißachteten fundamentale Gesetzmäßigkeiten der Kernphysik.

Eine der Behauptungen, die seit Bekanntwerden der Kalten Kernfusion kursierte, war, daß es auf elektrochemischem Wege möglich sei, Deuteronen in das Palladiumgitter einzulagern, diese sollten sich dabei nahe genug kommen, um eine Nukleosynthese zu ermöglichen (vgl. dazu die Diskussion des Drucks in Kapitel 3). Daher diskutierten einige Arbeiten in Santa Fe die Frage der Deuteriumabstände im Palladiumgitter bei unterschiedlichen Konzentrationen. Peter Richards vom Sandia National Laboratory in Albuquerque stellte molekulardynamische Rechnungen zu den Abständen in Palladiumdeuteriden an, um die grundlegende Frage zu beantworten: „Wie nahe können Deuteriumkerne zusammenkommen", wenn sie im Palladiumgitter eingelagert sind. Er folgerte, der Abstand der Deuteronen (D-D) im Palladiumgitter könne höchstens so groß sein wie im zweiatomigen Molekül (0,074 nm), aber keinesfalls geringer. Andere, darunter auch F. Besenbacker von der University of Aarhaus und J. Mintmire, Naval Research Laboratory, kamen zu ähnlichen Ergebnissen. Peter Hagelstein, MIT, stellte die Frage, die jeden beschäftigte: „Kann jemand eine Theorie benennen, wonach Deuteriumkerne so nahe aneinander kommen, um eine Chance zur Fusion zu haben?“ Niemand im Auditorium konnte darauf eine Antwort geben.

Ein großer Teil der bei der Tagung vorgestellten Arbeiten befaßte sich mit dem Nachweis der verschiedenen Fusionsprodukte, Neutronen, Protonen, Tritium, ^{3}He, ^{4}He, Röntgen- und γ-Strahlen. Die meisten Autoren fanden innerhalb der Fehlergrenze keine Fusionsprodukte, wobei noch anzumerken ist, daß diese obere Grenze Größenordnungen unterhalb der von Fleischmann und Pons angegebenen lag. Obwohl dieser überwältigende Beweis die meisten Tagungsteilnehmer davon überzeugte, daß das Fleischmann-Pons-Phänomen keine Fusionsreaktion ist, gab es eine kleine Gruppe, die daran glauben wollte, und die fortwährend die Frage stellte: „aber nehmen wir an, es sei wahr?“ Die Aussicht auf eine unbegrenzte, billige, saubere und sichere Energiequelle war so verlockend, daß einige die Schlußfolgerungen aus den Nachweisen der Fusionsprodukte einfach nicht hinnehmen wollten. Sie mutmaßten, daß durch Verbesserung der elektrochemischen Techniken brauchbare Mengen an Fusionsenergie erzeugt werden könnten. Zu der Zeit waren Jones Neutronenmessungen die zuverlässigsten, und die lagen nur knapp oberhalb der Hintergrundstrahlung. Erhalten wurden diese durch Elektrolyse von D_2O in verschiedenen Elektrolyten und mit Palladium bzw. Titan als Kathoden. Sie zeigen aber schließlich auch, daß Kernfusion nicht die Ursache der Überschußwärme sein kann.

Fast alle Diskussionen über die Fusionsprodukte kreisten dann auch um die geringe, von Jones und seinen Mitarbeitern gefundene Neutronenintensität. Die Verfechter der Kalten Kernfusion benutzten Jones Ergebnisse, um die Richtigkeit ihrer Behauptungen zu untermauern, obschon sich die beiden Phänomene in den Reaktionsraten um 13 Größenordnungen unterscheiden! Das Unvermögen der Verfechter der Kalten Kernfusion, diesen fundamentalen Unterschied zwischen den Behauptungen der Brigham Young University und der University of Utah nachzuvollziehen, sorgte für viel Verwirrung. Außer der Gruppe der Brigham Young University gab es weitere Wissenschaftler, die Spuren von Neutronen nachweisen konnten, darunter die Gruppe von A. Bertin von der Universität Bologna (in Zusammenarbeit mit der Gruppe der Brigham Young University) und Wolfs Gruppe von der Texas A&M. Jones berichtete, daß die Reaktionsraten tatsächlich 6 mal kleiner wären als die ursprünglich von ihm veröffentlichten Daten von 10^{-23} Fusionen pro Deuteriumpaar und Sekunde. Diese Daten basierten auf einem einzigen Durchlauf, wobei sich ein Maximum der Fusionsrate von 0,4 pro Sekunde ergab. Die neuen Daten kämen durch Mitteln mehrerer Versuche zustande, was den Wert von 0,06 Fusionen pro Sekunde rechtfertigt. Die Versuche von Bertins Gruppe waren den ersten Versuchen der Brigham Young University sehr ähnlich. Sie benutzten Titanelektroden und eine 'Ursuppe' als Elektrolyten[2]. Durchgeführt wurden diese Versuche im italienischen Laboratorium am Gran Sasso Massiv, welches unterhalb des 1400 m hohen Monte Aquila liegt. Obgleich die Versuche unterirdisch durchgeführt wurden, war das überraschende Ergebnis, daß die Neutronenmenge der anfangs veröffentlichten entsprach. Die Bedeutung der Versuche von Bertin und Wolf war aber, daß deren Neutronenintensitäten in den gleichen Größenordnungen wie Jones lagen, sogar etwas höher, jedoch gleichermaßen an der Nachweisgrenze in dem jeweiligen Labor.

Alle drei positiven Neutronennachweise lagen aber unterhalb der Fehlergrenze, die von jenen vorgegeben wurde, die keine Neutronen nachweisen konnten. Immerhin gab es zwei Gruppen, deren Fehlergrenze für Neutronenmessungen für die Kalte Kernfusion unterhalb der von Jones gefundenen Intensitäten lagen. Eine dieser Gruppen war die von M. Gai geleitete Kooperation Yale-BNL. Er stellte seine Ergebnisse wie in Baltimore auch hier in Santa Fe vor. Seine Gruppe fand mit einem sehr empfindlichen Neutronendetektor eine Obergrenze der Neutronenintensität für elektrolytisch induzierte Kernfusion etwa eine Größenordnung unterhalb der von Jones gemessenen. Gai warf berechtigte Fragen zu all den positiven Ergebnissen der Santa Fe Tagung auf. Messungen von geringen Neutronenmengen bei hoher Hintergrundstrahlung stellten experimentelle Probleme dar. Die Reduzierung der Hintergrundstrahlung auf möglichst geringes Niveau sei unbedingt erforderlich. Wenn Bertin seine Experimente auch unterirdisch durchgeführt habe, so sei die

[2]Die Gruppe der BYU, deren Interesse der Kalten Kernfusion in der Natur galt, arbeiteten mit einem Elektrolyten, der Vulkansalze, Salze heißer Quellen und Salze des Elektrodenmetalls enthielt. Die vollständige Beschreibung der Zusammensetzung des Elektrolyten findet man in der ersten Veröffentlichung [*Nature* **338** (1989) 737].

Hintergrundstrahlung vermutlich wegen der γ-Strahlen mehr als eine Größenordnung höher als bei den Versuchen von Yale-BNL. Sicherlich waren die Nachweismethoden der Gruppe Yale-BNL hinsichtlich der Genauigkeit der Abschätzung der Hintergrundstrahlung besser als die der Gruppe von Bertin. Jones äußerte aber Zweifel, ob die Gruppe vom Yale-BNL die richtigen Elektrolyseversuche machten. Er behauptete, sie benutzten nicht die gleichen Elektroden aus gesintertem Titan- und Palladiumpulver. Diese Art von Beschuldigungen wurden häufig gegen jene erhoben, die keine Beweise für Überschußwärme bzw. Fusionsprodukte fanden. Um dieses Problem aus der Welt zu schaffen, forderte Gai Jones in der Öffentlichkeit auf, die Versuche im Yale-BNL zu wiederholen und fand Jones Zustimmung. Die Einzelheiten dieser Zusammenarbeit wurden noch während der Tagung abgesprochen. Es war genau die Art von Zusammenarbeit, die unser Ausschuß fördern wollte. Die Ergebnisse dieser Zusammenarbeit werden in Kapitel 8 vorgestellt.

Ein wirklich bemerkenswertes Experiment, welches noch genauer war als die unter Gai gemachten Versuche, wurde von Yves DeClais aus Annecy-le-Vieux vorgestellt, dem Sprecher mehrerer französischer Gruppen, die „Bugey collaboration“ benannt wurde. Sie führten ihre Versuche in einem Tunnel zwischen Frankreich und Italien durch, welcher sich durch extrem niedrige Hintergrundstrahlung auszeichnet; es wurde in fünf Tagen eine Zählrate von zwei Teilchen ermittelt. Oberhalb dieser schon sehr niedrigen Hintergrundstrahlung wurden keine weiteren Neutronen gezählt. Die Autoren fanden eine Obergrenze der Nachweisbarkeit der Neutronen, die noch Größenordnungen unter den Ergebnissen von Gais Gruppe lag. Um die Kritik an seinen Elektrolysevorrichtungen zu umgehen, lud DeClais auf der Tagung jeden an der Kalten Kernfusion interessierten ein, seine eigenen Zellen in dem Tunnel von Fréjus mit dem dort zur Verfügung stehenden hochempfindlichen Neutronendetektor zu untersuchen. Meines Wissens hatte ein Jahr später kein einziger das überaus großzügige Angebot angenommen. Eine andere interessante Frage wurde im Zusammenhang mit den niedrigen Neutronenintensitäten gestellt. Es war die Frage, ob diese Teilchen schubweise emittiert werden, wenn Deuterium in Metallgitter absorbiert wird. Solche Behauptungen, aber auch deren Dementis, wurden in Santa

Fe diskutiert. Zwei italienische und eine amerikanische Gruppe berichteten von Neutronenschüben. Es waren Scaramuzzis Gruppe aus Frascati, Gozzis Gruppe aus Rom und schließlich Menloves Gruppe aus Los Alamos (in Zusammenarbeit mit der Brigham Young University). Jede dieser Gruppen berichtete von Experimenten, die sich von dem ursprünglichen von Fleischmann und Pons grundsätzlich in der Aufladung der Metallkathoden unterschieden. Sie bedienten sich einer dynamischen Methode, wobei Deuteriumgas durch Druck und Temperatur (z.B. indem man die Temperatur in kurzer Zeit über mehrere hunderte Grad ansteigen läßt) in die Palladium- bzw. Titankathode eingelagert wird. Das Ergebnis der Menlove Gruppe lag wesentlich unter derjenigen der Gruppe um Scaramuzzi, die einen Bortrifluorid-Neutronendetektor benutzte. Von diesen Detektoren weiß man, daß sie extrem empfindlich auf Temperatur- und Feuchtigkeitsschwankungen wie auch auf Lärm reagieren. Gai lancierte dann auch den Appell, diese Bortrifluoriddetektoren für Nachweise bei der Kalten Kernfusion nicht zu benutzen.

Einige Gruppen, die ebenfalls die 'Frascati-Methode' anwendeten, fanden keine Neutronenschübe. Barwicks Gruppe an der University of California, Berkeley, versuchte, das bei der Fusion entstandene ^{3}He mit einem sehr effizienten Detektor nachzuweisen. Sie erhielten eine Obergrenze, die zwei Größenordungen unter der von Scaramuzzi lag. Negative Ergebnisse erhielten auch Hill (Iowa State University), Agrait (Universität Madrid), Schirber (Sandia National Laboratories) und McCracken (Chalk River National Laboratories).

Bei der Tagung in Santa Fe fragte man sich, welches die Neutronenquelle sei, wenn Kernfusion dafür nicht verantwortlich zeichnen könne. Eine durch kosmische Strahlung induzierte (Myonen) Kernfusion von Deuterium konnte auf Grund der Experimente von Nagamine (Japan) und seinen Mitarbeitern ausgeschlossen werden. Diese benutzten Myonen, die ein Beschleuniger lieferte, und fanden, daß die Myonen hauptsächlich vom Palladium eingefangen wurden. Es wurde noch ein anderer Prozess vorgeschlagen, bekannt als 'Bruchfusion' [18], der die sehr geringen Neutronenschübe verursache. Verantwortlich für diesen Effekt sei ein Bruch im Palladium- oder Titangitter. Dieses Phänomen wurde erstmalig in der russischen Literatur erwähnt. Boris Deryagin, wohlbekannt für die irrtümlichen Arbeiten am Polywasser, hatte zusammen mit Kollegen eine breite Untersuchung über Brüche in Festkörpern veröffentlicht, die geladene Oberflächen erzeugen. Eine Beschleunigung der Deuteronen an den Bruchzonen sollte die notwendige Energie für die Fusion liefern. Dieser Prozess bewirkt aber keine kalte Fusion, sondern angeblich heiße Fusion in mikroskopisch kleinen Zonen. Wir werden in Kapitel 8 darauf zurückkommen.

Eine der vielen Variablen bei der kalten Kernfusion ist die Beladung der Palladium- und Titankathoden mit Deuterium. Anhänger der kalten Fusion stritten sich in Santa Fe über die Bedeutung dieses Faktors, und einige gaben das Verhältnis Deuterium/Palladium in ihren Experimenten nicht einmal an. Durch eine Elektrolyse läßt sich ein D/Pd -Verhältnis bis zu 0,8 erreichen. Viel höhere Werte kann man durch Ionenimplantation erzielen. Auf diese Weise konnte Myers Gruppe vom Sandia National Laboratory ihre Untersuchungen bei einem D/Pd Verhältnis von 1,3 durchführen. Bezeichnenderweise gaben Fleischmann und Pons ihre D/Pd Werte nie bekannt, was es noch schwieriger machte, ihre Experimente zu überprüfen.

Etwa dreißig theoretische Beiträge wurden in Santa Fe vorgestellt. Einige gingen gleich davon aus, daß die Kalte Kernfusion eine Tatsache sei, und versuchten dann, das Phänomen zu erklären. Ähnlich war auch schon auf der Baltimore Tagung argumentiert worden. Solche hochspekulativen Theorien bestärkten die Fusionsenthusiasten in ihrem unbegründeten Optimismus. Dazu erwiesen sich diese Theorien oft als kurzlebig, und manche Autoren kamen nur wenig später zu entgegengesetzten Schlußfolgerungen. Ein Beispiel für eine solche Kehrtwendung war der Vortrag von Rafelski. In Baltimore hatte er noch behauptet, die Fusionsraten der BYU Gruppe könnten aus den bekannten Prinzipien der Kernphysik erklärt werden. In Santa Fe hingegen erklärte er: „Mit Abschirmung kann man die beobachteten Fusionsraten nicht erklären, zumindest nicht im Rahmen der konventionellen Physik; man muß schon Resonanz- oder Nichtgleichgewichtsphänomene heranziehen.“ Schließlich kam er zu dem Schluß, daß die theoretisch berechneten Fusionsraten bei Raumtemperatur erheblich unter den von Jones gemessenen lagen (eine Meinung, der sich die meisten Theoretiker anschlossen), und nur ein unbewiesener Prozeß, zum Beispiel die Bruchfusion, könne diese Neutronenintensitäten erklären.

Während der zweieinhalb Tage dauernden Konferenz erhielt unser Ausschuß einen Schnellkurs in allen Aspekten der Kalten Kernfusion und erfuhr aus erster Hand den Austausch von Meinungen und Widersprüchen zwischen Anhängern und Gegnern. Mein eigener Eindruck am Ende der Tagung, zwei Monate nach der ersten Presseinformation, läßt sich am besten als Antwort auf die folgende Frage formulieren: Hatte irgendein sorgfältig durchgeführtes Experiment, in dem sowohl Wärme als auch Fusionsprodukte gemessen wurden, ein signifikantes positives Ergebnis ergeben? Wenn man verlangte, daß Überschußwärme von entsprechenden Mengen an Fusionsprodukten begleitet sein mußte, war die Antwort ein kategorisches Nein!

Wenn man jedoch diese beiden Effekte voneinander trennte, und obige Frage für jedes Phänomen alleine stellte, fiele die Antwort etwas differenzierter aus. Betrachtet man zunächst die Frage der Überschußwärme, so muß man feststellen, daß die sorgfältigsten Versuche mit geschlossenen Kalorimetern keine Überschußwärme ergaben. Die Frage konnte aber nicht endgültig beantwortet werden, da es immer noch Gruppen gab, die vorgaben, positive Ergebnisse zu erhalten, wenngleich ihre Versuche unter dem Mangel litten, daß sie nicht reproduzierbar waren. Die Höhe der Überschußwärme war bei all diesen Berichten jedoch deutlich niedriger als die ursprünglich von Fleischmann und Pons proklamierte. Deutlich stellte sich bei der Tagung heraus, daß es keine Beweise für Fleischmann und Pons Hypothese gab, eine Kernfusion liefere die gemessene Wärme. Die Annahme von Fleischmann und Pons, es handele sich dabei um einen noch unbekannten Kernprozeß, ist letztlich Spekulation, die wissenschaftlich nicht zu rechtfertigen ist, schon gar nicht in der ausgereiften Disziplin der Nuklearphysik, die auf eine fünfzigjährige Geschichte zurückblicken kann.

Betrachtet man schließlich den Stand der Nachweise der Fusionsprodukte, so muß man auch feststellen, daß selbst bei den empfindlichsten Neutronenmessungen kein Hinweis auf Fusionsprodukte gefunden werden konnten, hingegen war es möglich, eine obere Grenze für die Entstehung der Neutronen festzulegen, die Größenordnungen unter den

Ergebnissen der Gruppe von Jones lag. Die einzige Möglichkeit, die Aussagekraft dieser Versuche zu entschärfen, war der Einwand, daß die Elektrochemie fehlerhaft sei. Bei den fünf Gruppen, die Neutronen nachweisen konnten, war die Intensität der Neutronen sehr gering. Aufgrund der Neutronenmessungen kann also gesagt werden, daß die Elektrolyse von D_2O keine brauchbare Energiequelle ist. Es gab keine wirklich überzeugende Beweise für Fusionsprodukte, weder Teilchen noch Röntgen- oder γ-Strahlen. Jene Gruppe der Texas A&M, die Tritium nachgewiesen hatten, vergaß die Hintergrundstrahlung zu berücksichtigen, zudem wurden auch für Tritium Grenzwerte unter denen von Jones festgestellten gefunden. Nachdem in Santa Fe niemand einen Mechanismus vorschlagen konnte, der die zur Kernfusion erforderliche Annäherung der Deuteriumkerne zu erklären vermochte, kreiste die Diskussion um andere denkbare Prozesse, die Neutronen liefern, wie die 'Bruchfusion'.

Diese Abschnitte spiegeln den Stand der Forschung der Kalten Kernfusion wieder, und zwar zu dem Zeitpunkt, als unser Ausschuß mit seiner Arbeit begann. Obwohl die Mitglieder des Ausschusses bereits seit einem Monat die verschiedenen Behauptungen über die Kalte Kernfusion prüften, hieß es jetzt, die Arbeiten zu intensivieren, da der erste Bericht innerhalb der folgenden sechs Wochen dem Energieministerium vorgelegt werden sollte. Am Abend des 24. Mai trafen sich die Mitglieder des Ausschusses und beschlossen, die wichtigsten Verfechter der Kalten Kernfusion so schnell wie möglich in ihren Labors aufzusuchen. Zuerst sollte die University of Utah besucht werden. Am Morgen des 25. Mai suchte ich noch vor Sitzungseröffnung Dr. James Brophy auf. Er zeigte sich sehr kooperativ und vereinbarte telefonisch ein Treffen mit Fleischmann und Pons. Dieses Treffen mußte noch vor Fleischmanns Abreise nach Southampton stattfinden. Später am Vormittag erhielt ich einen Anruf von Pons, der mir erklärte, daß jeder Besuch in seinem Labor abhängig sei von der Entlassung einiger Mitglieder des Ausschusses, von denen er glaubte, sie seien mißgünstig, oder von der Aufnahme anderer Mitglieder, die er für Anhänger der Kalten Kernfusion hielt. Ich versicherte ihm, daß der Ausschuß in seiner Zusammensetzung sehr ausgewogen und durchaus in der Lage sei, wissenschaftliche Arbeit ohne persönliche Vorurteile begutachten zu können. Nachdem ich Pons wissen ließ, die Mitglieder des Ausschusses stünden fest, stimmte ich nur ungern zu, die Mitglieder über seine Einwände zu informieren. Noch während der Tagung gaben mir die Mitglieder des Ausschusses einstimmig zu verstehen, daß die Zusammensetzung nicht verändert werde. Also wurde das Treffen an der University of Utah abgesagt.

Kapitel 7
Bericht des Ausschusses

Nach Bekanntgabe der kalorimetrischen Messungen durch Fleischmann und Pons versuchten viele Wissenschaftler, diese Versuche zu reproduzieren. Die meisten dieser Messungen verfehlten das Ziel, unter Berücksichtigung der Meßfehler Überschußwärme nachzuweisen. Trotzdem gab es eine Reihe eiserner Anhänger, die fortwährend behaupteten, Überschußwärme beobachtet zu haben. Außer Fleischmann und Pons waren es Milton E. Wadsworth, Professor für Metallurgie an der University of Utah; Bockris, Appleby und deren Mitarbeiter an der Texas A&M sowie Huggins an der Stanford University. Die sechs Wochen, die dem Ausschuß bis zur Abgabe des ersten Zwischenberichts blieben, sollten dazu genutzt werden, sechs Laboratorien zu besuchen, um sich vor Ort einen Eindruck von den Methoden, Apparaturen und der Art und Weise, wie die Experimente durchgeführt wurden, zu machen. Geplant waren Besuche bei den drei oben erwähnten Universitäten; bei Jones an der Brigham Young University; bei McKubre am Stanford Research Institute, die kalorimetrische Untersuchungen machten, und bei der Gruppe von Lewis und Barnes an dem Caltech, die ja in einer Serie von Versuchen weder Überschußwärme noch Fusionsprodukte in ihren elektrochemisch geladenen Palladiumzellen beobachteten.

Unmittelbar nach meiner Rückkehr aus Santa Fe verhandelte ich erneut mit Brophy und konnte schließlich für einige Mitglieder des Ausschusses[1] einen Termin für einen Besuch an der University of Utah am 2. Juni 1989 ausmachen. Wir waren besonders daran interessiert, die Fleischmann-Pons Zellen im Einsatz zu sehen und aus erster Hand die kritische Eichung kennenzulernen, die so wichtig für die Berechnung der

[1] Die Elektrochemiker Faulkner und Miller schlossen sich dem Ausschuß an, ehe er die University of Utah besuchte.

gewonnenen Energie war. Es stellte sich jedoch heraus, daß Pons diese Eichdaten während unseres Aufenthaltes nicht finden konnte! Ob die Zellen Überschußenergie liefern oder nicht, kann man ohne die Eichung nicht beurteilen, so daß in dieser Hinsicht unser Besuch erfolglos war. Pons versprach zwar, uns die Daten in den nächsten Tagen zu schicken, noch ehe wir unseren Zwischenbericht schreiben mußten. Dieses Versprechen hat er nie gehalten. Während unseres Aufenthaltes in Utah besuchten wir auch das Labor von Milton E. Wadsworth, der auch Überschußenergie gefunden haben wollte. An der Texas A&M besuchten wir vier Gruppen: die von Appleby, Bockris, Martin und Wolf.

Diese Besuche waren insofern sehr enttäuschend, als wir bei keiner der Gruppen, die positive Ergebnisse gemeldet hatten, auch nur eine einzige Zelle sahen, die Energie produzierte! Wir konnten jedoch diverse Unsicherheiten und Probleme bei einigen Experimenten ausfindig machen, insbesondere fragwürdige Eichungen und ungenaue Datenerfassung. Diese Punkte waren besonders wichtig, weil in vielen Fällen die positiven Ergebnisse nicht reproduziert werden konnten, selbst wenn man die Experimente unter identischen Bedingungen wiederholte. Die Verfechter der Kalten Fusion gaben viele Gründe an, warum die meisten Experimentatoren keine Überschußwärme finden konnten. Sie behaupteten, dies läge an einer zu kurzen Elektrolysezeit, zu kleinen Stromdichten, Materialfehlern, Verunreinigungen, etc. Sah man sich aber die Experimente von den Gruppen an, die positive Ergebnisse berichteten, so fand man, daß ein weiter Bereich von Zellparametern benutzt wurde. Einer dieser Verfechter behauptete, man benötige eine Grenzstromdichte von 100 mA/cm^2, damit die Zelle Energie liefere, während ein anderer auf Stromdichten von 8 bis 64 mA/cm^2 beharrte. Andere wieder beriefen sich auf besonders lange Elektrolysezeiten für die Energiegewinnung, während einige mit ähnlichen Zellen behaupteten, schon nach einigen Stunden erfolgreich zu sein. Daraus konnte man nur schließen, daß niemand, auch nicht die geringste Ahnung hatte, wieso die Ergebnisse irreproduzierbar waren; lag es an den unterschiedlichen Materialien, oder waren es Variationen im Versuchsablauf? Die Irreproduzierbarkeit und der sporadische Charakter der Kalten Kernfusion, die sogar von den überzeugsten Anhängern zugegeben wurde, war für die Kritiker ein

Grund, diesem Phänomen die Wissenschaftlichkeit abzusprechen.

Während der Beratungen standen dem Ausschuß ganze Romane von veröffentlichten und unveröffentlichten Berichten von Laboratorien außerhalb und innerhalb der USA zur Verfügung. Die Hauptarbeit des Ausschusses sowie das Verfassen des Zwischenberichts wurde in Unterausschüssen, die sechs Monate lang sorgfältig arbeiteten, durchgeführt. Die endgültigen Entscheidungen sowie der Abschlußbericht sollten in vier Plenarsitzungen, an denen alle Mitglieder teilnahmen, erarbeitet werden. Diese Sitzungen waren öffentlich und erlaubten vor allem der Presse, aus erster Hand über die unterschiedlichen Standpunkte der Mitglieder zu berichten. Beratungen und Ausformulieren des Berichts unter den gleißenden Scheinwerfern der Fernsehanstalten war nicht immer angenehm, es war aber eine von allen Mitgliedern akzeptierte Möglichkeit, unsere Arbeit so transparent wie möglich zu gestalten.

Wie sie sich vorstellen können, berichteten Fernsehen, Presseagenturen und die Presse selbst sehr schnell von unseren öffentlichen Beratungen. Manchmal verbreiteten sie Meldungen, noch bevor das letzte Wort dazu gesprochen wurde. Ein Beispiel für die schnelle und genaue Analyse der komplexen Überlegungen des Ausschusses ist der Bericht der *NBC Nightly News* am 11. Juli 1989, der die Aussage von Tom Brokaw noch am Sitzungstag übermittelte: „In den USA wird heute etwas kaltes Wasser auf die Idee der Kalten Kernfusion geschüttet. Der zweiundzwanzig führende Wissenschaftler umfassende Ausschuß, der vom DOE berufen wurde, berichtet, keine Hinweise gefunden zu haben, daß die Kalte Kernfusion eine neuartige, nutzbare Energiequelle darstelle. Der Ausschuß empfiehlt, die Regierung solle keine der vorgeschlagenen Projekte zur Kalten Kernfusion unterstützen.“

Am folgenden Morgen, als der Ausschuß den Zwischenbericht [1] fertigstellte, gab es in den Abendnachrichten den Bericht mit dem Titel: „Der Ausschuß widerlegt die Kalte Kernfusion“

John Palmer: Ein von der Regierung berufener Ausschuß von Wissenschaftlern ist bereit, den Bericht über den kontroversen wissenschaftlichen Prozeß, der sogenannten Kalten Kernfusion, zu veröffentlichen.

Robert Bazell, Wissenschaftsjournalist, hat Nachforschungen angestellt. Er berichtet von den Ergebnissen:

Robert Bazell: Zweiundzwanzig führende, vom DOE berufene Wissenschaftler bilden die erste offizielle Gruppe, die sich mit dem Phänomen der Kalten Kernfusion befaßt. Die Mitglieder besuchten das Labor in Utah, in dem Dr. Martin Fleischmann und Dr. Stanley Pons behaupteten, Kernfusion in einem Becherglas induziert, die Energie der Sonne gezähmt zu haben. Pons und Fleischmann deuteten an, möglicherweise eine billige Energiequelle für die Welt gefunden zu haben. Dem sei nicht so, befindet der Ausschuß in seinem Zwischenbericht. Es gebe keine überzeugenden Beweise dafür, daß die Kalte Kernfusion jemals signifikante Energiemengen liefere.

Trotzdem wollten viele Pons und Fleischmann glauben, und so berichteten einige Wissenschaftler, sie hätten Teile des Versuchs reproduziert, während andere vorhersagten, die Kalte Kernfusion sei zu schön, um wahr zu sein.

Dr. Robert Park (APS): Es ist eine Geschichte, wie sie die Amerikaner lieben. Es ist die Geschichte von den Managern der New York Yankees, die einige Bauernburschen beobachten, die mit Steinen nach Eichhörnchen werfen, sie mit nach New York nehmen, und mit ihnen die Weltmeisterschaft gewinnen. Aber sicherlich wird das nie geschehen.

Bazell: Es scheint, als ob die Kalte Kernfusion als eine der Pleiten in die Geschichte der Wissenschaft eingehen wird.

Die Ergebnisse der intensiven Untersuchung der Kalten Kernfusion sind wohlbekannt und in zwei Veröffentlichungen des DOE herausgegeben worden [2]. Die Zusammenfassung und Empfehlung dieser Berichte werden hier wiedergegeben.

Zusammenfassung

1. Aufgrund der Untersuchungen der veröffentlichten Berichte, Vorabdrucke, zahlreicher Mitteilungen und der Laborbesuche der Mitglieder kommt der Ausschuß zum Schluß, daß die experimentellen Ergebnisse kalorimetrischer Messungen keine überzeugende Beweise dafür liefern, daß die Kalte Kernfusion eine nutzbare Energiequelle darstellt.

2. Die meisten Experimentatoren, die kalorimetrische Untersuchungen, sei es mit offenen oder geschlossenen Zellen, durchführten und dabei Palladiumkathoden und schweres Wasser verwendeten, konnten weder Überschußwärme noch Fusionsprodukte nachweisen. Andere hingegen fanden Überschußwärme, aber entweder keine oder erheblich weniger Fusionsprodukte, als der Wärme entspreche. Inkonsistenzen und die mangelnde Vorhersagbarkeit und Reproduzierbarkeit bleiben eine ernsthafte Sorge. In keinem der bekannten Experimente entsprechen die Fusionsprodukte der Überschußwärme. Konnte Tritium nachgewiesen werden, fand man weder primäre noch sekundäre Fusionsprodukte, was die D+D Reaktion als mögliche Tritiumquelle ausschließt. Der Ausschuß kommt zu dem Schluß,

daß die bis jetzt bekannten Experimente keine ausreichenden Beweise liefern, daß die ungewöhnliche Wärmeentwicklung mit einem Kernprozeß in Verbindung gebracht werden kann.

3. Die Behauptung, bei der Elektrolyse von schwerem Wasser entstünden geringe Mengen an Neutronen, wenig oberhalb der Hintergrundstrahlung, finden keine Anwendung bei der Energiegewinnung. Experimente mit ausgefeilteren Zählvorrichtungen und verbesserter Abschirmung haben kürzlich keine Fusionsprodukte nachweisen können, haben aber die Fehlergrenze der Fusionswahrscheinlichkeit für diese Art von Experimenten weit unterhalb der ursprünglichen Grenze angesetzt. Infolge der vielen negativen Ergebnisse und der geringen statistischen Bedeutung der positiven Ergebnisse kommt der Ausschuß zu dem Schluß, daß es derzeit für die Entdeckung eines neuen Kernprozesses, der Kalten Kernfusion, keine stichhaltigen Beweise gibt.

4. Die sehr umfangreiche Literatur experimenteller und theoretischer Ergebnisse für Wasserstoff in Festkörpern liefert keine Hinweise auf die Kalte Kernfusion. Insbesondere fehlt der Beweis, daß der D-D Abstand geringer werden kann als im zweiatomigen Molekül, oder daß man beträchtliche 'Einschlußdrücke' erreichen könne. Das bekannte Verhalten des Deuteriums in Festkörpern läßt die Möglichkeit einer erhöhten Fusionswahrscheinlichkeit durch die Anwesenheit von Palladium, Titan oder einem anderen Element nicht zu.

5. Kernfusion bei Raumtemperatur des im Bericht diskutierten Typs widerspricht jedem im letzten halben Jahrhundert erlangten Verständnis von Kernprozessen; es bedürfe der Entdeckung eines völlig neuen Kernprozesses.

Empfehlungen

1. Der Ausschuß spricht sich gegen eine besondere Förderung zur Erforschung des der Kalten Kernfusion zugeordneten Phänomens. Ebenso sprechen wir uns auch gegen spezielle Forschungsvorhaben und die Einrichtung eines Forschungszentrums für Kalte Kernfusion aus.

2. Der Ausschuß ist für bescheidene Unterstützung sorgfältig geplanter und kooperativer Experimente im Rahmen der existierenden Förderungsprogramme.

3. Was die Wärmeerzeugung betrifft, so sollte die Fusionsforschung sich darauf konzentrieren, das Entstehen von Überschußwärme entweder zu bestätigen oder zu widerlegen. Die Kalorimetrie sollte vorzugsweise mit geschlossenen Zellen durchgeführt werden, in denen die entstehenden Gase wieder rekombinieren. Wichtig sind ferner die Verwendung alternativer kalorimetrischer Methoden, wohldefinierte Materialien, Austausch zwischen den verschiedenen Gruppen und sorgfältige Schätzung systematischer und zufälliger Fehler. Kooperationen sollen Behauptungen und Dementis der Kalorimetrie überprüfen.

4. Der Hauptmangel der meisten Experimente, die Überschußwärme geliefert haben sollen, ist, daß sie nicht gleichzeitig von den entsprechenden Mengen an Fusionsprodukten begleitet wurden. Falls die Überschußwärme auf Kernfusion zurückzuführen ist, sollte solch eine Behauptung durch den Nachweis der Fusionsprodukte in entsprechender Höhe unterstützt werden.

5. Die Beobachtung von Tritiumentwicklung in elektrolytischen Zellen sollte untersucht werden.

6. Experimente, die Fusionsprodukte (z.B. Neutronen) in geringen Mengen ergaben, sind, wenn sie bestätigt werden, rein wissenschaftlich interessant, sie stellen aber keineswegs den Durchbruch für die Energieversorgung dar. Angesichts der Schwierigkeiten, die bei diesen Experimenten auftreten, sind Kooperationen wünschenswert, um die Effizienz der Detektoren zu erhöhen und die Hintergrundstrahlung zu minimieren.

Nachdem sich unser Ausschuß sechs Monate dem Studium der unzähligen veröffentlichten und unveröffentlichten Berichte und Mitteilungen gewidmet hatte, stimmten die Ansichten der einzelnen Mitglieder soweit überein, daß wir einstimmig über die Zusammenfassung und Empfehlungen abstimmen konnten. Am letzten Tag der öffentlichen Sitzungen des Ausschusses (31. Oktober 1989) ereignete sich eine kleine Katastrophe. Norbert Ramsey, der stellvertretende Vorsitzende des Ausschusses, war nach der Erstellung des Zwischenberichts ins Ausland gegangen und nahm folglich nicht mehr an den Untersuchungen und Beratungen teil. Er traf am letzten Sitzungstag ein, als Änderungen im Bericht schon durchgeführt worden waren, und fragte mich (als Vorsitzenden), ob er eine vorbereitete Stellungnahme vorlesen dürfe. Zu unserem großen Erstaunen entpuppte sich diese Stellungnahme als Rücktrittsgesuch. Ramsey stellte die Gründe für seinen Rücktritt dar, die mit seinem Fehlen in den vier letzten Monaten in Verbindung gebracht werden konnten. Als er fortfuhr, mußte ich aber folgern, daß die Hauptgründe seines Rücktrittsgesuchs andere waren, nämlich Druck auszuüben, um den Ausschuß davon zu überzeugen, ein Vorwort aufzunehmen, das die Aussagekraft des Berichts schwächen sollte. Er wolle sein Rücktrittsgesuch sofort zurückziehen, falls sich der Ausschuß zur Aufnahme seines Vorworts entschied. Es hätte dem Ansehen geschadet, wenn ein Nobelpreisträger den Ausschuß kurz vor Vollendung des Berichts verlassen hätte. Angesichts dieser prekären Lage, drei Stunden vor Entlassung des Ausschusses, stimmte dieser für die Aufnahme des Vorworts und damit gegen die Entlassung von Ramsey, aber unter der Bedingung, daß das Vorwort geringfügig verändert werde. Ramseys Vorwort wird unten wiedergegeben. Im endgültigen Bericht steht es vor der Zusammenfassung und den Empfehlungen.

> Normalerweise sollen wissenschaftliche Entdeckungen konsistent und reproduzierbar sein; sind die Experimente nicht zu kompliziert, kann die Entdeckung innerhalb weniger Monate bestätigt oder widerlegt werden. Die Behauptungen der Kalten Kernfusion sind jedoch unüblich, geben doch die stärksten Proponenten zu, daß die Experimente aus ungeklärten Gründen gegenwärtig nicht konsistent und reproduzierbar sind. Gleichwohl wäre eine auch noch so kurze, aber gültige Periode der Kalten Kernfusion revolutionär. Daher ist es schwierig, auf überzeugende Weise alle Behauptungen um die Kalte Kernfusion zu bewerten, zumal alle guten Experimente, die keine Bestätigung der Kalten Kernfusion ergaben, einfach aus unerklärlichen Gründen als mißlungen betrachtet werden könnten. Ebenso kann das Fehlen einer Theorie zur Kalten Kernfusion mit dem Argument entkräftet werden, daß die richtige Erklärung und Theorie noch nicht gefunden worden ist. Folglich kann man aufgrund der vielen widersprüchlichen Behauptungen derzeit keine endgültige Entscheidung treffen, ob die Kalte Kernfusion bestätigt oder widerlegt wurde. Nichtsdestotrotz hat sich der Ausschuß für folgende ausgewogene Zusammenfassung und Empfehlung entschieden.

Meiner Ansicht nach ist dieses Vorwort vage und ausweichend und erzeugt den Eindruck, daß die Experimente nicht konsistent und reproduzierbar sind. Es wäre tatsächlich revolutionär gewesen, wäre ein einziger Versuch zur Kalten Kernfusion geglückt! Das war aber gerade der Beweis, der von den Verfechtern nicht geliefert werden konnte. Wie in allen Gebieten der Wissenschaft, war es auch hier sicherlich nicht möglich zu behaupten, die Kalte Kernfusion sei endgültig bestätigt oder widerlegt. Manche Wissenschaftler werden weiterhin den experimentellen Ergebnissen oder einer überholten Theorie glauben, obwohl es genügend Beweise dagegen gibt. Der Ausschuß war bereit, die oben angeführte Warnung zu akzeptieren, die den Bericht etwas entkräftete, dafür bestand er darauf, den Bericht einschließlich eines besonders aussagestarken Absatzes in der Zusammenfassung unverändert zu lassen [3]. Rückblickend war Ramseys Insistieren auf das Vorwort wohl eher ein Akt der Ehrerbietung an zwei Kollegen, beide Nobelpreisträger der Theoretischen Physik. Ramsey hatte noch vor Fertigstellung unseres Zwischenberichts eine Mitteilung von Professor Julian Schwinger (UCLA) und Willis E. Lamb, jun. (University of Arizona) erhalten, die eine Erklärung für Kalte Kernfusion im Atomgitter gefunden hatten. Beide veröffentlichten später ihre Ergebnisse, auf die ich noch zurückkommen werde.

Der erste Punkt der Zusammenfassung umfaßte die Meinung des Ausschusses über die Überschußenergie der elektrochemisch geladenen Palladiumzelle. All jene, die an einer Auflistung der Gruppen mit positiven oder negativen Ergebnissen zur Überschußenergie interessiert sind, sollten die Tabelle im Schlußbericht unseres Ausschusses konsultieren. In dem Bericht wird festgehalten: „In den meisten Fällen sind die der Überschußenergie zurechenbare kalorimetrischen Effekte sehr klein," und: „Die kalorimetrischen Messungen sind kompliziert und könnten auf subtilen Fehlern an vielfältigen experimentellen Problemen beruhen" [4]. Es hatte sich gezeigt, daß die kalorimetrischen Messungen problematischer waren, als ursprünglich angenommen. Ungenauigkeiten ergeben sich bei der Eichung: wenn zu wenige Zellen als Referenzen getestet werden; wenn die Fehler nicht richtig abgeschätzt wurden; wenn elektrische Fehler auftreten (ein Forscher hatte Schwierigkeiten mit Kurzschlüssen in seinem Kalorimeter, was er schnell als Beweis für die Kalte Kernfusion veröffentlichte, bevor er verstanden hatte, wie seine Apparatur funktionierte); durch Annahme der Rekombination der Deuterium- und Sauerstoffgase. Es ist auch, wie unser Bericht darlegt, wichtig zu erkennen:

> Bei den meisten Messungen der Überschußwärme wurde eigentlich die Leistung gemessen, und die Daten dieser Experimente haben nicht eindeutig gezeigt, daß die gesamte erzeugte Energie (als Wärme und chemische Energie) integriert über die Zeit, in der die Zelle läuft, die gesamte zugeführte elektrische Energie übersteigt. Nach der Beurteilung der Berichte der verschiedenen Laboratorien, unter Berücksichtigung der experimentellen Schwierigkeiten und den Problemen mit der Eichung sowie der Inkonsistenzen und Irreproduzierbarkeit beim Phänomen der Überschußwärme, fanden wir nicht, daß die fortlaufende Erzeugung von Überschußwärme eindeutig gezeigt wurde.

Pons stimmte mit den Schlußfolgerungen unseres Ausschusses nicht überein, insbesondere nicht mit unserer Feststellung, daß ihre kalorimetrische Eichung und ihre Fehleranalyse fragwürdig seien. Er schrieb mir am 19. September 1989:

> Sie können sich vorstellen, daß wir mit den Behauptungen Ihres Komitees bezüglich der Genauigkeit unserer kalorimetrischen Messungen nicht einverstanden sind. Wie haben die maximalen Fehlergrenzen für unsere Experimente bestimmt, bevor wir unsere erste Publikation einreichten, und haben sie dort auch angegeben.

Da ich diese Informationen nicht finden konnte, schrieb ich ihm am 16. Oktober zurück:

> Ich nehme an, Sie beziehen sich auf Ihre Publikation im *J. Electroanal. Chem.* **261** 301 (1989). Dort finde ich aber keine Diskussion der verschiedenen Fehler, die bei der Kalorimetrie mit offenen Zellen auftreten können. Ferner finde ich auch keine Angaben über die Eichung der Zellen und den damit verbundenen Schwierigkeiten. Würden Sie mir bitte mitteilen, wo Sie diese Informationen veröffentlicht haben?

Pons hat mir nie darauf geantwortet. Ich erhielt jedoch einen Brief von Martin Fleischmann, datiert auf den 9. November, in dem er schrieb, daß er in seinem wie auch in Pons Namen antworte. Ich schätzte zwar die Tatsache, daß er mir antwortete, doch ging er auf meine Fragen nicht ein. Hier ist ein Auszug aus seinem Schreiben:

> Es scheint für manche Leute schwierig zu begreifen, daß diese Arbeit nur eine vorläufige Veröffentlichung war. Solche Publikationen dürfen eine bestimmte Länge nicht überschreiten, und so konnten wir weder auf die einzelnen Beiträge zum Gesamtfehler eingehen noch angeben, wie wir zu diesen Zahlen kamen. Wie Sie wissen, wollten einige Mitglieder Ihres Ausschusses den Text unseres ausführlichen Manuskriptes zu diesem Thema haben (das noch nicht ganz fertiggestellt ist, wohl aber der Teil, den Sie brauchen). Wir erwogen, diese Bitte zu erfüllen, haben uns aber dagegen entschieden, weil uns keine Geheimhaltung zugesichert wurde.

Wie dieses obige Beispiel zeigt, legten Pons und Fleischmann bei ihrem Umgang mit anderen Wissenschaftlern einen viel zu großen Wert auf Geheimhaltung. Da alle Sitzungen unseres Ausschusses öffentlich waren, konnten wir natürlich keine Vertraulichkeit garantieren. Dieser Mangel an Offenheit war eher ein Problem bei den Wissenschaftlern am National Cold Fusion Institute. Hugo Rossi, der erste kommissarische Leiter des Instituts, förderte zwar den freien Austausch von Informationen, konnte diese Politik aber nicht ganz durchsetzen. Geheimniskrämerei führt nur zu Nachlässigkeiten und zweitklassiger Forschung und schadet dem wissenschaftlichen Fortschritt.

Nachdem der Abschlußbericht fertiggestellt war, gab es noch einige Änderungen bei den Gruppen, die positive oder negative Ergebnisse beim Nachweis von Überschußwärme gefunden hatten. Die Gruppe von Prof. R.A. Oriani, University of Minnesota, war eine von denen, die zu jener Zeit Überschußwärme erhielten. Ihre Ergebnisse fanden große Beachtung. Sie beruhten auf zwei Messungen, von denen eine nur schwach positiv (ca. 5%) war, während die andere eine Energieerzeugung von 2 % ergab [5]. Oriani beschränkte sich aber auf Kalorimetrie und versuchte nicht, Neutronen, Tritium, Röntgen- oder γ-Strahlen nachzuweisen. Seit sie Ende 1989 ihr Kalorimeter umgebaut hatten, fanden sie keine Überschußwärme mehr!

Eine der faszinierenden Episoden der Forschung um die Kalte Kernfusion ist die der Brüder L.J. und T.F. Droege, der eine Metallurge, der andere Elektroingenieur. Als sie von Fleischmann und Pons Experiment aus den Abendnachrichten des öffentlichen Fernsehens erfuhren, begannen die beiden Brüder sofort damit, im Keller des Hauses von T.F. Droege ein Kalorimeter zu bauen. T.F. Droeges Arbeitgeber, das Fermi National Laboratory bei Chicago, hatte ihm verboten, während seiner Arbeitszeit an der Kalten Kernfusion zu arbeiten. Die beiden Brüder waren aber so von der Richtigkeit der Experimente von Fleischmann und Pons überzeugt, daß sie viele Stunden ihrer Freizeit und ihre eigenen finanziellen Mittel einsetzten, um diese zu überprüfen. Irgendwann, als wir an unserem Schlußbericht arbeiteten, kursierte das Gerücht, daß die Kalte Kernfusion am Fermi National Laboratory bestätigt worden sei. Während die Droeges an ihrer Apparatur arbeiteten, reagierten sie kritisch auf die Berichte der Gruppen, die unter vielen unterschiedlichen Bedingungen keine Beweise für Überschußwärme fanden. Zudem beschuldigten sie Hochenergiephysiker, die die Gültigkeit dieser ungewöhnlichen Messungen nicht akzeptieren wollten, sich gegen neue Ideen zu sperren. Die gleichen Anschuldigungen richteten sie auch an unseren Ausschuß. Ursache dieser Beschuldigungen war die Diskussion T.F. Droeges mit einigen Hochenergiephysikern während eines Forschungsaufenthaltes in Beckenridge, Colorado. Droege glaubte, die Physiker seien zu dieser negativen Einstellung zur Kalten Kernfusion gekommen, ohne die geeigneten Veröffentlichungen über das Phänomen zu lesen. Er ging davon aus, daß die Ausschußmitglieder ähnlich negativ urteilen würden, und äußerte sich mir gegenüber, als die Anhörung beendet war: „Die Schlußfolgerungen ihres Ausschusses sind nicht überraschend. Laden Sie zweiundzwanzig 'Wissenschaftler' von der Straße ein und zwanzig werden voreingenommen sein. Die zwanzig werden die zwei sehr bald überstimmt haben, und es entsteht ein Bericht wie Ihrer." Diese Einschätzung der sechs monatelangen Arbeiten unseres Ausschusses spiegelt die Ansichten derer wider, die an das Fleischmann-Pons-Phänomen glaubten. Mehr als einmal wurden solche Leichtgläubigen von einer großen Illusion berauscht und getäuscht. Gute neuere Beispiele dafür sind Laeterils Krebstherapie und Lysenkos Vererbungslehre. Meistens entspringt die Illusion einem übergroßen Wunsch, wie der Heilung des Krebs. Die Kalte Kernfusion war sicherlich ein ähnlich großer Traum.

Es spricht für die Droeges, daß sie ein empfindliches Kalorimeter konstruierten und die Ergebnisse ihrer Messungen auf der ersten Tagung zur Kalten Kernfusion (First Annual Conference on Cold Fusion, 28. - 31. März 1990) in Salt Lake City vorstellten. Eines ihrer Ziele war es: „die ersten zu sein, die den Weltrekord für ein mit Kalter Kernkraft betriebenes Auto aufstellen." Ihren Enthusiasmus für die Kalte Kernfusion erklärten sie „wir zeigen absichtlich unseren Enthusiasmus, versuchen aber, objektiv zu berichten." Sie hatten einen kleinen Energieüberschuß von 4 % an Palladiumelektroden gefunden, erheblich weniger als einige andere Gruppen. Sie fügten jedoch hinzu: „wir hatten aber genügend Tests mit normalem Wasser, die zuviel Wärme erzeugten, und Experimente mit D_2O, die wenig oder gar keine Überschußwärme ergaben, so daß unsere Ergebnisse vielleicht statistisch nicht signifikant sind." Dies ist ein Beispiel für überzeugte Anhänger der Kalten Fusion, die nur eine geringe Energieerzeugung fanden und daraus schlossen, daß es sich um normale Schwankungen handeln könne. Im Gegensatz dazu waren viele Anhänger nicht annähernd so sorgfältig in der Fehleranalyse. Dies lag zum Teil an der überaus geladenen Atmosphäre der Zeit, in der man überstürzt nach Wärmeerzeugung forschte und positive Ergebnisse kundtat, ohne die notwendigen Kontrollen durchgeführt zu haben. Dieses Klima führte zu allen möglichen Fehlern. Daß sich die positiven Ergebnisse nicht reproduzieren ließen, hielt die Anhänger nicht davon ab, verschiedene inkonsistente Behauptungen zu verkünden.

Die zweite Schlußfolgerung unseres Ausschusses faßt die Ergebnisse von zwei Kategorien von Experimentatoren zusammen. Die erste Kategorie umfaßte die größere Gruppe von Forschern, die an offenen oder geschlossenen Zellen kalorimetrische Untersuchungen durchführten und weder Überschußwärme noch Fusionsprodukte fanden. Die zweite Gruppe fand zwar Überschußwärme, aber entweder gar keine Fusionsprodukte oder nur geringe Mengen, erheblich weniger als ihrer Wärmemessung entsprach. Zur ersten Kategorie gehörte das Team von Lewis und Barnes am Caltech, deren Arbeiten wir schon in Kapitel 6 diskutiert haben. Zu einer anderen Gruppe dieser Art gehörten elf Wissenschaftler vom Harwell Laboratorium in England, die von dem Elektrochemiker D.E. Williams geleitet wurde. Diese hatten schon frühzeitig umfangreiche Untersuchungen angestellt, mit drei verschiedenen Arten von Kalorimetern, empfindlichen Teilchenzählern und an verschiedenen Materialien. Sie fanden keinerlei Anzeichen für die Kalte Fusion. Während der Arbeit unseres Ausschusses hielt uns Williams über seine Ergebnisse, die mittlerweile in *Nature* [6] veröffentlicht wurden, auf dem laufenden. Williams Gruppe war der Ansicht, daß nicht identifizierte zweifelhafte Effekte, wie das Rauschen des Neutronendetektors, kosmische Strahlung sowie leichte Variationen und Eichungsfehler des Kalorimeters zu den Mutmaßungen von Fleischmann und Pons führten. Williams negative Ergebnisse waren besonders bedeutend, da Williams und Fleischmann früher eng zusammengearbeitet hatten. Eine intensive Zusammenarbeit der beiden ergab sich während eines Aufenthaltes Fleischmanns beim Harwell Laboratory. Tatsächlich besuchte Fleischmann Williams am 14. Februar 1989, also gut fünf Wochen vor der Pressekonferenz, und stellte einige seiner Beobachtungen vor. Während dieses Aufenthalts wurde ein Strahlunsgmonitor, wie er in der Medizin verwendet wird, Fleischmann zur Verfügung gestellt. Anfang März gab Fleischmann Williams Anweisungen zur Präparierung einer Zelle und ließ ihm zwei Zellen zukommen, die Williams auf Neutronen hin untersuchen sollte. Ich verstehe es durchaus, daß die beiden ihre Kontakte reduzierten, während sie an der Kernfusion arbeiteten. Fleischmann kam am 28. März nach Harwell, um dort seine Ergebnisse vorzustellen. Er verteilte bei dieser

Gelegenheit auch gleich einige Kopien des Artikels aus dem *Journal of Electroanalytical Chemistry*.

Am 15. Juni wurde in Harwell eine Pressekonferenz einberufen, um mitzuteilen, daß die Forschung zur Kalten Kernfusion abgeschlossen sei:

> Die möglichen Gewinne und das wissenschaftliche Interesse an der Kalten Kernfusion wie auch die Notwendigkeit, die Regierung zu informieren und zu beraten, erforderten eine Untersuchung des Phänomens. Bis heute waren die Ergebnisse aber eher enttäuschend, und wir können es nicht verantworten, noch weitere Mittel für diese Forschung zu opfern... Diese Arbeit hat indessen gezeigt, daß wir in kürzester Zeit ein sorgfältiges Programm in der Grundlagenforschung aufbauen können, welches ein anspruchsvolles Zusammenwirken von wissenschaftlicher Expertise und Ausrüstung erfordert, was eines der einzigartigen Eigenschaften der britischen Atomic Energy Authority ist.

In Harwell glaubte man, daß die Experimente 320.000 Pfund gekostet hätten, und daß zudem 4.000.000 Pfund für Ausrüstung ausgegeben worden seien. Die Entscheidungen dieser interdisziplinären Gruppe, die sicher die sorgfältigsten Experimente zur Kalten Kernfusion durchgeführt hatte, ihre Forschung zu beenden, hatte einen verheerenden Einfluß auf das Ansehen der Kalten Kernfusion, insbesondere, weil sie die negativen Berichte der Caltech-Gruppe untermauerten.

Die zweite Kategorie der Experimentatoren stand vor eklatanten Inkonsistenzen. Sie fanden Überschußwärme, konnten aber nicht entsprechend hohe Fusionsprodukte nachweisen. Es ist bemerkenswert, daß diese Verfechter die Tatsache völlig ignorierten oder kaum zur Kenntnis nahmen, daß zur revolutionären Bestätigung der Kalten Kernfusion der Nachweis der Fusionsprodukte unerläßlich ist. Um so interessanter ist es, zu sehen, wie diese Experimentatoren ihre positiven Ergebnisse erklärten.

1. Wenn keine Fusionsprodukte gemessen wurden, nahm man einfach an, die Wärme müsse nuklearen Ursprungs sein, weil keine chemische Reaktion so viel Energie liefern könne. Diese Ansicht wurde von mehreren Forschern vertreten, die in einer oder mehreren Zellen Überschußwärme nachgewiesen hatten, allerdings ohne eine sorgfältige Fehleranalyse. Selbst die glühendsten Anhänger der Kalten Fusion gaben zu, daß der Wärmeeffekt nur sporadisch auftrete und nicht jedesmal reproduziert werden könne. Man darf aber nicht Ergebnisse von vielen Testzellen mit nur einer oder wenigen Kontrollmessungen vergleichen, wie es einige taten. Statistisch bedeutsame Ergebnisse erhält man nur, wenn man die gleiche

Anzahl beider Arten von Zellen vergleicht. Es ist gefährlich, sich auf einige wenige positive Ergebnisse zu konzentrieren, ohne eine entsprechende Anzahl von Kontrollexperimenten zu analysieren.

2. Lag die gemessene Menge an Fusionsprodukten um viele Größenordnungen unter der Überschußwärme, wurde angenommen, daß diese zum größten Teil von einem noch unbekannten nuklearen Prozeß herrühre. Dieser Standpunkt wurde zuerst von Fleischmann und Pons vertreten. Wenn man einen neuen Effekt postuliert, muß man ihn charakterisieren können. Die Kernphysik ist aber ein relativ gut entwickeltes Gebiet, und Kernreaktionen sind sowohl experimentell als auch theoretisch gut verstanden. Seit der ersten Pressekonferenz hat es keine neuen Informationen gegeben, die den unbekannten Effekt näher erläutert hätten. Deswegen sprach ich Fleischmann auf der ersten Jahrestagung für Kalte Fusion (First Annual Conference on Cold Fusion, 28.-31.März 1989) auf dieses Thema an. Ich fragte ihn, wie er immer noch einen höchst unwahrscheinlichen und unbekannten Kernprozeß als Erklärung annehmen könne. Seine Antwort kam sofort, ein Zeichen dafür, daß er über diese Frage schon nachgedacht hatte. „Im Vertrauen", sagte er, „ich glaube, die Palladiumatome werden gespalten." Ich war schockiert. Fleischmann wußte offensichtlich nicht, daß ich seit Jahrzehnten auf dem Gebiet der Kernspaltung forschte und ein Buch und viele Veröffentlichungen darüber geschrieben hatte. Da die Energieschwelle für die Spaltung von Palladium bei einigen zehn Millionen Elektronenvolt liegt, mußte ich schließen, daß Fleischmann entweder scherzte (obwohl er ganz ernst zu antworten schien) oder eine riesige Wissenslücke in der Kernphysik offenbarte. Dies beendete unsere Diskussion über den unbekannten Fleischmann-Pons-Prozeß abrupt. Als ich diese Geschichte Douglas Morrison bei unserem Treffen in Salt Lake City erzählte, erfuhr ich, daß Fleischmann schon früher vorgeschlagen hatte, bei der Wärmeentwicklung spiele die Spaltung von Palladium eine Rolle.

3. Daneben gab es Variationen vom Fall 2. Einige Forscher nahmen an, im Palladiumgitter gäbe es keine Coulombbarriere für Nuklearprozesse, oder das Verzweigungsverhältnis für die Reaktionen sei anders. Andere schlugen neue Fusionsszenarien vor mit exotischen Reaktionen in elektrochemischen Zellen. Einige gingen so weit zu behaupten, die konventionelle Kernphysik sei in Festkörpern nicht anwendbar.

In allen drei Fällen versuchten die Anhänger der Kalten Fusion, die riesige Diskrepanz zwischen der erzeugten Wärme und der Menge an Fusionsprodukten zu erklären. Letztendlich muß die Energiebilanz zwischen Wärme und Fusionprodukten aber stimmen, wenn wirklich ein Kernprozeß vorliegt, und so ist die Schlußfolgerung unseres Ausschusses, es gebe dafür keine überzeugenden Hinweise, voll gerechtfertigt.

Dieser dritte Punkt der Schlußfolgerung richtet sich an jene, die anfänglich behaupteten, kleine Mengen an Neutronen in den entstehenden Gasen nachweisen zu können. Die ersten dieser Berichte stammten von Jones und seinen Mitarbeitern von der Brigham Young University, wie bereits in den vorangegangenen Kapiteln dargelegt. So stimmten alle überein, daß die Experimente von Jones keinerlei Anwendung für die Energiegewinnung hätten, daß diese aber durchaus von wissenschaftlichem Interesse sein könnten. Trotzdem gab es noch eine Reihe weiterer Gruppen, die behaupteten, geringe Mengen an Neutronen nachweisen zu können, sei es, daß diese völlig zufällig verteilt waren oder in Schüben beobachtet wurden. Einige Gruppen setzten obere Grenzen fest, die unterhalb der angegebenen Neutronenmengen lagen. Daher folgende Schlußfolgerung: „Infolge der vielen negativen Ergebnisse und der geringen statistischen Bedeutung der positiven Ergebnisse kommt der Ausschuß zu dem Schluß, daß es derzeit für die Entdeckung eines neuen Kernprozesses, der Kalten Kernfusion, keine stichhaltigen Beweise gibt." Die Beweise für Jones Messungen stehen jedoch noch aus (vgl. Kapitel 8). Die Quintessenz dieser Schlußfolgerung behält aber seine Gültigkeit.

Der vierte Punkt unserer Zusammenfassung ist den Spekulationen in veröffentlichten und unveröffentlichten Berichten gewidmet, die besagen, daß die Fusionswahrscheinlichkeit in Anwesenheit von Palladium bzw. Titan stark erhöht wird. Fleischmann und Pons betonten unablässig das eigenartige Verhalten von Deuterium, wenn es auf elektrochemischem Wege in die Palladiumkathoden eingelagert wird. Sie behaupteten sogar, die Fugazität des Deuterium erreiche dabei den astronomischen Wert von 10^{27}. Die zugrundeliegende Annahme , daß die Bedingungen im Inneren des Gitters extrem genug waren, um die Fusionsrate zu verändern, war offensichtlich einer der Hauptgründe für Fleischmann und Pons, um an der Kalten Kernfusion zu arbeiten. Kürzlich erklärte Fleischmann, er habe schon lange vor dem eigentlichen Beginn der Arbeiten an die Kalte Kernfusion geglaubt: „wir hätten nicht mit den Untersuchungen begonnen, wenn wir geglaubt hätten, daß Kernreaktionen in einem Gitter nicht von kohärenten Prozessen beeinflußt würden" [7].

Fleischmann vertrat auch bei einer anderen Gelegenheit die Ansicht, daß Kernfusionen durch das Gitter eines Feststoffes begünstigt werden [8]. Bei den ersten Experimenten zu Kernreaktionen von Rutherford wurden deuterierte anorganische Substanzen beschossen [9]; die Ergebnisse wurden später von P.I. Dee [10] bestätigt, der eine Nebelkammer zur kinematischen Impulsanalyse der Fusionsprodukte benutzte. Zur Zeit dieser ersten Arbeiten wurden Deuteron bzw. Deuterium noch als Diplon und Diplogen bezeichnet. Fleischmann sagte, diese frühen Arbeiten seien wegen der Namensänderungen in Vergessenheit geraten und führte aus: „Das Ignorieren dieser frühen Arbeiten ist zweifellos eine unglückliche Tatsache, da die genaue Untersuchung der Nebelkammerversuche eine signifikante Anzahl Spuren von Tritium und Protonen bei ungefähr 180° ergaben.“ Diese Aussage ist nicht ganz korrekt, wie Dees Artikel zeigt: „Manchmal werden Paare entdeckt, wobei der Winkel zwischen den Spuren sehr dicht bei 180° liegt – dies ist zweifellos das Ergebnis einer Umwandlung, die von den langsameren Diplonen verursacht wurde, die beim Zusammenstoß mit der Zielsubstanz Energie verloren haben.“ Fleischmann interpretierte diese sehr groben kinematischen Zufallsdaten als Unterstützung für seine Kalte Fusion! In seinen Worten: „Wir glauben, daß diese Berichte die ersten Hinweise darauf sind, daß es im Gitter eines Festkörpers Kanäle für Fusion bei niedrigen Energien gibt.“ Fleischmann verfängt sich hier in bekannten Fallstricken der wissenschaftlichen Forschung: der Manipulation fremder Daten, um die Interpretation der eigenen Ergebnisse zu unterstützen, die schon einer vorgefaßten Meinung angepaßt war.

Die Idee, daß Metalle wie Palladium oder Titan die Fusion katalysieren könnten, beruht auf der Fähigkeit dieser Materialien, große Mengen von Wasserstoff, einschließlich Deuterium und Tritium, absorbieren zu können. Diese besondere Eigenschaft des Palladiums war schon im 19. Jahrhundert bekannt. Zwei deutsche Wissenschaftler, F. Paneth und K. Peters, benutzten es in den späten zwanziger Jahren dieses Jahrhunderts, um große Mengen an Deuterium zu speichern. Obwohl die Deuteriumdichte im Palladium tatsächlich sehr hoch ist, bleiben die Kerne zu weit voneinander entfernt, als daß sie verschmelzen könnten. Der Abstand zwischen zwei Deuteriumkernen im Palladium beträgt ca. 0.17 nm, und ist damit erheblich größer als der Bindungsabstand von 0.074 nm im D_2-Molekül in der Gasphase. Der Deuteriumdruck, den man durch kathodische Entladung an Palladium erzielen kann, ist nicht sonderlich groß. Er liegt bei ca. 10^4 und nicht bei 10^{27} Atmosphären, wie Fleischmann und Pons behauptet hatten.

Nachdem wir Berge von Literatur über Wasserstoff in Festkörpern studiert hatten, kamen wir überein: „es gibt weder theoretische noch experimentelle Hinweise darauf, daß die Deuteriumabstände kürzer sind als im D_2-Molekül, oder daß besonders hohe Drücke erreicht werden könnten." Woraus wir dann schlossen: „Das bekannte Verhalten von Deuterium in Festkörpern gibt keinerlei Anzeichen dafür, daß die Fusionsrate durch Palladium, Titan oder andere Elemente beschleunigt werden könnte."

Der fünfte Punkt unserer Schlußfolgerung: „Kernfusion bei Zimmertemperatur widerspräche allem, was man in den letzten fünfzig Jahren über Kernreaktionen gelernt hat," faßt unsere Ansicht über die Kalte Kernfusion in einem kurzen und prägnanten Satz zusammen. Der Ausschuß gab zwei Arten von Empfehlungen. Erstens, was die finanzielle Seite betrifft, sollten keine Sondermittel für Forschung an der Kalten Fusion bewilligt werden. Diese Empfehlung sollte sicherstellen, daß mit Bundesmitteln keine Forschungszentren oder Sonderforschungsprogramme aufgestellt würden. Andererseits wurde eine maßvolle Unterstützung für solche Projekte empfohlen, die spezifische Fragen untersuchten und eine Zusammenarbeit zwischen verschiedenen Gruppen mit positiven und negativen Ergebnissen vorsahen. Entsprechende Mittel sollten im Rahmen der existierenden Förderprogramme vergeben werden. Wie bei jedem amerikanischen Antrag auf Forschungsmittel sollte dabei der übliche Weg der Begutachtung durch Fachkollegen befolgt werden. Douglas Morrison von CERN schlug vor, diesen letzten Satz ebenfalls in unseren Schlußbericht aufzunehmen. Das mag richtig sein, jedoch glaube ich kaum, daß die nationalen Institutionen unseren Bericht in diesem Punkt mißverstehen könnten. Zudem empfahl unser Ausschuß eine Zusammenarbeit der Gruppen mit positiven und negativen Ergebnissen bei kalorimetrischen Messungen. Bisher gab es noch keine solche Zusammenarbeit. Es gab sehr wohl eine Zusammenarbeit zwischen der Gruppe von Jones und der Gruppe um Gai (Yale), die initiiert wurde, um kleine Neutronenmengen nachzuweisen (diese Experimente werden im folgenden Kapitel vorgestellt). Wie die Dinge sich entwickeln, wird es auch in Zukunft wohl kaum eine Zusammenarbeit zwischen Anhängern und Skeptikern geben. Dies ist bedauerlich, aber unvermeidbar, da die meisten Skeptiker mittlerweile zu ihrer eigenen Forschung zurückgekehrt sind.

Seit Veröffentlichung unseres Abschlußberichtes hat es gar keine oder nur wenige neue, überzeugende Berichte über Kalorimetrie oder Fusionsprodukte gegeben, die mehr zum Verstehen des Phänomens beigetragen hätten. Eins der erstaunlichen Charakteristika der First Annual Conference on Cold Fusion war, daß die Behauptungen der Verfechter der Kalten Kernfusion im Grunde die gleichen geblieben waren wie bei der Tagung in Santa Fe. Die Reaktionen auf unseren Bericht waren im allgemeinen günstig. Die härtesten Befürworter der Kalten Kernfusion äußerten sich erwartungsgemäß sehr kritisch. Bockris beispielsweise schrieb mir am 26. Dezember 1989 einen Brief, um seiner Kritik Ausdruck zu verleihen:

> In den neuesten Veröffentlichungen aus Oak Ridge, Los Alamos, Brookhaven und N.R.C. (sic; ...er meint sicher das Naval Research Laboratory), die nuklear-elektrochemische Prozesse beschreiben, wurde das Fleischmann-Pons-Phänomen wiederholt bestätigt. Diese Forscher unterstützen nun die bestätigenden Experimente aus Texas, Stanford, Minnesota und anderenortes. Außer von amerikanischen Forschungslabors und Universitäten wurde dieses erstaunliche Phänomen in vielen anderen Ländern beobachtet.
>
> Hinsichtlich der erfahrenen und respektierten Wissenschaftler (z.B. am Yale, MIT, Caltech usw.), die die Existenz dieser Effekte geleugnet haben, ist es jetzt einfach zu verstehen, wieso sie keine Ergebnisse verzeichneten: die Effekte, die jetzt von so vielen beobachtet werden, tauchen nicht in wenigen Wochen der Elektrolyse auf. Mit der Reproduzierbarkeit ist es schwierig. Indessen finden wir für 2,5 cm lange Drahtelektroden eine 70% Chance, Tritium zu erzeugen, wenn die Elektrolyse mehr als zehn Wochen läuft.
>
> Die Situation scheint jetzt dem Eindruck, den ihr Abschlußbericht vermittelt, entgegengesetzt zu sein. Es ist wohl berechtigt zu sagen, daß alle, die den Bericht lesen, die Nuklearelektrochemie wahrscheinlich für einen riesigen Fehler halten, wie all jene es darstellen, die nicht an der Kalten Kernfusion arbeiten. Angesichts der vielen Bestätigungen des Phänomens aus so unterschiedlichen Quellen lege ich es in ihre Hände, den Bericht zurückzuziehen. Als ein offizielles Dokument der Regierung sollte es über alle Vorwürfen erhaben (und vor allem nicht Ziel des Spottes) sein. Die neuesten Berichte der nationalen Labors stehen ganz im Gegensatz zum Tenor ihres Berichts.

Angesichts dieser Faktoren ist eine Überarbeitung des Berichts dringend erforderlich. Das große Problem der kontinuierlichen Fusion wurde durch den Einfluß elektrischer Felder anstatt hoher Energien gelöst. Es ist wahr, daß der Fortschritt etwas schleppend ist und die Ergebnisse noch relativ unbefriedigend, aber die Energiedichte des besten Ergebnisses entspricht jener eines herkömmlichen Kernreaktors, zudem wurden Fusionsprodukte (z.B. Tritium) über mehrere Wochen (in gelegentlich erfolgreichen Experimenten) beobachtet.

Ich behaupte, Sie müssen den ersten nötigen Schritt tun und den Bericht, der im Lichte der neuen Forschungsergebnisse nicht mehr den neuesten Erkenntnissen entspricht, förmlich zurückzuziehen. Nach vier oder fünf Jahren intensiver Forschung mag es dann an der Zeit sein, einen neuen Bericht zu schreiben.

Bockris Bemerkungen verdeutlichen, wie subjektiv und emotional geladen die Anhänger der Kalten Kernfusion die verschiedenen Behauptungen der Überschußwärme und Fusionsprodukte interpretierten. In dem ersten Abschnitt nimmt Bockris sich die Freiheit, ganz pauschal über interdisziplinäre Institutionen zu urteilen, als ob sie mit einer einzigen Stimme sprächen. Nationale Labors wie auch Universitäten beschäftigen Hunderte von Wissenschaftlern, und nur einige wenige Gruppen dieser Institutionen meldeten bestätigende Ergebnisse zur Kalten Kernfusion. Es mag beeindruckend sein, wenn man renommierte Namen wie Los Alamos und Stanford nennt, um eine Hypothese zu unterstützen. In Los Alamos hat aber keine Gruppe behauptet, Überschußwärme zu erzeugen, zwei Gruppen berichteten von geringen Mengen Tritium, und eine Gruppe hatte kleine Mengen Neutronen beobachtet. In Stanford berichtete eine einzige Gruppe, Überschußwärme bei kalorimetrischen Messungen erhalten zu haben. Die einzige Gruppe der University of Minnesota, die anfangs ebenfalls geringe Überschußwärme registriert hatte, erhält heute eine ausgeglichene Energiebilanz in ihrer Zelle. Bockris Bemerkungen beziehen sich auf die wenigen Wissenschaftler, die positive Ergebnisse hatten, entstellt aber das ganze Bild, indem er jene zahlreichen Wissenschaftler an staatlichen Labors ignorierte, die negative Berichte abgaben.

Im zweiten Abschnitt vergißt Bockris, die Wissenschaftler des Bhabha Atomic Research Center (BARC) zu nennen, die angeblich in einigen ihrer Zellen bereits am ersten Tag der Elektrolyse Tritium fanden. Dies widerspricht Bockris Behauptung, daß eine lange Elektrolysezeit erforderlich sei. Unwahr ist auch Bockris Behauptung, in den letzten Monaten sei das Phänomen von vielen bestätigt worden. Tatsache ist, daß in letzter Zeit keine neuen Bestätigungen gemacht wurden, die nach Begutachtung in wissenschaftlichen Zeitschriften erschienen sind. Bockris verwechselt offenbar in seinem Brief die Worte Bestätigung und wissenschaftlicher Artikel, um seinen Standpunkt zu untermauern. Seine Aussage, das große Problem der kontinuierlichen Kernfusion sei in elektrolytischen Zellen dank der elektrischen Felder gelöst, ist ein wunderbares Beispiel dafür, wie sehr die Anhänger der Kalten Kernfusion sich selbst täuschten. Bockris Brief war voller Allgemeinplätze und mißverständlicher Aussagen, die dazu dienten, die Wahrheit zu vereiteln.

Es gab immer wieder Anhänger der Kalten Kernfusion, die Mitglieder des Ausschusses wegen einer Reihe imaginärer oder an den Haaren herbeigezogener Fehler kritisierten. Ein Physikochemiker schlug sogar vor, daß: „der Ausschuß prinzipiell nur Experten, deren Gebiet der Elektrochemie nahe ist, umfassen soll." Dies war ein Versuch, den renommierten Elektrochemikern unseres Ausschusses die Kompetenz in der Beurteilung der elektrochemischen Aspekte in Frage zu stellen. Aber all diese Mitglieder waren in leitenden Positionen in der Elektrochemie tätig und hatten in diesem Bereich zahlreiche Veröffentlichungen vorzuweisen. Sie gehörten jedoch nicht demselben Zweig der Elektrochemie an wie die Verfechter der Kalten Kernfusion, die eher der Angewandten Elektrochemie zuzuordnen sind. Ein anderer Anhänger schrieb bezüglich zweier sehr bekannter Ausschußmitglieder, daß: „keiner von ihnen Kenntnisse der Quantenmechanik von Erzeugungsraten der Kernprozesse im Inneren von Metallgittern bei tiefen Temperaturen hat." Dies war eine besonders lächerliche Bemerkung, zumal dieser Kritiker die Aufnahme zweier wohlbekannter Theoretiker, die 'erklärten', wieso die Fusionsenergie von Deuterium im Palladiumgitter verbleibe, in den Ausschuß forderte. Andere nahmen fälschlicherweise an, daß die Ausschußmitglieder ein besonderes persönliches Interesse an der Ablehnung des Fleischmann-Pons-Phänomens hätten, da dieser Effekt einen Einfluß auf die herkömmliche Fusionsforschung habe. Die Anschuldigung, wir seien ein befangener Ausschuß, war eine skandalöse Unterstellung. Manche gingen sogar so weit, zu fordern, der Ausschuß müsse neu gebildet werden, und machten dazu Vorschläge. Es waren meist die Namen derer, die sich als harte Anhänger der Kalten Kernfusion verstanden.

Trotz der vielen Kritiken aus dem gegnerischen Lager erhielten wir auch viel Lob und Anerkennung für die harte Arbeit, die mit dem Zusammentragen von Informationen aus allen möglichen Quellen verbunden war. Jedes Mitglied hatte ganze Bücherregale voller Material, Veröffentlichungen und Vorabdrucke, formelle und informelle Berichte, Briefe und jede andere Form von Mitteilungen zur Kalten Kernfusion gesammelt. Alle unsere Ausschußsitzungen waren öffentlich. Also hätte jeder Interessierte unsere Arbeit aus nächster Nähe beobachten können. Bei unserer engen Zusammenarbeit konnte ich bei keinem der Mitglieder irgendwelche Voreingenommenheit feststellen. Meiner Einschätzung nach bemühte sich jeder einzelne, bei der Beurteilung der oftmals unvollständigen und widersprüchlichen Beweislage fair zu sein und zu einem einstimmigen Schluß zu kommen. Es gibt auch Beweise, daß unser Ausschuß verantwortungsvoll und fair seine Aufgabe erfüllte. Am 13. Dezember 1989 ließ Jones einen Brief an die Medien in Utah verbreiten, die sich sehr kritisch über den Ausschuß und dessen Bericht äußerten. Dieser Brief war besonders bedeutungsvoll, gehörte der Autor doch zu jenen, die behaupteten, Kalte Kernfusion induziert zu haben. Ich zitiere aus diesem Brief:

> Es hat in letzter Zeit eine Reihe scharfer Kommentare über das DOE, seinen Kalte Kernfusions Ausschuß und dessen Vorsitzenden, Professor John Huizenga, in den *Deseret News*, der *Salt Lake Tribune*, des *Provo Daily Herald* und im Lokalen Fernsehen gegeben. Ich möchte einige Fakten klarstellen, um das Bild abzurunden. Die Bewohner von Utah haben ein Recht, den Rest der Kalten-Kernfusions-Story zu erfahren.
>
> Professor John Huizenga, University of Rochester, stellvertretender Vorsitzender im Untersuchungsauschuß des Energieministeriums, wurde in letzter Zeit von Professor Pons kritisiert [11]. Ich weiß, wie sehr ich letztes Frühjahr die freundlichen Worte von Prof. Haven Bergeson schätzte, als es harte Kontroversen und Konfusion gab [12], jetzt möchte ich jedoch einiges zur Verteidigung von Prof. Huizenga sagen. Als vor einigen Wochen der Zwischenbericht des Ausschusses veröffentlicht wurde, fand ich eine Reihe von offensichtlichen Fehlern. Prof. Kent Harrison (BYU) und ich schrieben einen Brief an Prof. Huizenga und machten ihn auf diese Fehler aufmerksam. Daraufhin rief er mich an, und wir hatten ein sehr interessantes Gespräch. Er willigte freundlicherweise ein, einige der strittigen Punkte zu ändern. Wir stimmten in einigen anderen Punkten nicht überein.

Das DOE berief einen Ausschuß ein, um herauszufinden, ob Sondermittel, wie beispielsweise für das von der University of Utah geforderte Zentrum für Kalte Kernfusion, zur Verfügung gestellt werden sollten. Sie schlossen, daß solch ein Forschungszentrum nicht gerechtfertigt sei, da die Experimente „keine überzeugenden Beweise dafür liefern, daß die Kalte Kernfusion eine nutzbare Energiequelle darstelle. Der Ausschuß kommt außerdem zu dem Schluß, daß es bisher keine ausreichenden Beweise dafür gibt, daß die ungewöhnliche Wärmeentwicklung mit einem Kernprozeß in Verbindung gebracht werden kann."

Vergleichen Sie diese Stellungnahme mit der des ehemaligen Direktors (Hugo Rossi) des University of Utah National Cold Fusion Instituts, die am 3. November veröffentlicht wurde: „Es gibt derzeit kein Experiment, das in überzeugender Weise demonstrieren könnte, daß die Energiebilanz während der gesamten Laufzeit positiv ist, und daß sie von einer Kernfusion erzeugt wird." [13]. Diese Stellungnahmen sind erstaunlich deckungsgleich. Der Ausschuß empfahl, daß das DOE Forschung über übliche Anträge, die begutachtet werden, fördern sollte. Auf diese Weise wird auch die Forschung an der Brigham Young University und an fast allen Universitäten unterstützt.

Jones hat der Presse und der Bevölkerung von Utah einen großen Dienst erwiesen, indem er einige Punkte unseres Berichtes mit den Stellungnahmen von Rossi verglich. Letztendlich wird allein die Zeit entscheiden, ob irgendeine unserer Entscheidungen revidiert werden muß oder nicht. Zur Zeit kenne ich aber weder neue, aussagekräftige Daten noch andere Informationen, die das Phänomen der Kalten Kernfusion beweisen könnten.

Alles was bisher bekannt ist, deutet vielmehr darauf hin, daß Fleischmann und Pons hofften, eine Kernfusion von Deuterium zu induzieren, wobei Wärme und Fusionsprodukte in bekannter Höhe entstehen müßten. Es gibt aber andererseits keine Belege dafür, daß ihr Labor mit den entsprechenden Vorrichtungen versehen war, um sie vor der Strahlung der Fusionsprodukte zu schützen. In ihrem ersten Bericht [14], in dem sie die Ergebnisse ihrer elektrochemisch induzierten Kernfusion vorstellen, wurden sie mit einem sehr ernsten Dilemma konfrontiert. Ihre Ergebnisse widersprachen den Erkenntnissen über Fusionsreaktionen von Deuterium, da die entstandene Wärmemenge um acht Größenordnungen höher waren als die Fusionsprodukte. Trotzdem interpretierten sie ihre Ergebnisse als Beweis für die Kernfusion bei Raumtemperatur. Fleischmann und Pons stützten sich dabei auf die entstandene Wärme, die in dieser Höhe keine chemische Ursache haben konnte. Aber wo sind die Fusionsprodukte? Fleischmann und Pons lösten dieses Dilemma, indem sie einfach behaupteten, die Wärme rühre von einem noch unbekannten Kernprozeß her. Diese gewagte Hypothese bahnte den Weg zu der noch kühneren, irrationalen Annahme, daß sich im Inneren des Palladiumgitters die gut bekannten Eigenschaften des Deuteriums stark veränderten. Dieses veranlaßte andere Verfechter der Kalten Kernfusion, eine Reihe von unkonventionellen Signalen der Fusion von Deuterium zuzuordnen, unkorrelierte Überschußwärme, Neutronen, Tritium und Helium. Nachdem die Anhänger sich selbst bewilligten, die konventionellen korrelierten Signale der D-D-Fusion voneinander trennen zu dürfen, waren die Tore für unzählige Möglichkeiten, Fehler zu machen, und Hintergrundstrahlung mit richtigen Signalen zu verwechseln, weit geöffnet. Diese bizarre Situation förderte zudem die Behauptungen der Irreproduzierbarkeit und des sporadischen Auftretens der Kalten Kernfusion.

Nachdem unser Ausschuß alle greifbaren Daten geprüft hatte, kam er zu dem Schluß, daß es keine überzeugenden Beweise gebe, um als Ursache der ungewöhnlichen hohen Wärmemenge einen Kernprozeß anzusehen. Zudem waren die Belege für die Entdeckung eines neuen Kernprozesses nicht stichhaltig. Außerdem gibt es keine Theorie, die eine Hypothese unterstützen könnte, wonach die Fusionsrate im Palladiumgitter erhöht sei. In allen unseren Verlautbarungen waren wir der Ansicht, die Anhänger der Kalten Kernfusion müßten überzeugend darlegen, daß solch ein Phänomen existiert. Da dies ausblieb, schlossen wir, daß Kalte Kernfusion nicht stattgefunden hat. Nichts konnte in den letzten Monaten diesen Schluß in Frage stellen. Die frenetischen Anhänger stehen mit dem Rücken zur Wand und müssen, um glaubwürdig zu werden, ein gut dokumentiertes Experiment vorlegen, das von Experten überprüft werden kann. Da alle Versuche fehlschlugen, überzeugende Beweise beizubringen, wird die Kalte Kernfusion als ein weiteres trauriges Kapitel in den Annalen der Pathologischen Wissenschaften enden.

Kapitel 8
Wo sind die Fusionsprodukte?

Die Fusion von Wasserstoffisotopen wurde Jahrzehnte lang untersucht, und die entstehenden Fusionsprodukte, Neutronen, Tritium, Heliumisotope der Massenzahl drei und vier sowie γ-Strahlen sind seit langem bekannt. In diesem Kapitel sollen nun verschiedene Berichte über den Nachweis von Fusionsprodukten untersucht werden. Es ist aber jetzt schon wert festzuhalten, daß die meisten Wissenschaftler nicht daran glaubten, daß die von Fleischmann und Pons proklamierte große Überschußwärme von einer Kernfusion herrühre. Zunächst einmal ist es unwahrscheinlich, da diese hohe Wärmemenge eine entsprechend hohe Fusionsrate voraussetzt. Ein zweites, unwiderlegbares Argument gegen die Behauptungen von Fleischmann und Pons ist, daß die Fusionsprodukte, die der eigentliche Nachweis für eine Kernfusion sind, nicht in entsprechender Höhe nachgewiesen werden konnten. So setzten unmittelbar nach der Pressekonferenz in Utah Forschungsgruppen, überall auf der Welt höchste Priorität auf diesen Nachweis.

Wir wissen sehr viel über die Fusion von Deuterium. Seit über einem halben Jahrhundert wird dieser Prozeß untersucht. Die ersten Arbeiten dazu stammen von Lord Rutherford aus den 30'er Jahren. Die Reaktion zwischen zwei Deuteriumkernen niedriger Energie läuft nach dem bereits besprochenen Mechanismus [vgl. Reaktionen (1a) - (1c)] ab. Wie schon erwähnt, treten dabei hauptsächlich Neutronen (2,45 MeV) und ^{3}He (0,82 MeV) sowie Protonen (3,02 MeV) und Tritium (1,01 MeV) als Fusionsprodukte auf. Die myonenkatalysierte Kernfusion bestätigt auch die Annahme, daß die Querschnitte der Reaktionen (1a) und (1b) annähernd gleich sind. In diesem Fall ist das Verhältnis der Fusionsprodukte der Reaktion (1a) zu Reaktion (1b) 1: 4 [1]. Dieser Wert wird mit dem p-Wellencharakter der Myoneneinfangreaktion erklärt [2]. Die niedrige Wahrscheinlichkeit der Reaktion (1c) hat zur Folge, daß die

Tabelle 8.1 Fusionsreaktionen der Wasserstoffisotope

	Reaktionen	Reaktionsenergie (MeV)	Reaktionen s^{-1} Watt^{-1}	Verzweigungs-verhältnis
(1a)	$D + D \rightarrow {}^3He + n$	3,27	$1,91 \times 10^{12}$	$\sim 0,5$
(1b)	$D + D \rightarrow T + p$	4,03	$1,55 \times 10^{12}$	$\sim 0,5$
(1c)	$D + D \rightarrow {}^4He + \gamma$	23,85	$2,61 \times 10^{11}$	$\sim 10^{-7}$
(2)	$p + D \rightarrow {}^3He + \gamma$	5,49	$1,14 \times 10^{12}$	
(3)	$p + T \rightarrow {}^4He + \gamma$	19,81	$3,15 \times 10^{11}$	
(4)	$D + T \rightarrow {}^4He + \gamma$	17,59	$3,55 \times 10^{11}$	

Fusionsprodukte ^{4}He (0,08 MeV) und γ-Strahlen (23,8 MeV) nur in geringen Mengen auftreten dürften.

Fusionsprodukte sind das empfindlichste Zeichen einer Fusion von Deuteriumkernen. Neutronen sind sehr leicht durch direktes Zählen nachzuweisen. Zudem kann ^{3}He durch empfindliche massenspektroskopische Messungen untersucht werden. Protonen der Reaktion (1b) können ebenfalls mit einfachen Detektoren gezählt werden, während Tritium angereichert und wegen seiner langen Halbwertzeit (12,3 Jahre) mit weniger empfindlichen Apparaturen nachgewiesen werden kann. Die Fusionsprodukte der Reaktion (1c) lassen sich auch durch direkte Zählung (γ-Strahlen) und durch Massenspektroskopie (^{4}He) messen. Der Heliumnachweis ist sehr schwierig, da der Hintergrund eliminiert werden muß (in einem Kubikzentimeter Luft sind $1,4 \times 10^{14}$ ^{4}He-Atome). Tabelle 2 zeigt die Energiebilanz der entsprechenden Reaktionen sowie die Fusionsreaktionen anderer Wasserstoffisotope. Die ungefähren Querschnitte der Reaktionen sind ebenfalls aufgeführt.

Dabei sind in der dritten Spalte die Reaktionen pro Sekunde und pro Watt erzeugter Leistung für jede Reaktion im einzelnen aufgeführt. So erfordert beispielsweise die Reaktion (1c) $2,61 \times 10^{11}$ Fusionen pro Sekunde, um 1 Watt Energie zu liefern. Ausgehend von der Erzeugungsrate in der letzten Spalte müßten parallel zu 1,1 Watt Energie aus der Fusion von Deuterium $8,55 \times 10^{11}$ Neutronen (und ^{3}He-Atome) sowie ungefähr $1,7 \times 10^5$ ^{4}He-Atome (und 23,8 MeV γ-Strahlen) pro Sekunde entstehen. Folglich entstehen bei einem Watt Überschußwärme (oder besser Überschußleistung) eine große Menge an Fusionsprodukten.

Nach den Ankündigungen von Fleischmann und Pons vom 23. März 1989, daß sie mehrere Watt Energie in einem Reagenzglas durch die Kernfusion von Deuterium im Inneren eines Palladiumgitters erzeugt hätten, stellten sich beinahe alle Wissenschaftler die kritische Frage: Wenn die Ursache der Überschußwärme eine Kernreaktion sei, wo ist dann die entsprechende Anzahl an Nuklearteilchen? Waren Fleischmann und Pons einer riesigen Strahlenbelastung ausgesetzt gewesen? Darauf hatte die University of Utah sehr schnell eine Antwort. Sie behauptete, die Intensität der Fusionsprodukte sei einige Milliarden Mal geringer als die gemessene Wärmemenge. Trotz dieser ungeheuren Diskrepanz beharrten aber die beiden Forscher auf ihren Behauptungen. Sie räumten zwar ein, daß die Menge der Fusionsprodukte um Größenordnungen unter der angegebenen Wärmemenge lag, diese könnten folglich keine Erklärung für die ungewöhnlich hohe Wärmeentwicklung sein. Diese Unklarheiten ließen schon sehr früh Zweifel an der Gültigkeit der Behauptungen der University of Utah aufkommen. Einen weiteren vernichtenden Schlag erfuhr die Kalte Kernfusion, als die Arbeit von Fleischmann und Pons im April erschien. Wissenschaftler des MIT zeigten, daß die Neutronendaten von Fleischmann und Pons falsch und auf Fehler der Instrumente zurückzuführen seien (die Tritiumzählrate entsprach der Hintergrundstrahlung). Es blieb also kein überzeugender Beweis dafür, daß irgendeine Fusion stattgefunden habe. Man erwartete zu der Zeit, daß die gesamte Kalte Kernfusions-Episode damit ein jähes Ende finden würde.

Die Tatsache, daß die Episode weiterlebte, obwohl viele gut ausgerüstete und anerkannte Forschungsgruppen die Experimente nicht reproduzieren konnten, ist eine Geschichte für Soziologen oder Wissenschaftshistoriker. Ich vermute, daß immerhin die zahlreichen bizarren Meldungen über nukleare Phänomene im Zusammenhang mit der Kalten Kernfusion das Interesse der Wissenschaftler in diesen ersten Monaten weckten. Zu diesen verlockenden Berichten gehörten: die Behauptungen der Gruppe um Jones, die sehr geringe Neutronenmengen während der Elektrolyse beobachtet haben wollte; die Neutronenschübe der Gruppe von Scaramuzzi sowie die konventionelleren Tritiumfunde der Gruppe von Bockris.

Die Experimente von Jones wurden jedoch von Anfang an von der wissenschaftlichen Gemeinschaft ganz anders aufgenommen. Dies lag zum einen daran, daß die von Jones postulierte Fusionsrate um 13 Größenordnungen geringer war als die von Fleischmann und Pons. Zum anderen hatte Jones eindrücklich gewarnt, daß seine Ergebnisse für die Energieversorgung nicht nutzbar seien. Um ihre Daten zu erhalten, hatte Jones Gruppe die experimentellen Möglichkeiten voll ausgenutzt. Die von ihnen erhaltenen Neutronenwerte waren nur sehr schwer von der kosmischen Strahlung und anderer Hintergrundstrahlung zu unterscheiden. Sollten jedoch seine Ergebnisse bestätigt werden, wären sie wissenschaftlich ungeheuer interessant, da die theoretischen Vorhersagen der Fusionsrate wesentlich erhöht werden müßten. Also war es sehr wichtig, daß in diesem frühen Stadium andere Gruppen versuchten diese Ergebnisse zu reproduzieren.

In Situationen, in denen es extrem schwierig ist, die gefundenen Signale von der Hintergrundstrahlung zu trennen, muß man auch anderer möglicher Fehlerquellen gewahr sein. Falsche Schlußfolgerungen werden manchmal wegen zu selten wiederholter Experimente getroffen. Ein anderer wichtiger Aspekt solcher Experimente ist, möglichst viele Blind- und Referenzversuche durchzuführen, damit die Ergebnisse eine statistische Bedeutung erhalten. Elektrolysen von deuteriertem Wasser, aber auch Experimente mit Deuteriumgas, lieferten laufend neue Ergebnisse zur Erzeugung und zum Nachweis von Neutronen, deren Intensität nur wenig über der Hintergrundstrahlung lag. Die meisten dieser Meldungen wurden zurückgezogen, wenn Probleme mit dem Detektor, insbesondere mit Bortrifluorid-Detektoren, auftraten. Manche der bis heute bekannten Neutronenexperimente lieferten lediglich obere Grenzen für die Fusionsraten, wie sie in Tabelle 37 (S.37) zusammengefaßt sind.

In den Wissenschaften gibt es durchaus Überraschungen. Es ist immer wichtig, nach unerwarteten oder überraschenden Ergebnissen Ausschau zu halten. Andererseits, wenn diese Ergebnisse in direktem Konflikt mit lange gefestigten und theoretisch untermauerten Erkenntnissen geraten, ist es dringend geboten, nach möglichen Fehlern zu suchen und eine Reihe von Überprüfungen durchzuführen. Dieser vorsichtige und sorgfältige Umgang mit der Wissenschaft wird nicht immer eingehalten.

Haben doch mehrere Anhänger der Kalten Kernfusion, wenn sie mit unerwarteten Ergebnissen konfrontiert wurden, die gefestigten Prinzipien der Kernphysik widersprachen, es sogar verstanden, eines oder mehrere Wunder zu proklamieren. Daher möchte ich dem in Kapitel 3 vorgestellten Schema folgen und diese Wunder nacheinander diskutieren. Um sie jedoch besser verstehen zu können, ist es pädagogisch sinnvoll, hier etwas weiter auszuholen, damit die Unterschiede deutlich werden.

Das Wunder der Fusionsraten

Einige der Verfechter der Kalten Kernfusion vollbrachten dieses erste Wunder, um die von Fleischmann und Pons angegebene Energiegerzeugung zu bestätigen. Positv geladene Deuteriumkerne stoßen sich aufgrund der Coulombkräfte gegenseitig ab. Bei niedrigen Energien tunneln die Teilchen durch eine Coulombbarriere, so daß eine Kernfusion induziert wird. Die Tunnelwahrscheinlichkeit verändert sich sehr schnell mit der Energie oder der Entfernung der Deuteriumkerne. Im D_2-Molekül beträgt der Bindungsabstand 0,074 nm und die theoretische Fusionsrate bei Raumtemperatur ist 3×10^{-64} s^{-1} [3]. Wird die Energie erhöht oder der Abstand verringert, erhöht sich die Fusionsrate sehr schnell. Der Abstand der Deuteriumkerne in einem myonengebundenen Molekül ist 207 Mal geringer als beim D_2-Gas. Dieser kurze Abstand ermöglicht die myonenkatalysierte Kernfusion. Im Palladiumgitter ist der Abstand der Deuteriumkerne noch größer als im D_2-Molekül und liegt zwischen 0,28 und 0,17 nm, je nachdem wo sich das nächste Deuteron befindet, in Oktaeder- oder in Tetraederlücken. Die Vorstellung, daß das Metallgitter die Fusionsrate um 50 Größenordnungen anheben kann, ist nur durch Einbeziehen von Wundern möglich [4]. Sogar die Erhöhung der Fusionsrate um 40 Größenordnungen, um Jones Ergebnisse zu erklären, rangiert noch im Bereich des Wunderglaubens. Zudem sind dann die Grenzen der Nachweisbarkeit der Strahlen mit modernen Detektoren erreicht. Wie auch immer, müssen alle aufgezeichneten Signale kritisch analysiert werden, ob sie von der Hintergrundstrahlung herrühren oder nicht. Als Folge dieser Ambiguität gibt es immer noch Gruppen, die von positiven Resultaten berichten. Die meisten Gruppen verkündeten jedoch obere Grenzen, die um 2 Größenordnungen unter den Daten von Jones liegen.

Das Wunder der Erzeugungsraten

Andere Anhänger der Kalten Kernfusion vollbrachten ein zweites Wunder, um die bekannten Verzweigungsraten der drei Reaktionswege der Kernfusion von Deuterium im keV Bereich [vgl. Reaktionen (1a), (1b) und (1c) sowie Tabelle 2 (S.2)] zu verändern. Diese Erzeugungsraten sind aus den grundlegenden Theorien der Kernphysik bekannt. Die annähernd gleichen Querschnitte der Reaktionen (1a) und (1b) ergeben sich aufgrund der Ladungsunabhängigkeit der Kernkräfte. Die geringe Wahrscheinlichkeit der Reaktion (1c) hingegen folgt aus dem geringen Einfluß elektromagnetischer Kräfte bei der Kernkraft. Da die Erzeugungsraten unabhängig von den Anfangsbedingungen und über einen großen Bereich der kinetischen Energie konstant sind und ebenso für die myonenkatalysierte Kernfusion gelten, gibt es keinen Grund, an der Richtigkeit der Ergebnisse zu zweifeln. Alle vorhergehenden experimentellen Beweise unterstützen die Annahme, daß der Effekt der chemischen Umgebung bei Kernreaktionen vernachlässigbar ist, abgesehen von einem sehr kleinen Effekt, wenn Elektronen der beteiligten Atome miteinbezogen werden. Der Einfluß von Druck und chemischen Effekten wurde bei Einfangreaktionen und isomeren Transitionsprozessen in geringem Ausmaß beobachtet. So wird beispielsweise die Halbwertszeit des Isotops ^{7}Be bei einem Druck von 270000 Atmosphären um 0,6 Prozent herabgesetzt [5]. Diese Effekte sind quantitativ gut untersucht worden. Eine sehr geringe Verschiebung der Querschnitte der Reaktionen (1a) und (1b) ergibt sich aus dem Oppenheimer-Philips-Prozeß, der später erläutert werden soll. Jede Veränderung der Querschnitte dieser Reaktionen im Metallgitter stellt ein Wunder dar. Die Theorie von Walling und Simons (vgl. Kapitel 3) beinhaltet eine radikale Veränderung der Erzeugungsraten der Fusionsreaktion von Deuterium, so daß danach nur die Reaktion zu ^{4}He und γ-Strahlen abliefe. Andere sagten Verzweigungsverhältnisse von 10^6 bis 10^9 voraus. Solch eine gewaltige Veränderung der Erzeugungsrate von ungefähr eins ist bar jeder

Erklärung und kommt eher einem Wunder gleich.

Das Wunder der verborgenen Fusionsprodukte

Dieses Wunder wurde von mehreren Anhängern der Kalten Kernfusion vollbracht. Walling und Simons nahmen an, daß die 23,85 MeV an Energie der Fusionsreaktion von Deuterium zu Helium und γ-Strahlen auf wundersame Weise vom Gitter aufgenommen werde, ohne dabei nachweisbare Mengen von hochenergetischen γ-Strahlen zu liefern. Schwinger postulierte ähnliches für die 5,5 MeV Energie der Reaktion (1b). Fleischmann und Pons letztendlich mißbrauchten dieses Wunder, indem sie behaupteten, ein noch unbekannter Kernprozeß liefere die gesamte Energie.

Wenn man in den nächsten Abschnitten über die bekanntgegebenen Erkenntnisse und angeblichen Nachweise von Fusionsprodukten liest, ist es wichtig, sich an die oben angeführten Wunder zu erinnern, wenn auf eines oder sogar mehrere zurückgegriffen werden muß. Dies wird beim Beurteilen der Bestätigungen und der Dementis behilflich sein. Manchmal widersprechen aber schon zusätzliche Werte dem vorgeschlagenen Wunder. So müßen beispielsweise, wenn Tritium beobachtet wurde, auch entsprechende Mengen an Neutronen und ^{4}He nachgewiesen worden sein, andernfalls ist das Wunder Null und nichtig. Dies ist tatsächlich der Fall für die die Behauptungen von Bockris und BARC, große Mengen Tritium beobachtet zu haben, wobei das Verhältnis von Tritium zu Neutronen im Bereich von $10^6 - 10^9$ gelegen haben soll.

Tritium und Protonen

In diesem Abschnitt werden wir einige der verblüffenden Behauptungen überprüfen, im Palladiumgitter entweder durch Elektrolyse von D_2O oder durch Deuteriumgas geladene Teilchen erzeugt zu haben. Zunächst werde ich mich mit der angeblichen Erzeugung von Tritium gemäß der Reaktion: $D + D \rightarrow T + p$ in Elektrolysezellen befassen. Der erste Bericht über Tritiumerzeugung durch Kalte Kernfusion erschien drei

Wochen nach der Pressekonferenz der University of Utah. Zwei Doktoranden der Physik, die Herren Eden und Liu der University of Washington, behaupteten, in einem Massenspektrometer Teilchen mit der Masse des Tritium beobachtet zu haben, die sie durch D_2O-Elektrolyse erzeugt hatten. Das *Wall Street Journal* berichtete darüber, wieder ein Beipiel für Publikation in der Tagespresse statt in einer wissenschaftlichen Zeitschrift. Diese Studenten hatten einen elementaren Fehler in der Interpretation ihrer Daten begangen. Als ihre Arbeit später wissenschaftlich begutachtet wurde, wies man sie darauf hin, daß sie nicht Tritium, sondern dreiatomige Ionen aus Deuterium und Wasserstoff beobachtet hatten. Dies zeigt wieder, wie wichtig es ist, in wissenschaftlichen Zeitschriften zu publizieren, bei denen die Arbeiten von Kollegen rezensiert werden.

Ende April 1989 wurde Tritium angeblich im Laboratorium von Bockris gefunden, einem alten Freund von Fleischmann. Dies leitete eine der ungewöhnlichsten und mysteriösesten Episoden der ganzen Kalten Kernfusion ein. Die Gruppe von Bockris hatte schon kurz nach der Pressekonferenz vierundzwanzig Elektrolysezellen gebaut, um die Arbeit von Pons und Fleischmann zu bestätigen. Sie erhielten ihr Palladium von zwei verschiedenen Firmen: ein und drei Millimeter starke Drähte von der Firma Hoover&Strong und sechs Millimeter starke von Sure-Pure Chemicals. Dies ist wichtig wegen möglicher Verunreinigungen, die später diskutiert werden. Die Bockris Gruppe schien phantastische Erfolge zu erzielen! Schon bei den ersten Experimenten fand Nigel Packham, eine Schüler von Bockris, hohe Dosen von Tritium in vielen ihrer einfachen Fusionszellen.

Packham und seine Kollegen waren verblüfft, hatten sie doch augenscheinlich bewiesen, daß das Fleischmann-Pons-Phänomen mit der Verschmelzung zweier Deuteriumkerne zusammenhängen muß. Wie sonst sollte so viel Tritium in ihre Zellen kommen? Es ist zwar allgemein bekannt, daß schweres Wasser stets etwas Tritium enthält; die Menge hängt vom Hersteller, der Methode, die zum Anreichern verwendet wurde, und von der weiteren Behandlung ab. Die meisten Berichte über Tritium in Fusionszellen, so auch die von Fleischmann und Pons, können durch elektrolytische Anreicherung erklärt werden. Die Ergebnisse von Texas

A&M waren besonders bemerkenswert, weil die Tritiumkonzentrationen um viele Größenordnungen darüber lagen. Trotzdem gab es noch eine beträchtliche Diskrepanz zwischen der Überschußwärme und den Fusionsprodukten.

Ungewöhlich war auch, daß in so kurzer Zeit gleich sechs Zellen große Mengen an Tritium produzierten. Kevin Wolf, Kernchemiker bei Texas A&M, äußerte sich allerdings skeptisch, weil alle diese Zellen Kathoden aus demselben Stück von 1 mm starkem Palladiumdraht enthielten. Er hatte damals damit begonnen, die Bockriszellen auf Neutronen zu untersuchen und half der Gruppe auch beim Nachweis von Tritium. Wolf stellte die positiven Tritium-Ergebnisse auf der Tagung in Santa Fe (23.-25.5.1989) vor. Dabei erfuhr er von einem Mitarbeiter von Bockris, daß mittlerweile auch eine drei Millimeter starke Kathode von derselben Firma (Hoover &Strong) Tritium erzeugte. Diese Ergebnisse erregten einiges Aufsehen auf der Tagung. Wolf galt als erfahrener und sorgfältiger Experimentator, deshalb glaubten die meisten Zuhörer, daß die Zellen von Bockris tatsächlich Tritium enthielten. Aber wo kam es her? Diese Frage war besonders verwirrend, weil andere, unabhängige Gruppen an der Texas A&M kein Tritium produzieren konnten. John Appleby zum Beispiel, der von Überschußwärme berichtete, aber kein Tritium fand, stellte Bockris die Frage, die vielen durch den Kopf ging: „Sind Sie sicher, daß niemand etwas in Ihre Zellen getan hat?"

Als unser Ausschuß Texas A&M besuchte, stand das Tritium ganz oben auf unserer Tagesordnung. Nigel Packham, seit fünf Jahren Doktorand bei Bockris, präsentierte die Daten. Bei einer Zelle war die Erzeugung des Tritiums als Funktion der Zeit beobachtet worden, während die Lösung bei hohen Stromstärken elektrolysiert wurde. Die gemessenen Werte betrugen 5.2×10^3, 5.0×10^5 und 7.6×10^5 Zerfälle pro Minute und pro Millimeter Lösung nach zwei, sechs und zwölf Stunden Elektrolyse [6]. Zu Beginn betrug die Aktivität 1.0×10^2. Als Packham diese Ergebnisse vortrug, legte er eine glatte Kurve durch die vier Meßpunkte. Jacob Bigeleisen, ein Mitglied unseres Ausschußes, der schon beim Bau der Atombombe erste Erfahrung mit Tritium gemacht hatte, bemerkte, daß diese vier Punkte die Kurve nicht eindeutig festlegten. Eine stufenförmige Funktion, die nach sechs Stunden steil anstieg und danach konstant blieb, würde auch zu den Daten passen. Darauf Kevin Wolf: „Wollen Sie damit andeuten, daß jemand die Zellen manipuliert hat?“ Biegeleisen entgegnete: „Das haben Sie gesagt, ich würde so etwas niemals behaupten.“

Bockris reichte das erste Manuskript, in dem die Erzeugung von Tritium bei der Elektrolyse von D_2O an Palladiumelektroden beschrieben wurde, bei *Nature* zur Veröffentlichung ein. Es wurde begutachtet und wegen unzureichender Dokumentation und fehlender Kontrollexperimente abgelehnt. Die verschiedenen Zeitschriften antworteten auf die ausufernde Flut von Manuskripten zur Kalten Kernfusion mit unterschiedlich strengen Bewertungsmaßstäben. *Nature* ließ alle Manuskripte über die Kalte Kernfusion so streng begutachten, wie es das Ansehen einer führenden wissenschaftlichen Zeitschrift gebot. Das gleiche gilt sicher nicht für andere, weniger angesehene Zeitschriften. Nachdem das Bockris Manuskript bei *Nature* abgelehnt worden war, wurde es beim *Journal of Electroanalytical Chemistry* eingereicht und angenommen [7]. Der dort veröffentlichte Artikel beschreibt die Tritiumentwicklung in elf D_2O Elektrolysezellen, wovon neun hohe Tritiumwerte aufwiesen. Von diesen Zellen waren acht mit Kathoden des Durchmessers von 1 mm und eine mit einer Kathode von 3 mm Durchmesser bestückt. Alle Kathoden wurden von der Firma Hoover & Strong geliefert. In einem Vorabdruck seines Artikels schreibt Bockris, die hohen Tritiumwerte kämen durch „verborgene oder geheime Interferenzen“ zustande. Er verwarf die Möglichkeit der Sabotage mit folgenden Worten: „Eingriffe Dritter in die Experimente sind wegen der positiven Ergebnisse des Cyclotron Instituts ausgeschlossen, da dieses nur für Mitarbeiter des Instituts zugänglich ist.“ Nachdem ich Bockris Institut wiederholt besucht hatte, fand ich im nachhinein seine Begründung wenig überzeugend. Viele Leute haben Schlüssel zum Institut, und wenn jemand etwas in die Zellen hätte geben wollen, so wäre dies ohne weiteres möglich und nachträglich schwierig nachzuweisen gewesen. Zudem wurden lediglich zwei der elf Zellen im Cyclotron Institut betrieben.

Nach den oben beschriebenen frühen Experimenten war Bockris Gruppe weniger erfolgreich bei der Erzeugung von Tritium. Auf der First Annual Conference on Cold Fusion berichtete Bockris, daß 15 der 53

Zellen Tritium lieferten, was nur vier zusätzliche positive Ergebnisse zu den im ersten Artikel beschriebenen elf Fällen bedeutet. Neun der dreizehn Zellen mit Kathoden des Durchmessers von 1 mm lieferten positive Werte. Diese Angaben stimmen nicht ganz mit denen von Wolf überein (NSF-EPRI Workshop, 16.-18. Oktober 1989), nach denen elf der Zellen mit Kathoden des Durchmessers von 1 mm positive Werte lieferten. Geringe Mengen an Neutronen, ungefähr ein Neutron pro Sekunde, wurden von Wolf nur bei einer Zelle beobachtet. Obwohl diese Anzahl von Neutronen die von Jones gefundenen Werte um Größenordnungen übersteigt, ist sie viel geringer als die Tritiummenge. Das Fehlen der entsprechenden Neutronenmengen hielten viele Wissenschaftler für ein Indiz, daß Tritium nicht durch die Reaktion $D + D \rightarrow T + p$ entstanden, sondern durch Verunreinigung in die Zelle gelangt sei. Für Bockris waren die Tritiumwerte jedoch überzeugend. Am 18. Juli 1989 schrieb er an den Untersuchungsausschuß:

> Man kann jetzt zu den Ergebnissen der Experimente an der Texas A&M sagen, daß die Tritiumerzeugung als sicher gilt. Meine Aussage stütze ich auf die Tatsache, daß die Lösungen von fünf unabhängigen Laboratorien untersucht worden sind.... Der Ausschuß ist jetzt gefragt, die Methode der Tritiumgewinnung aus Deuterium zu erklären, wenn es sich dabei nicht um eine Kernfusion handeln soll. Ich persönlich kenne keinen chemischen Weg, um ein Isotop in das andere zu verwandeln. Die Elektrochemie hat das Ziel der Kernphysik erreicht: kontinuierliche Kernfusion.

Die Tatsache, daß fünf verschiedene Labors die Anwesenheit von Tritium in Bockris Zellen bestätigten, beweist nicht, daß das Tritium durch eine Kernreaktion entstanden war. Tritium könnte durch Verunreinigungen in die Zellen gekommen sein. Als Bockris die bissigen Bemerkungen an den Untersuchungsausschuß richtete, wie man ohne eine Kernfusion Tritium erzeugen könne, versuchte er eigentlich nur, von der schrecklichen Möglichkeit der Verunreinigung abzulenken.

In einem späteren Brief (26.10.89) betonte Bockris nochmals „Ich wollte darauf hinweisen, daß auf die Frage: „Findet Kernfusion an Elektroden statt?“ die Antwort lautet: „es gibt keinerlei Zweifel, daß dies passiert.“ Die Mitglieder des Ausschusses zweifelten nie daran, daß in den Zellen aus Texas Tritium vorhanden sei, größtenteils, weil Kevin Wolf dieses bestätigte. Die wichtigste, unbeantwortete Frage war aber, woher das Tritium kam. Der Ausschuß war nicht bereit zu akzeptieren, daß allein die Anwesenheit von Tritium ein Beweis für die Kalte Kernfusion sei. Die Gefahr, daß die Tritiumwerte durch Verunreinigungen verursacht worden waren, war zu groß, um verworfen zu werden. Wußte man doch, daß Bockris Labor, wie viele andere chemische Labors, sehr stark mit Tritium verunreinigt war. Mehrere Gruppen fanden geringe Tritiummengen, die während der Elektrolyse angereichert wurden. Die sorgfältigsten und systematischsten Untersuchungen über Tritium während der Elektrolyse von D_2O an Palladiumkathoden wurden von den Gruppen von Charles Martin (Texas A&M), Edmund Storms und Carol Talcott (Los Alamos National Laboratories) und kürzlich von Kevin L. Wolf (Texas A&M) durchgeführt. Martins Gruppe ließ acht Zellen mit dem Material und nach den Ratschlägen von Bockris laufen und fand keine Hinweise auf Tritium, außer der erwarteten angereicherten Menge. Storms und Talcott hingegen fanden in 13 von 150 Zellen geringe Mengen an Tritium [8]. Diese Ergebnisse waren fehlerhaft, da nur sechs Referenzelektroden verfolgt wurden. Bigeleisen schrieb an Storms (10.11.89):

> Ich finde keine überzeugenden Beweise, daß das Tritium tatsächlich in Ihren Zellen erzeugt wird. Eins ist klar, ihre Daten sind nicht reproduzierbar und zeigen eine zu große Streuung, als daß sie nicht statistischen Fehlern zugerechnet werden könnten.

Eine der Zellen von Storms und Talcott wies 2500 Tritiumzerfälle pro Minute und Millimeter in einer verschütteten Menge auf, aber nur 100 Zerfälle pro Minute und Millimeter in der Zelle. Eine andere Zelle sollte 3000 Tritiumzerfälle gezeigt haben, wobei diese Zelle vor der Elektrolyse nicht untersucht worden war. Die Tritiumwerte, wie sie von Storms und Talcott gemessen wurden, waren um Größenordnungen geringer als die von Bockris gefundenen Werte. Auch diese Werte konnten keine überzeugenden Beweise für die Kalte Kernfusion liefern.

All die Arbeiten zum Tritiumnachweis wurden in einem Vortrag von Wolf anläßlich des NSF/EPRI Workshops in Washington (vom 16.-18. Oktober) zusammengefaßt. Er äußerte sich sowohl zu seinen Versuchen, die Tritium-Messungen von Bockris zu reproduzieren, als auch zum vermeintlichen Ursprung des Tritiums. Die Zusammenfassung seines Vortrags lautet: Das Tritium erscheint sehr plötzlich in der Zelle.

Wenn es durch Verunreinigungen eingeschleust wurde, muß es vor Beginn der Elektrolyse in einer Komponente enthalten sein, aus der es dann freigesetzt würde. Ausführliche Tests haben keinerlei Anzeichen für Verunreinigungen geliefert, weder in den Ausgangsmaterialien noch in purem Wasser. Es wurden auch keine Korrelationen mit Neutronen und γ-Strahlen gefunden. Das Verhältnis von Neutronen zu Tritium ist mindestens um den Faktor 10^{-7} kleiner, als man für eine D+D Reaktion erwarten würde, und um 10^{-3} kleiner als für eine sekundäre T+D Reaktion. Ebensowenig gibt es γ-Strahlen aus einer Coulomb-Anregung des Palladiums durch 3 MeV-Protonen. Dies beweist, daß die Reaktion $D + D \rightarrow T + p$ nicht stattfindet.

Wolf schloß sich also der Meinung unseres Auschusses an, daß das Tritium in den Experimenten von Bockris nicht von der wohlbekannten D+D Reaktion herrühre. Bis zum Oktober 1989 hatte er die Quelle der Tritium-Kontamination nicht gefunden.

Experimente, die direkt nach 3 MeV Protonen aus der Reaktion $D + D \rightarrow T + p$ suchten, zeigten ebenfalls, daß kein Tritium durch Elektrolyse produziert wurde. Verschiedene Methoden ergaben übereinstimmend sehr niedrige obere Grenzen für die entsprechende Fusionsrate. So erhielt die Gruppe von Price [9] zum Beispiel eine obere Grenze von 8×10^{-26} Fusionen pro Deuteriumpaar und pro Sekunde. Dies ist erheblich weniger als die Fusionsrate, die Jones Gruppe aufgrund ihrer Neutronenmessungen für die Reaktion $D + D \rightarrow {}^3He + n$ postuliert hatte.

Auf der ganzen Welt fand nur ein anderes Laboratorium ähnlich hohe Tritiummengen wie Bockris, nämlich das Bhabha Atomic Research Center (BARC) in Trombay, Indien. Dort führten zwölf verschiedene Forschergruppen umfangreiche Untersuchungen zur Kalten Kernfusion durch. Sie benutzten die beiden gängigen Methoden zur Einlagerung des Deuteriums in Palladium und Titan: Elektrolyse und hohen Druck in der Gasphase. Die Ergebnisse wurden in einem langen Bericht veröffentlicht, der später in *Fusion Technology* abgedruckt wurde und in abgekürzter Form im Tagungsband der First Annual Conference on Cold Fusion erschien [10]. Unserem Ausschuß lag ein Vorabdruck dieser Ergebnisse vor, als wir unseren Abschlußbericht verfaßten.

Die BARC-Experimente beschränkten sich darauf, Fusionsprodukte nachzuweisen und nicht Überschußwärme, was, wie sie meinten, diffizile kalorimetrische Messungen erfordert hätte. Dieser Kommentar zu den Schwierigkeiten der Kalorimetrie ist schon bemerkenswert, wenn man bedenkt, daß anfänglich behauptet wurde, man könne das Experiment in einem Schulversuch durchführen. Eine Besonderheit dieser Experimente war, daß man in acht von elf Zellen schon am ersten Tag der Elektrolyse Pulse von Neutronen und Tritium beobacht hatte! Man vergleiche dies mit der Ansicht von Bockris, der mir folgendes schrieb:

> Was diejenigen Experten und ehrenwerten Kollegen betrifft (z.B. in Yale, MIT, Caltech etc.), die die Existenz von nuklearen elektrochemischen Effekten bestreiten, so kann man leicht verstehen, warum sie nichts finden: diese Effekte, die mittlerweile von so vielen beobachtet wurden, treten erst nach mehrwöchiger Elektrolyse auf.

Pons und Fleischmann äußerten sich ähnlich:

> Unsere kalorimetrischen Messungen an Palladium-Deuterium-Systemen ... zeigten, daß man eine große Anzahl von Elektroden über einen langen Zeitraum beobachten muß (im Mittel dauerte ein Meßzyklus drei Monate).

Im Vergleich zu anderen Gruppen war man bei BARC also außergewöhnlich erfolgreich, fand man doch Neutronen und Tritium in verschiedenen Zelltypen schon am ersten Tag, während Bockris, Pons und Fleischmann Monate brauchten. Allerdings weichen die oben zitierten Feststellungen dieser Forscher von dem ab, was sie anfänglich behauptet hatten. Wie oben berichtet, war die Bockris Gruppe bei ihren ersten Experimenten sehr erfolgreich in der Produktion von Tritium. Erst später sank ihre Erfolgsquote merklich. Eine weitere Besonderheit der BARC Experimente war, daß sie in acht von elf doppelt erfolgreichen Experimenten ein Verhältnis von Neutronen zu Tritium von 10^{-6} bis 10^{-9} fanden. Selbst wenn man die Reaktion (1a), welche die Hauptquelle für Neutronen darstellt, vernachlässigt, bleibt ein so kleines n/T Verhältnis unbegreiflich. Die Tritiumkerne der D+D Reaktion haben eine Energie von 1.01 MeV. Diese Kerne bombardieren das Deuterium in der Kathode und in dem umgebenden schweren Wasser. Die Reaktion $T + D \rightarrow {}^4He + n$ erzeugt reichlich Neutronen. Tritiumkerne, die im Deuterium abgebremst werden, erzeugen etwa 2×10^{-5} Sekundärneutronen pro Kern, während im schweren Wasser die Ausbeute ca. 9×10^{-5}

Neutronen beträgt. Die bei BARC beobachteten n/T Verhältnisse sind also um 200 bis 20000 mal kleiner, als man alleine aus der Produktion von Sekundärneutronen erwarten würde.

Auf Grund des bekannten Verzweigungsverhältnisses zwischen den Reaktionen (1a) und (1b) erwartet man ein n/T Verhältnis von ungefähr eins. Die Anhänger der Kalten Fusion bemühten deshalb Wunder Nummer zwei, das wundersame Verzweigungsverhältnis. In diesem Fall half es allerdings wenig, da wegen des Fehlens von Sekundärneutronen das Tritium unmöglich aus der Reaktion $D + D \rightarrow T + p$ stammen konnte. Die meisten Kernphysiker schlossen deshalb, die Ursache des bei BARC beobachteten Tritiums war eine Kontamination. Eine dritte Besonderheit der BARC-Experimente war ihre ungewöhnliche Erfolgsrate bei so unterschiedlichen Versuchsbedingungen. So produzierten alle fünf Experimente mit NaOD-Lösung (im Gegensatz zum üblichen LiOD) schon nach kurzer Zeit Neutronen und Tritium. Dies stand im krassen Gegensatz zu den Befunden der amerikanischen Gruppen, die mit NaOD keinen Erfolg hatten. Wenn man bedenkt, wieviele Gruppen auf der Welt nach Fusionsprodukten suchten, kann man die Ergebnisse von BARC nur als sensationell bezeichnen. Eine vierte Besonderheit war die Höhe der Erzeugungsraten von Tritium und Neutronen. Die nachgewiesenen Tritiummengen waren höher als bei jeder anderen Gruppe, mit Ausnahme von Bockris, und die Neutronenrate überstieg die von Jones um mehr als einen Faktor Hundert. Kurz gesagt, die Ergebnisse von BARC waren zu schön, um wahr zu sein. Sie stimmten weder mit den positiven noch mit den negativen Ergebnissen anderer Laboratorien überein. Noch ein letzter Kommentar: selbst wenn das Tritium in den BARC-Zellen durch Deuteriumfusion entstanden sein sollte, wäre die nachgewiesene Menge so viel kleiner, als man nach den Wärmemessungen von Pons und Fleischmann erwarten würde, daß man beim besten Willen keinen Zusammenhang zwischen diesen beiden Phänomenen herstellen kann.

Seit kurzem ist Kevin Wolf dem Geheimnis des Tritiums bei Texas A&M auf der Spur. Schon in seinem Vortrag bei der NSF/EPRI Tagung hatte er festgestellt, das Tritium stamme nicht aus einer Kernreaktion, ließ aber die Frage offen, woher es nun komme. Später fand Wolf immerhin eine teilweise Antwort: einige seiner Palladiumelektroden, die er bei

Hoover&Strong gekauft hatte, waren mit Tritium kontaminiert, als sie in seinem Laboratorium ankamen. Er schloß: „damit dürfte feststehen, daß unsere geringen Tritiummengen aus Verunreigungen stammten [11]."

Dieser Befund läßt auch andere Tritiummessungen in zweifelhaftem Licht erscheinen. So stammten die ein und drei Millimeter dicken Kathoden bei Bockris ebenfalls von Hoover&Strong. Die Bockris-Zellen zeigten aber zu viel Tritium, als daß sie alleine aus den von Wolf nachgewiesenen Verunreinigungen stammen könnten. Als Wolf eine Zelle von Bockris analysierte, machte er eine scharfsinnige Beobachtung. Die Zelle enthielt eine große Menge von normalem Wasser. Dies könnte ein Hinweis, allerdings kein Beweis, dafür sein, daß man tritiumhaltiges normales Wasser in die Zelle getan hat. Diese spezielle Zelle war einige Monate lang in einem versiegelten Behälter aufbewahrt worden und sollte nicht so viel normales Wasser enthalten, es sei denn, es wurde später hinzugefügt. Als die Bockris Gruppe davon erfuhr, untersuchten sie weitere Zellen und fanden in einigen wiederum leichtes Wasser. Wolf bemerkte dazu: „Das ist einfach unglaublich, ich verstehe das nicht." In seinen eigenen Zellen fand er stets nur unter 1% leichtes Wasser. Wieder erhob sich die Frage, ob tritiumhaltiges Wasser, das es bei Bockris gab, die Ursache der erhöhten Tritiumwerte war. Wolf stellte fest: „Man kann nur folgern: die Verhältnisse in dem Labor von Bockris waren so nachlässig und schlampig, daß seine Ergebnisse nichts bedeuten [12]."

In der Zusammenfassung eines Vortrages, den Wolf bei der Konferenz über Anomale Nukleare Effekte für Deuterium in Festkörpern an der BYU hielt, stellte er unzweideutig fest, daß bei der Elektrolyse von D_2O kein Tritium entsteht. Ich zitiere:

> Die Erzeugung von Tritium bei der Elektrolyse von D_2O in Pd-Ni-LiOD Zellen ließ sich nicht reproduzieren. Die Ergebnisse von Packham et al. werden als zweifelhaft angesehen und beruhen wohl auf Kontamination mit Tritium. Ausführliche Untersuchungen mit über 100 Elektrolysezellen ergaben, daß die Menge an nachgewiesenem Tritium durch Verunreinigungen im Palladium erklärt werden kann. Es wurden keine Hinweise auf eine Kalte Kernfusion gefunden. Der Einfluß dieser Untersuchung für die Ergebnisse anderer Gruppen, die Tritium ohne hinreichende Kontrollexperimente nachwiesen, wird diskutiert.

Weder die Gruppe von Martin noch die von Wolf, beide bei Texas A&M,

beobachteten bei ihren umfangreichen und wohlkontrollierten Experimenten elektrochemisch erzeugtes Tritium. Diese Forscher haben den Arbeiten von Bockris und Packham jegliche Glaubwürdigkeit genommen. Die hohen Dosen an Tritium, die von Bockris und der BARC-Gruppe beobachtet wurden, sind also eindeutig nicht auf Kernreaktionen zurückzuführen. Wir fassen die entsprechenden Argumente nochmals zusammen.

1. Protonen mit einer Energie von 3 MeV, die bei der Reaktion $D + D \rightarrow T + p$ enstehen, ließen sich nicht nachweisen. Die obere Grenze für diesen Prozeß liegt um Größenordnungen unter der angeblich gefundenen Tritiumintensität. Ein Experimentator konnte eine obere Grenze etablieren, die erheblich unter der Neutronenrate liegt, die Jones Gruppe aus der Reaktion $D + D \rightarrow {}^3He + n$ erhalten haben will.

2. Das gemessene Verhältnis von Neutronen zu Tritium (n/T) von 10^{-6} bis 10^{-9} steht im krassen Widerspruch zu Untersuchungen, die zeigten, daß das Verzweigungsverhältnis der beiden Reaktionen $D+D \rightarrow {}^3He+n$ und $D+D \rightarrow T+p$ im Energiebereich von einigen keV etwa eins beträgt. Theoretische Untersuchungen bestätigen, daß bei der Fusion von Deuterium im niederenergetischen Bereich der Oppenheimer-Philips-Effekt nur wenige Prozent beträgt und für die Kalte Kernfusion irrelevant ist.

3. Das n/T Verhältnis läßt sich auch deshalb nicht mit einer $D+D \rightarrow T+p$ Reaktion erklären, da sonst gemäß der Reaktion $D + T \rightarrow {}^4He + n$ Sekundärneutronen erzeugt werden müßten.

4. Alle Versuche, γ-Strahlen aus der Coulomb-Anregung nachzuweisen, die bei der Wechselwirkung von 3 MeV-Protonen mit Palladium entstehen, waren negativ.

5. Kevin Wolf konnte Tritium als Verunreinigung in Palladium nachweisen, das von der Firma Hoover&Strong stammte.

6. In keiner der ca. 200 Zellen von Martin und Wolf ließ sich durch Kernfusion erzeugtes Tritium nachweisen.

Trotz dieser negativen Befunde stellte Bockris in einem Artikel [13] vor, was er für die beiden Hauptcharakteristika der Kalten Kernfusion hält. Er behauptete: „Da ist zum einen das große Verhältnis von Neutronen zu Tritium, in der Größenordnung von 10^8, und zum anderen der sporadisch auftretende und irreproduzierbare Charakter des Phänomens.“ Solch eine Charakterisierung des Phänomens wird, da bin ich mir sicher,

Freunde und Feinde der Kalten Kernfusion überraschen. Bockris sagte sogar: „eine geeignete Theorie muß beide Phänomene erklären können." Bockris Abneigung gegen die konventionelle Kernphysik wurde bereits erwähnt. Am 12. Juni 1989 schrieb er an den DOE/ERAB-Ausschuß:

> Wir sind nicht besonders begeistert über die Anwendung gängiger Fusionstheorien für Plasma auf die Kernfusion in elektrochemischen Systemen. Wir glauben, daß es extreme Unterschiede in den Bedingungen gibt, insbesondere was die Abschirmung der Deuterium-Deuterium-Wechselwirkung durch Elektronen betrifft. ... In der Geschichte war es immer so, wenn eine neue Wissenschaft geboren wurde, wurde sie immer erst abgelehnt, bis das neue Paradigma schließlich akzeptiert wurde... Wir glauben, daß beim Versuch, dieses neue Phänomen zu überprüfen, die negativen Ergebnisse weniger gewichtig sind als die positiven. Negative Ergebnisse können ohne Geschicklichkeit und Erfahrung erhalten werden.

Ich finde, Bockris Stellungnahme zu den negativen Ergebnissen mehrerer renommierter Forschungsgruppen gehört zu den exzentrischsten, die ich je zu diesem Thema gehört habe. Es gibt übrigens genügend Hinweise darauf, daß diese Ansicht über die negativen Ergebnisse von mehreren Anhängern der Kalten Kernfusion geteilt wird. Während der Frühjahrstagung der Electrochemical Society in Los Angeles hieß es in einem Aufruf an die Beiträge über die Kalte Kernfusion, daß nur Beiträge mit positiven Ergebnissen angenommen werden. Die Organisatoren rechtfertigten dies, indem sie behaupteten: „da es eine Sitzung über die Kalte Kernfusion ist, sind Forschungsergebnisse, die keine Kernfusion finden, nicht relevant." Die gleiche restriktive Auswahl wurde beim Workshop in Santa Fe durchgeführt, als am Abend des 23. Mai 1989 angekündigt wurde, daß nur Beiträge mit positiven Resultaten vorgestellt werden dürften. Der Widerstand einiger Teilnehmer mündete in der Annahme weniger negativer Beiträge. Wie sich gezeigt hat, glaubte Bockris sehr fest daran, daß die elektrochemische Umgebung die bekannten Eigenschaften der Fusionsreaktion von Deuterium verändern könne.

Wie erwartet, kann aus der Fülle der von Bockris aufgeführten Modellen nur das eigene Modell „effektiv beide Merkmale, den sporadischen und irreproduzierbaren Charakter der Kalten Kernfusion... sowie das große Verhältnis von Neutronen zu Tritium erklären." Ist überhaupt ein Modell vorstellbar, welches diese höchst unüblichen Charakteristika der Kalten Kernfusion erklären kann? Man bedenke zunächst, weshalb die Verfechter der Kalten Kernfusion den Tritiumwerten soviel Bedeutung beimaßen. David Worledge vom Electric Power Research Institute (EPRI, eine Institution, die Forschung an der Kalten Kernfusion unterstützt) behauptete ganz eindeutig: „wir werden sehen, daß der Tritiumnachweis der eindeutigste der drei möglichen Beweise, Tritium, Neutronen und Überschußwärme, für die Kalte Kernfusion ist. Es scheint nicht länger vernünftig zu sein, anzunehmen diese Ergebnisse seien falsch, einzig und allein, weil sie mit gängigen Theorien nicht erklärbar sind" [14]. In diesem Punkt widersprachen die Beobachtungen der Gruppe von BARC und Bockris gravierend dem gut überprüften Verhältnis von Tritium zu Neutronen bei der D+D-Reaktion. Gefestigte Theorien besagen, daß dieses Verhältnis nur geringfügig verändert wird, wenn die Energie des Deuteriums bis zur thermischen Energie reduziert wird. Obwohl keine andere Gruppe auf der Welt ähnlich hohe Tritiumwerte erhielt, akzeptierten die Verfechter der Kalten Kernfusion auch dieses zweite Wunder und definierten daraus ein weiteres Charakteristikum des Phänomens. Das Verhältnis von Tritium zu Neutronen war auch insofern inkonsistent, da entsprechende Sekundärneutronen, die durch Wechselwirkung vonTritium mit Deuterium in der Nähe der Palladiumkathode gebildet werden, fehlten. So war das Verhältnis von Tritium zu Neutronen ironischerweise eher ein Beweis, daß Tritium nicht durch Kernfusion von Deuteron entstand. Gleichwohl glaubte Worledge, daß Tritium der eindeutigste Beweis für die Kalte Kernfusion wäre.

Auf welcher Basis rechtfertigten die Anhänger der Kalten Kernfusion das Verhältnis von Tritium zu Neutronen? Sie beriefen sich ausnahmsweise einmal auf die konventionelle Kernphysik, nämlich auf den bekannten Oppenheimer-Philips-Effekt. Diese beiden Wissenschaftler bemerkten vor über fünfzig Jahren, daß die Coulombkräfte nur zwischen den Protonen wirkten, aber nicht zwischen den Neutronen des Deuterons. Dies führt zu einer Polarisation der Deuteronen, welche die Reaktion $D + D \rightarrow T + p$ gegenüber der Reaktion $D + D \rightarrow {}^3He + n$ bevorzugt, also genau in der Richtung wirkt, die man zur Erklärung der Daten von BARC und Bockris braucht. Entscheidend ist aber die

Größe dieses Effekts und seine Abhängigkeit von der Energie, besonders bei den sehr kleinen Energien, die hier in Frage kommen. Nach Untersuchungen von Koonin und Mukerjee [15] beträgt der Effekt aber nur wenige Prozent und spielt bei niederenergetischen D+D Reaktionen praktisch keine Rolle, kann also auch nicht das n/T Verhältnis erklären. Man braucht dazu Wunder Nummer zwei.

Wie verhält es sich mit dem anderen Charakteristikum der Kalten Kernfusion, ihrem sporadischen und irreproduzierbaren Auftreten? Die Bockris-Gruppe hatte vorgeschlagen, daß die Fusion an sogenannten Dendriten, nadelartigen Gebilden auf der Oberfläche, die sich nach langer Elektrolyse bilden, abläuft. Als Beweis führten sie Änderungen im Isotopenverhältnis des Palladiums während der Elektrolyse an, über die auf der NSF/EPRI Tagung berichtet wurde, und die sich mittlerweile als falsch erwiesen haben [16]. Reproduzierbarkeit gehört aber zur Basis der exakten Naturwissenschaften. Ein Experiment gilt erst dann als wissenschaftlich gesichert, wenn man Regeln aufstellen kann, nach denen es jeder kompetente Wissenschaftler an jedem beliebigem Ort der Welt wiederholen kann. Irreproduzierbarkeit stellt ein Phänomen auf eine unwissenschaftliche, subjektive Basis.

Nun ist es nicht ungewöhnlich, daß neuartige Experimente von unverstandenen Effekten beeinflußt werden. Aber wenn es sich um ein neues, reales Phänomen handelt, kann man diese Einflüsse auch anderen Forschern demonstrieren. Bei den ersten Experimenten an Halbleitern, zum Beispiel, leiteten manche Germaniumkristalle den Strom besser als andere. Diese Tatsache ließ sich nicht bestreiten, da man die Kristalle vorweisen und ihren Widerstand beliebig oft messen konnte. Bei wirklichen Effekten lassen sich die Gründe für experimentelle Schwankungen systematisch untersuchen und schließlich kontrollieren. Bei den Halbleiterkristallen konnte man sie auf Verunreinigungen zurückführen. Bei der Kalten Kernfusion hat es aber keinerlei Fortschritte in dieser Hinsicht gegeben.

In den experimentellen Wissenschaften stoßen aufsehenerregende neue Effekte oft auf allgemeine Skepsis. Das muß auch so sein, denn Kritik gehört zum Wissenschaftsbetrieb und reduziert Subjektivität. Ob neue Ergebnisse schließlich akzeptiert werden, hängt nicht davon ab, ob sie gut in allgemein akzeptierte Gesetze passen, sondern ob man sie beliebig oft wiederholen kann. Pasteurs Entdeckung von links- und rechtsdrehenden Molekülen sowie Rayleighs und Ramsays Entdeckung der Edelgase wurden trotz erbitterten Widerstandes akzeptiert, weil sie sich durch eindeutige reproduzierbare Experimente belegen ließen. Die wenigen Forschergruppen, die angeblich große Mengen an Tritium erzeugt haben, konnten dies bisher nicht anderen Wissenschaftlern demonstrieren. Im Gegenteil, alles deutet darauf hin, daß das Tritium nicht durch Kernprozesse erzeugt wurde.

Viele Experimente zur Kalten Kernfusion wurden ohne die nötigen Kontrollen und Sicherheitsvorkehrungen durchgeführt. In dem Bemühen, der Kalten Kernfusion Glaubwürdigkeit zu verleihen, schienen viele ihrer Befürworter mehr daran interessiert, die Gruppen mit positiven Ergebnissen aufzuzählen statt zu untersuchen, wie zuverlässig deren Ergebnisse sind. Um eine gute Veröffentlichung zu diskreditieren, die über negative Ergebnisse berichtete, argumentierte der Herausgeber der Zeitschrift *Fusion Facts*, über neunzig Wissenschaftler hätten die Kalte Kernfusion bereits bestätigt. Ebenso behauptete Bockris anläßlich eines Vortrags mit dem Titel: „Gibt es Beweise für Kernfusion in Festkörpern?"[17] daß neunundsiebzig Gruppen in sechzig Laboratorien in zwölf verschiedenen Ländern die Kalte Kernfusion erfolgreich reproduziert hätten. Jeder, der mit der Materie vertraut ist, kann einen Fall nach dem andern von der Liste streichen, entweder weil die Autoren ihre Behauptungen mittlerweile zurückgezogen haben, oder weil sie sich als unzureichend belegt und irreproduzierbar erwiesen. Wieviel eindrucksvoller wäre es, gäbe es eine einzige sorgfältige Arbeit, die konsistente und reproduzierbare positive Ergebnisse vorwiese!

Wie oben dargestellt, kann die Ursache der hohen Tritiumdosen keine Kernreaktion sein, sie sind höchstwahrscheinlich durch Verunreinigungen eingeschleppt worden. Die Tritiummengen, die bei Bockris beobachtet wurden, übertreffen aber die Verunreinigungen im Palladium, die Wolf nachwies, erheblich. Bockris Zellen elektrolysierten also entweder unter so nachlässigen Bedingungen, daß Tritium unbeabsichtigt in die Zellen kam, oder es wurde mit Absicht beigefügt. Bockris selbst erwog diese Möglichkeit in seiner ersten Publikation über Tritium [18], hielt dies aber für unwahrscheinlich. Die Entdeckung von leichtem Wasser in den tritiumhaltigen Zellen legt aber Betrug nahe, wie in *Science* [19] diskutiert wurde. Nun kann man unter Betrug mancherlei verstehen. Er reicht von einer verfälschenden Auswahl der Meßergebnisse, indem man nur die Daten aufnimmt, die eine Hypothese bestätigen und die anderen unterdrückt, bis zur manifesten Fälschung von Ergebnissen. In der Physik ist Betrug wahrscheinlich selten, da die Versuche reproduzierbar sind und normalerweise in kurzer Zeit verifiziert werden können, im Gegensatz zu Biologie und Medizin. Der angeblich irreproduzierbare Charakter der Kalten Fusion erschwert es, einen etwaigen Vorwurf von Betrug zurückzuweisen. Betrug kann einen verheerenden Effekt auf die Wissenschaftler und auf die Öffentlichkeit haben. Letztendlich wird aber jeder Betrug aufgedeckt, wenn andere Wissenschaftler die Daten überprüfen. Wertvolle Zeit und Forschungsgelder werden verschwendet, um ein falsches Ergebnis zu berichtigen.

Schon von Anfang an hatten die hohen Dosen an Tritium in den Zellen von Bockris Verdacht erregt. Besonders verdächtig erschienen die Ergebnisse, da sie der Kernphysik widersprechen und zudem von keiner anderen Gruppe in der Welt, außer von den beiden am BARC (und hier nur bei sehr unterschiedlichen Bedingungen) reproduziert werden konnten. Wie war es diesen beiden Gruppen möglich, in so kurzer Zeit so hohe Tritiumdosen zu erhalten? Trotz dieser Verdachtsmomente hielt Bockris es nicht für nötig, seine Zellen hinreichend zu isolieren. Zu gegebener Zeit entließ Bockris einen Doktoranden im fünften Jahr der Doktorarbeit, um ihn wenige Monate später wieder an den Experimenten arbeiten zu lassen mit zwei neuen Zellen, die Tritium generierten. Andere, die ihre Skepsis über die Ursache des Tritium äußerten, wurden mit dem Hinweis, andere Gruppen hätten die Ergebnisse bestätigt, zurückgewiesen. Der einzige Ausweg für diese frustrierten Wissenschaftler war, das Labor von Bockris zu verlassen [20].

Es widerstrebte den Verantwortlichen der Texas A&M, die Vorkommnisse im Labor von Bockris zu untersuchen. Professor Charles Martin, ein Kollege von Bockris, ging zu dem Direktor des Chemischen Instituts, Michael B. Hall, um seine Bedenken zu äußern. „Ich warnte Hall, daß die Möglichkeit bestehe, die Ergebnisse seien das Resultat einer Täuschung“ [21]. Martin war von Anfang an einer der aktivsten Forscher der Kalten Kernfusion und hatte in seinem Labor viele verschiedene Zellen untersucht. Er hatte sogar Bockris vorgeschlagen, eine seiner Zellen zu untersuchen. Martin schrieb im Januar 1990 an Dr. John P. Fackler jun., Dekan des College of Science: „in keiner der 83 von meinen Studenten betriebenen Zellen konnte Tritium oberhalb des vorhergesagten Trennfaktors beobachtet werden“ [22]. Jedwelcher Untersuchung der Verantwortlichen der Texas A&M hätte Bockris entgegnet, es handele sich um ein neues Gebiet der nuklearen Elektrochemie, das sich gerade durch seinen sporadischen und irreproduzierbaren Charakter auszeichnet. Seine ersten überraschenden Erfolge ließen sich nicht mehr so schnell wiederholen. Auch er mußte jetzt ca. zehn Wochen warten, bis die Elektrolyse nennenswerte Ergebnisse lieferte. Unter der Ägide der Irreproduzierbarkeit wurde den Behauptungen der Kalten Kernfusion sogar Respekt gezollt und auf eine Untersuchung verzichtet. Dr. Robert L. Park, der Leiter der Abteilung für Öffentlichkeitsarbeit der APS, hielt am 12. Juli 1990 einen Vortrag vor dem Committee on Science, Engineering and Public Policy (COEPUP), in dem er sagte:

> Die Verwaltung der Texas A&M, die sich beständig weigerte, die Anschuldigungen der Manipulation in den Labors der Kalten-Kernfusions-Forschung zu untersuchen, behauptet, das Magazin *Science* heize die Kontroverse an. Diese Reaktion war für all die vorhersehbar, die wissen, wie ungerne Universitäten Beschuldigungen von Interessenkonflikten und Betrug nachgehen. Dies ist verständlich, denn Fälle von absichtlichem Betrug sind glücklicherweise selten. Viel häufiger kommt es vor, daß eine Universität das Recht ihrer Professoren auf unpopuläre und nokonformistische Ansichten verteidigen muß.

Dieses Beispiel zeigt, wie schwierig es ist, Anschuldigungen von Betrug nachzugehen. Nach allem, was man wußte, konnten unmöglich große Mengen Tritium in den Zellen entstanden sein, doch dauerte es Monate, bis die Verwaltung der Universität etwas unternahm. Einerseits müssen die Universitäten die akademische Freiheit ihres Kollegiums schützen, andererseits sollten sie verdächtigen Fällen aber auf informelle Weise nachgehen können, ohne gleich einen richtigen Prozeß mit formaler Anklage daraus zu machen, wozu man sich nur selten, und meist zu spät, durchringt. Schließlich setzte Texas A&M doch einen Ausschuß von drei Professoren, Fry, Natowitz und Poston, ein, um der Sache nachzugehen.

Sie untersuchten alle Projekte zur Kalten Kernfusion an ihrer Universität, berücksichtigten aber hauptsächlich die Arbeiten von Bockris. Ihr Bericht faßt im wesentlichen die bekannten Arbeiten dieser Universität zusammen und enthält keine Überraschungen. So stellten sie fest, daß die Gruppe von Bockris im April und März 1989, und dann wieder im November 1989, ungewöhnlich hohe Dosen Tritium nachgewiesen hatte. Seitdem waren solche Mengen nicht mehr aufgetreten. Bezeichnenderweise gibt Bockris dem Nachweis von Tritium jetzt keine Priorität mehr. Wie kann das sein, wo Tritium doch angeblich der eindeutigste Beweis für die Kalte Kernfusion ist nach Maßgabe ihrer Anhänger?

Der Ausschuß an der Texas A&M schloß, daß die ungewöhnlich hohen Tritiummengen, die hohe Konzentration an leichtem Wasser in den Bockris Zellen, die laschen Sicherheitsvorschriften etc. keinen überzeugenden Beweis für Betrug darstellten. Dies überrascht nicht bei einem örtlichen Untersuchungsausschuß. Um Betrug nachzuweisen, bedarf es eindeutiger Beweise. Es ist viel leichter, die ganze Epsiode mit dem Tritium an der Texas A&M auf unglaubliche Schlamperei zurückzuführen, wie Wolf es tat. Bockris hat seit über einem Jahr kein Tritium mehr gefunden. Wahrscheinlich wird die ganze Geschichte, die einst als sicherer Beweis für die Kalte Kernfusion galt, allmählich in Vergessenheit geraten.

Helium

In den Wochen nach jener denkwürdigen Pressekonferenz vom März 1989 gab es viel Verwirrung um Heliummessungen. Anfangs sahen einige Anhänger im Nachweis von Helium einen möglichen Beweis für die Kalte Kernfusion. Aber selbst Fleischmann und Pons gaben offen zu, Helium sei ein kritischer Test. In dieser geladenen Atmosphäre kamen Meldungen, die auf sehr zweifelhaften Experimenten beruhten, über die Entstehung von Heliumisotopen der Massenzahl 4 bei der Elektrolyse von D_2O mit Palladiumkathoden auf. Diese Behauptungen, die sich schließlich als falsch entpuppten, waren der Auslöser der bizarrsten Theorien, die man sich zur Erklärung der Kalten Kernfusion vorstellen kann. Besonders bemerkenswert sind diese Theorien, wenn man den

Versuch zur Erklärung der Wärmeerzeugung betrachtet, da jede erfolgte Fusion von Deuteronen 23,8 MeV strahlungsfreier Energie liefert, die dem Palladiumgitter übertragen wird. Könnte man sich eine bessere Energiequelle wünschen, bei der weder Neutronen noch Tritium noch Strahlung entstehen? Der Anfang der Heliumstory ist schon bei der Pressekonferenz von Fleischmann und Pons zu suchen, als diese behaupteten, Wärme erhalten zu haben, die hundert Millionen Mal höher war als die Fusionsprodukte. Wieso die beiden Autoren trotzdem an die Öffentlichkeit gingen, bleibt ein Rätsel, mit dem sich Wissenschaftshistoriker noch Jahre lang beschäftigen werden. Sie standen seltsamerweise nicht in Berührung mit der Kernphysik und waren über die Entwicklungen der letzten fünfzig Jahre offensichtlich nicht informiert. Drei Wochen nach der Pressekonferenz informierten Fleischmann und Pons ihre Kollegen Walling und Simons, daß sie große Mengen an ^{4}He in den Zellen beobachtet hätten [23]. Die Analysen der entweichenden Gase hätten der Wärmemenge entsprechende Heliummengen ergeben. Dies führte zu der in Kapitel 3 erwähnten 'Drei-Wunder-Theorie'. Auch Peter Hagelstein vom MIT postulierte eine ^{4}Helium-Fusion als Ursache für die Wärme. Als Antwort auf eine Frage zu Hagelsteins Arbeit bemerkte Simons: „Nachdem was sie mir sagen, scheint er (Hagelstein) so schlau wie wir zu sein“ [24]. Diese Theorien für eine Deuteriumfusion, die große Mengen Wärme aber keine γ-Strahlen erzeugt, können in einem Atemzug mit den Versuchen der Alchimisten genannt werden.

Der seltene Reaktionsweg der Deuteriumfusion erfolgt über Teilcheneinfang und liefert ^{4}He sowie γ-Strahlen der Energie 23,8 MeV. Der oben vorgestellten Theorie zufolge wird die gesamte Reaktionsenergie dem Metallgitter und nicht Photonen übertragen. Es wurden Analogien zu internen Konversionsprozessen und dem Mössbauer-Effekt hergestellt. Beide Effekte sind jedoch nicht auf die Erzeugung von Helium durch D+D-Kernfusion anwendbar. Im Helium sind die Elektronen sehr lose gebunden und können nicht mit den γ-Strahlen wechselwirken. Daher kann weder eine interne Konversion noch irgendein anderer ähnlicher Prozeß die entsprechende Rate rechtfertigen [25]. Die Physiker aus Utah betonten, wenn eine interne Konversion stattgefunden hätte, wären die entstandenen Elektronen einige Zentimeter in das Wasserbad gelangt und hätten eine bläuliche Strahlung, die sogenannte Cerenkov-Strahlung, verursacht. Als Pons gefragt wurde, ob er solche Strahlungen beobachtet hätte, antwortete er: „um Ihnen die Wahrheit zu sagen, wir haben gar nicht darauf geachtet...Wir hatten die Lichter im Labor ausgemacht und hatten nichts gesehen, es war nicht so dunkel“ [26].

Als später die Tagung der Electrochemical Society in Los Angeles stattfand, gaben die beiden Chemiker aus Utah zu, daß ihre früheren Behauptungen über die Heliummessungen inkorrekt seien, sie führten sie auf Meßehler zurück (normalerweise enthält Luft 5×10^{-4} Vol.% Helium). Ihr Widerruf konnte die Kontroverse um das Helium jedoch nicht beilegen, beruhten die Messungen doch auf der falschen Annahme, Helium entstünde infolge der Kernfusion an den Palladiumkathoden. Bei der Tagung in Los Angeles, wie auch schon bei der Tagung in Dallas, fragten mehrere Wissenschaftler führender Institute um Proben zur Heliumuntersuchung an. Alle diese Anfragen wurden von Fleischmann und Pons zurückgewiesen.

Der Nachweis von Heliumspuren in der Palladiumkathode ist deshalb so schwierig, weil Heliumverunreinigungen, z.B. aus der Luft, die Analysen beeinträchtigen. Daß es nötig ist, die Heliumverunreinigung zu eliminieren, wurde schon vor fünfzig Jahren durch die Versuche von Paneth und Peters gezeigt. Wäre Helium jedoch tatsächlich als Hauptprodukt der Kalten Kernfusion entstanden, wäre es leicht nachweisbar gewesen. Mehrere Versuche, Helium durch massenspektroskopische Untersuchungen nachzuweisen, schlugen fehl. Die Livermoregruppe fand trotz sehr empfindlicher Apparaturen weder Helium noch Tritium in den Palladiumstücken von Appleby, die angeblich Wärme geliefert hatten. Skeptische Physiker und Chemiker verlangten von Fleischmann und Pons eine Erklärung für die Überschußwärme. Fleischmann und Pons hatten eine ‘black box’ erfunden, in die man D_2O und etwas Elektrizität hineinsteckte, und die dafür große Wärmemengen aus einem unbekannten Kernprozeß, vermutlich die Fusion von Deuterium zu Helium, lieferte. Man übte immer stärkeren Druck aus, die Palladiumkathoden auf Helium zu analysieren. Die Chemiker aus Utah lehnten jedoch alle entsprechenden Angebote aus den USA ab, gaben aber dann Mitte Mai ihre Palladiumstäbe an Johnson-Matthey, eine Edelmetallfirma aus London, zur Analyse. Brophy berichtete, Fleischmann und Pons hätten mit dieser Firma einen Vertrag folgenden Inhalts abgeschlossen: Johnson-Matthey liefert Palladiumkathoden und erhält sie später zur Analyse zurück [27].

Wochen vergingen, ohne daß Johnson-Matthey irgendwelche Ergebnisse bekanntgab, obwohl mehrere amerikanische Labors sich angeboten hatten, die Heliumanalyse in wenigen Tagen durchzuführen. Auf meine telefonischen Anfragen bei Brophy erhielt ich nur Versprechungen, keine Daten. Auf der First Annual Conference on Cold Fusion, Ende März 1990, hielt D.T. Thompson von der Firma Johnson-Matthey einen langen technischen Vortrag über die Autopsie der Kathoden, gab aber immer noch keine Ergebnisse bekannt. Wenn die Elektroden wirklich stundenlang Überschußwärme von einigen Watt produziert hatten, sollte es ein Leichtes sein, Helium nachzuweisen, wenn es sich wirklich um die Fusion von Deuterium zu Helium handelte. Chase Peterson unterstützte Fleischmann und Pons in ihrer Rückhaltetaktik, alle Informationen über Helium zurückzuhalten. Er sagte, die Universität müsse abwägen zwischen der Bedeutung der Patentrechte und der notwendigen Geheimhaltung auf der einen Seite, und den lautstarken Forderungen nach Informationen, die solch einer sensationellen Meldung folgten, auf der anderen Seite. Die schärfsten Kritiker der Universität kämen ohnehin von großen, finanziell gut ausgestatteten Universitäten, die selbst stark in die konventionelle, erheblich teurere Heiße Fusion investiert hätten [28].

Als Antwort auf den zunehmenden Druck von draußen stimmten die Wissenschaftler von der University of Utah im Juni schließlich zu, ihre gebrauchten Palladiumkathoden von sechs unabhängigen Labors auf Helium untersuchen zu lassen, und zwar in einem sogenannten doppelt blinden Verfahren, in dem keiner der Beteiligten während der Untersuchung weiß, welche Kathoden Kalte Kernfusion gezeigt hatten. Dr. John Morrey vom Pacific Northwest Laboratory (PNL) sollte das Projekt beaufsichtigen. Er begab sich an die University of Utah, um die Regeln für die Analyse festzulegen. Fünf verschiedene Palladiumkathoden, jede 10 cm lang und mit einem Durchmesser von 0,2 cm, sollten untersucht werden. Morrey nahm sie mit in sein Labor im Staate Washington und überwachte persönlich die Verteilung der einzelnen Kathodenstücke.

Folgende Laboratorien[1] wurden am Test beteiligt:

Lawrence Livermore National Laboratory
Rockwell International, Energy Technology Engineering Center
University of California (Santa Barbara)
Delft University of Technology
Woods Hole Oceanographic Institution
Rockwell International, Rocketdyne Division

Jede der fünf Kathoden wurde in zehn gleiche Teile zerlegt, von denen jedes Labor eins erhielt. Die restlichen Stücke wurden aufbewahrt. Morrey sollte die Ergebnisse der noch nicht identifizierten Kathoden von den sechs Labors sammeln und sich anschließend mit Pons an einer neutralen Stelle treffen, wo sie gleichzeitig ihre Informationen austauschen würden. Pons sollte Morrey die Vorbehandlung jeder einzelnen Kathode mitteilen, und Morrey würde ihm die Ergebnisse der Analysen überreichen.

Während dieser Zeit rief ich wiederholt Hugo Rossi, den vorläufigen Direktor des NCFI, wegen der Helium-Tests an. Er schrieb mir dann am 1. September 1989, daß er das Ergebnis Ende September erwarte. Er versicherte mir, ich könne die Ergebnisse für unseren Ausschuß verwerten, und schlug vor, ich solle mich deswegen mit Morrey in Verbindung setzen. Nach mehreren vergeblichen Telefonaten, in denen Morrey mir keinerlei Auskünfte gab, rief ich ihn schließlich am Freitag, den 27. Oktober, noch einmal an. Dies war die letzte Gelegenheit, ihn vor der letzten Sitzung des Ausschusses, die am 30. und 31. Oktober in Washington stattfinden sollte, zu sprechen. Morrey offenbarte mir folgendes: a) die Analysen von allen sechs Labors waren in seinem Besitz; b) Pons hatte die Ergebnisse am 6. Oktober erhalten; c) Pons hatte seinerseits aber nicht die Vorgeschichte und die experimentellen Daten der Palladiumkathoden geliefert, und dies hätte ihn (Morrey) davon abgehalten, die Ergebnisse an die beteiligten Labors zu schicken; d) Pons hätte immer noch nicht alle benötigten Informationen geliefert, und an diesem Tag seien die Heliumdaten an die Labors geschickt worden; e) er könne

[1] Ursprünglich sollten acht Labors teilnehmen, zwei traten aber zurück, nachdem das Palladium zerteilt worden war.

diese Daten der Öffentlichkeit nicht bekanntgeben, ehe Pons nicht die zusätzlichen Informationen geliefert habe.

Morreys Entschluß, die Daten ohne die Vorgeschichte an die Labors zu schicken, zeigte, wie sehr er über Pons verärgert war. Später erfuhr ich, daß Morrey Pons am 6. Oktober am Flughafen Spokane getroffen habe, um die Daten auszutauschen. Morrey übergab Pons die Daten der sechs Labors und mußte zu seinem großem Erstaunen feststellen, daß Pons ihm nicht alle Informationen über die Kathoden überreicht hatte.

Dr. N. Hoffman vom Rockwell International Energy Technology Engineering Center machte während der ersten Tagung zur Kalten Kernfusion leise Andeutungen, daß die Helium-Tests negativ ausgefallen waren. Daraufhin sprang Fleischmann auf und verkündete, die Tests seien falsch und sollten unberücksichtigt bleiben. Morrey teilte mir mit, ein Artikel über die Heliumtests sei verfaßt und an die Leiter der sechs Labors sowie an Fleischmann, Pons, Rossi und Brophy verteilt worden. In dem Moment trat Justitia in die heiligen Hallen der Wissenschaft. Morrey und die anderen sechs Forscher erhielten ein Schreiben von C. Gary Triggs, dem Anwalt und Jugendfreund von Pons. In dem Brief war zu lesen, ein unschuldiger Fehler sei gemacht worden, es sei unschön, die Ergebnisse zu publizieren, falls dies doch geschehe, sehe man sich zu gesetzlichen Schritten veranlaßt. Diese rüde Taktik verfehlte nicht ihre Wirkung. Die Ergebnisse der Heliumtests wurden zurückgezogen und erst Monate später veröffentlicht. Außerdem wurde Morrey beschuldigt, Ergebnisse an unseren Untersuchungsausschuß weitergegeben zu haben. Ich kann jedoch bezeugen, daß Morrey mir nie Informationen über den Heliumgehalt der Kathoden gegeben hat. Im Gegenteil, er hielt sich treu an die Abmachungen, was man von vielen anderen Beteiligten nicht behaupten kann. In einem Gespräch mit C. Walling im April 1990 erfuhr ich, daß er und andere an der University of Utah diesen umstrittenen Artikel über die Heliumtests, der der restlichen wissenschaftlichen Welt Monate lang vorenthalten wurde, gelesen hätten.

Ende 1990 wurden Informationen über Heliumtests der Palladiumkathoden der University of Utah von Johnson-Matthey veröffentlicht. Und dies ist die Geschichte der Palladiumstäbe vor deren Einsenden in die sechs Labors [29]:

1. **Palladiumstab** - mit 3×10^{-7} Mol ^4He bei 500 keV dotiert, anschließend bei 800 mA in einer 0,1 molaren LiOD-Lösung 28 Tage lang elektrolysiert. Die mittlere Eindringtiefe der Heliumionen beträgt ungefähr 0,8 μm.
2. **Palladiumstab** - original Palladiumstab, wie sie von Johnson-Matthey geliefert wurden.
3. **Palladiumstab** - mit 3×10^{-7} Mol ^4He bei 500 keV dotiert und nicht weiter behandelt.
4. **Palladiumstab** - mit 3×10^{-7} Mol ^4He bei 500 keV dotiert, anschließend bei 800 mA in einer 0,1 molaren LiOH Lösung 28 Tage lang elektrolysiert.
5. **Palladiumstab** - bei 800 mA in einer 0,1 molaren LiOD-Lösung 28 Tage lang elektrolysiert.

Am 7. November gab Pons nach Rücksprache mit Morrey zu verstehen, daß der 5. Palladiumstab lediglich 5 bis 8 mW Energie nach einer Laufzeit von 24 Tagen geliefert habe. Die Tatsache, daß Pons diese wichtige Information über den einzigen wirklich kritischen Palladiumstab einen Monat lang zurückgehalten hatte, machte den doppelt blinden Charakter des Experiments zunichte.

Die Ergebnisse der sechs Labors für die drei mit Ionen implantierten Palladiumstäbe waren sehr unterschiedlich. Selbst die Ergebnisse der sechs Teilstücke, die in den verschiedenen Labors untersucht wurden, waren nicht gleich. Die Heliummengen der drei mit Ionen implantierten Heliumstäbe waren zum Teil so hoch, daß die Labors sich weigerten, diese mit ihren hochempfindlichen Apparaturen zu messen. Glücklicherweise hatte Morrey die Labors vor den hohen Heliumdosen gewarnt.

Die Heliummengen der behandelten Palladiumstäbe (Nr.1,3,4) entsprach ungefähr der aufgrund der Wärmemengen der University of Utah zu erwartenden. Als Pons und Fleischmann am 6. Oktober erfuhren, daß die Heliummenge ihrer Elektrode (Nr.5) um drei Größenordnungen geringer als erwartet war, berichtigten sie ihre Aussagen und erklärten, daß die erzeugte Energie lediglich 5 mW anstatt Watt betragen habe. Man kann nur spekulieren warum diese entscheidende Information Morrey nicht bereits am 6. Oktober zugetragen wurde! Die Heliummenge des 5. Palladiumstabs entsprach zudem der im Palladiumstab 2, der nach der Herstellung völlig unbehandelt geblieben war. Wenn man alle diese Tatsachen bedenkt, kann man nur schließen, daß das gesamte Heliumexperiment ein kolossaler Reinfall war, von vornherein zum Scheitern verurteilt, eine Verschwendung der wertvollen Forschungskapazitäten der beteiligten Labors.

Das ganze Helium-Fiasko läßt sich ohne Bedenken so zusammenfassen: In der Kathode aus den aktiven Zellen wurde nicht mehr Helium gefunden, als dem Hintergrund entsprach. Dies ergab sich auch schon aus der vergeblichen Suche nach γ-Strahlen der Reaktion $D+D \rightarrow {}^4He+\gamma$ (23,8 MeV). Alle Nachweisversuche, einschließlich derjenigen von M. Salamon [30] in dem Labor von Pons selbst, erbrachten nichts. Außerdem: wenn man nicht an Wunder Nummer zwei und drei glaubt und das bekannte Verzweigungsverhältnis für die Reaktion $D + D \rightarrow {}^4He + \gamma$ akzeptiert, würde man sowieso nur Heliummengen erwarten, die weit unterhalb der Verunreinigung in dem unbehandelten Stab Nr. 2 liegen, selbst wenn man an Wunder Nr. 1 glaubte.

Die meisten Wissenschaftler erwarteten, daß diese negativen Ergebnisse ein für allemal die Behauptung verstummen ließe, die Überschußwärme ginge mit entsprechenden Mengen an Helium einher. Weit gefehlt! Im März 1991 wiederholten B.F.Bush und seine Gruppe[31] die früheren Experimente von der University of Utah und fanden angeblich ${}^4He$ in den an der Kathode entweichenden Gasen. Der Herausgeber dieser Zeitschrift hielt diese Nachricht für so wichtig, daß er dieses Manuskript ohne weitere wissenschaftliche Begutachtung veröffentlichte, eine unbegreifliche Entscheidung nach all diesen Vorfällen. Da man weiß, wie schwierig ein eindeutiger Nachweis von Helium in der Gasphase ist, hätte man zumindest eine gleichzeitige Messung der zugehörigen γ-Strahlen durchführen müssen. Stattdessen begingen die Autoren den leider üblichen Fehler vieler Anhänger der Kalten Kernfusion. Sobald sie die ersten, noch fragmentarischen Hinweise auf Helium gefunden hatten, traten sie damit an die Öffentlichkeit, ohne ihre Ergebnisse, für die es aller drei Wunder bedurft hätte, zu überprüfen. Ehe wir das Thema Helium verlassen, möchte ich noch einige Worte über das seltene Isotop ${}^3He$ verlieren. Gemäß Reaktion (1a) gehören ${}^3He$ und Neutronen zu den wichtigsten Fusionsprodukten. Es ist aber viel einfacher, Neutronen nachzuweisen als ${}^3He$, weshalb sich die Suche auf erstere konzentriert hat. Deswegen möchte ich zu ${}^3He$ im Zusammenhang mit der Deuteriumverschmelzung nichts weiteres sagen. Es gibt aber auch die Kernreaktion: p + D → ^{3}He + γ (5,5 MeV). Nach Rechnungen von Koonin und Nauenberg [32] ist diese Reaktion um einen Faktor 108 schneller als die D+D Fusion. Deswegen ist vorgeschlagen worden, daß, wenn schon Kalte Kernfusion stattfände, sie wahrscheinlicher ohne Erzeugung von Neutronen über die Reaktion p+D abliefe als über D+D, selbst wenn die Zelle nur wenig normales Wasser enthielte. Überraschenderweise ist diese Hypothese von Nobelpreisträger Julian Schwinger vom UCLA veröffentlicht worden [33].

Schwinger nahm in seinem Artikel an: (a) Fleischmann und Pons hätten wirklich Kalte Kernfusion beobachtet; (b) dieser Prozeß liefe über die Reaktion p+D statt über D+D ab und werde von kleinen Mengen H_2O im schweren Wasser gespeist; (c) diese Reaktion produziere keine 5,5 MeV γ-Strahlen, sondern diese Energie werde direkt vom Palladiumgitter aufgenommen und in Wärme verwandelt. Schwinger hat seine Hypothese in anderen Arbeiten [34] weiter ausgebaut, insbesondere den Mechanismus, nach dem die Energie direkt an das Gitter geht. Man kann leicht postulieren, die Kalte Kernfusion verlaufe über die Reaktion p+D, aber wo bleibt das ^{3}He? Alle Suche danach blieb vergeblich. So ergaben Analysen von Kathoden, die angeblich 100 Stunden lang 40 mW Überschußwärme produziert hatten, kein ^{3}He oberhalb der Nachweisgrenze von 5×10^5 Atomen [35]. Dies liegt über zehn Größenordnungen unter dem Wert, den man nach der Wärmeproduktion erwarten würde. Bei dem Doppelt-Blinden-Helium Test war ebenfalls nach ^{3}He gesucht und keins gefunden worden. Wenn Palladiumstab Nr. 5 wirklich 24,3 Tage lang 5-8 mW Wärme produziert hätte, wie Pons behauptete, hätte man entweder aus der p+D oder aus der D+D Reaktion eine Menge von ^{3}He erhalten müssen, die eine Million Mal über der Nachweisgrenze liegt. Die einzige mögliche Schlußfolgerung ist demnach, daß in der Zelle von Fleischmann und Pons keine Kernfusion stattgefunden hat.

Wenn die Reaktion p+D stattgefunden hätte, wären die 5,5 MeV γ-Strahlen leicht nachweisbar gewesen. Was schon für die 23,8 MeV γ-Strahlen der Reaktion D+D galt, gilt auch für die 5,5 MeV γ-Strahlen; diese können nicht, wie Schwinger postulierte, eliminiert werden. Es gibt zahlreiche Prozesse, z.B. der thermische Neutroneneinfang in Festkörpern, bei denen, analog der p+D Fusion, γ-Strahlen mit ähnlichem Energiegehalt emittiert werden. Diese sorgsam überprüften Prozesse geben keinen Hinweis, daß γ-Strahlen zugunsten einer direkten Konversion in Gitterenergie umgewandelt werden. Da sowohl der ^{3}He- als auch der γ-Strahlennachweis negativ ausfielen, gab es für Schwingers Hypothese letztendlich keine Beweise.

Da zwischen der Elektrolyse und der Heliumanalyse mehrere Wochen vergangen waren, hätten aus dem Tritium, falls vorhanden, nicht unerhebliche Mengen an ^{3}He entstehen müssen.

Neutronen

Als Pons und Fleischmann der Öffentlichkeit verkündeten, sie hätten Kernfusion bei Raumtemperatur erzielt, führten sie als einen Beleg an, daß während der Elektrolyse von D_2O Neutronen von ihrer Zelle abgestrahlt würden. Neutronen mit einer Energie von 2,45 MeV sind ein Charakteristikum der D+D Fusion, und ihre Existenz wäre in der Tat ein Beweis für die Kalte Kernfusion. Wie in Kapitel 6 dargestellt, waren die γ-Strahlen, die Pons und Fleischmann den Neutronen zuordneten, in Wirklichkeit ein instrumenteller Artefakt, wie Petrasso [36] nachgewiesen hat. Als Antwort darauf veröffentlichten Fleischmann et *al.* in *Nature* [37] ein γ-Spektrum mit einem Signal bei 2,496 MeV [2]. Dies stimmt mit ihrem vorher im *Journal of Electroanalytical Chemistry* angegebenen Signal bei 2,5 MeV überein. Es sieht also so aus, als ob sie γ-Strahlen mit der Neutronenenergie von 2,45 MeV erwarteten. In Wirklichkeit liegt das Signal in dem publizierten Spektrum aber bei 2,21 MeV und widerspricht damit auch der (falschen) Gleichung (vii) in diesem Artikel. Diese Entgegnung von Fleischmann und Pons gegenüber Petrasso ist kaum zu verstehen, hatten sie doch mittlerweile in einem Erratum den

[2] Der Brief von Fleischmann und Pons an Nature sowie die entsprechenden Passagen in ihrem Artikel und in dem Erratum im *Journal of Electroanalytical Chemistry* zeugen von Verwirrung und Unverständnis. Sie wollten eigentlich die Neutronen aus der Reaktion $D + D \rightarrow {}^3He + n(2{,}45\ MeV)$ indirekt nachweisen. Einige der dabei entstehenden Neutronen würden in dem umgebenden Wasserbad abgebremst und thermalisiert und könnten dann von dem Wasserstoff gemäß der Reaktion: $H + n \rightarrow D + \gamma(2{,}24\ MeV)$ eingefangen werden. Ein Signal bei 2,24 MeV im γ-Spektrum wäre damit der Beweis für die Existenz von Neutronen.

richtigen Wert von 2,224 MeV aus der Reaktion $H + n \rightarrow D + \gamma$ angegeben (obwohl in der Abbildung das Signal immer noch bei 2,21 MeV lag). Dazu waren Form und Intensität des Spektrums im Erratum gegenüber der ursprünglichen Publikation merklich verändert. Alle diese Änderungen lassen ihre Datenanalyse in sehr fragwürdigem Licht erscheinen. Die Antwort von Petrasso darauf war vernichtend und zeigte, daß die beiden Chemiker von der University of Utah keine überzeugenden Belege für die Erzeugung von Neutronen hatten. Fleischmann gab bei der Konferenz der Electrochemical Society in Los Angeles öffentlich zu, daß ihr Neutronennachweis fehlerbehaftet war und diskreditierte damit die eigenen Ergebnisse. Es blieb aber die Frage, wieso das γ-Spektrum in Form, Intensität und Lage abgeändert wurde. Wollte man Fehler in der Eichung beheben oder das Signal zu dem bekannten Wert für den Neutroneneinfang des Wasserstoffs verschieben? Letzteres wäre ein grober Verstoß gegen die wissenschaftliche Ethik. Ich selbst glaube, daß die beiden Chemiker keine Ahnung von Kernphysik hatten, und daß die gesamte Episode mit den γ-Strahlen als Neutronenachweis auf Nachlässigkeit, Hast, Wunschdenken und schlampigem wissenschaftlichen Arbeiten beruhte. Trotzdem müssen wir dieser Geschichte noch weiter nachgehen.

Schon bei der Tagung in Santa Fe im Mai 1989 waren sich die meisten Wissenschaftler einig, daß Neutronen in der Kalten Kernfusion, falls überhaupt, nur mit ganz geringer Intensität erzeugt werden, so daß sie nur schwer von der kosmischen Strahlung zu unterscheiden sind. Dies geben selbst diejenigen Anhänger der Kalten Kernfusion zu, die an die Erzeugung von Überschußwärme glauben; deswegen kann diese nicht durch die Reaktion $D + D \rightarrow {}^3He + n$ verursacht worden sein. Wir haben in diesem Kapitel schon gezeigt, daß es kaum Hinweise für die Erzeugung geladener Teilchen gibt. In diesem Abschnitt befassen wir uns mit der Suche nach Neutronen der Energie von 2,45 MeV aus der Reaktion $D + D \rightarrow {}^3He + n$.

Wenn Neutronen erzeugt werden, treten sie mit großer Wahrscheinlichkeit aus der Apparatur aus und sollten insofern leicht nachzuweisen sein. Geringe Intensitäten können aber wegen des hohen natürlichen Hintergrundes an Neutronen und γ-Strahlen nur schwer bestimmt werden. Dieser rührt zum größten Teil von der kosmischen Höhenstrahlung her, welche Neutronen und γ-Strahlen erzeugt, wenn sie auf Materie trifft. Die Intensität dieser Hintergrundstrahlung hängt vom Luftdruck ab, und zwar nimmt sie zu, wenn jener abnimmt.[3] Wegen der Fluktuationen sollte die Hintergrundstrahlung gleichzeitig mit der Probe in der gleichen Umgebung gemessen werden, um den Strom der Sekundärteilchen konstant zu halten. Dies wurde jedoch bei den Experimenten zur Kalten Kernfusion nicht immer beachtet. Die Hintergrundstrahlung kann weitgehend eliminiert werden, wenn die Versuche unterirdisch durchgeführt werden, wo die kosmische Strahlung schwächer ist.

Der erste Bericht über Neutronen geringer Intensität, die durch eine Fusion bei Raumtemperatur entstanden sein sollten, stammt von Jones und seinen Mitarbeitern an der BYU. Dieser Artikel wurde bei *Nature* am 24. März 1989 eingereicht und am 27. April veröffentlicht. Von Anfang an waren diese Forscher um eine differenzierte Behandlung ihrer Behauptungen bemüht; sie wollten nicht, daß ihre Neutronenmessungen mit der von Fleischmann und Pons proklamierten Überschußwärme in Verbindung gebracht wurden. Die Gruppe der Brigham Young University benutzte für den Nachweis der Neutronen einen zweistufigen Neutronenzähler; dabei erfolgt zunächst ein Rückstoß der Protonen in einem organischen Szintillator, gefolgt in einigen Zehntel Mikrosekunden von einem Signal vom Einfang der Neutronen geringer Intensität auf Bor, sichtbar gemacht durch den gleichen Photomultiplier. Durch diesen doppelten Nachweis eines einzigen Neutrons wird die Hintergrundstrahlung deutlich reduziert, gleichwohl nicht vollständg eliminiert, da Neutronen und γ-Strahlen der kosmischen Strahlung und anderer Quellen die Messungen beeinträchtigen. Die Messung der Hintergrundstrahlung und die statistische Auswertung der Daten sollte mit äußerster Sorgfalt durchgeführt werden, da noch zu berücksichtigen ist, daß die Hintergrundstrahlung vom Luftdruck und der Sonnenaktivität abhängig ist. Während eines Besuchs unseres Ausschusses an der Brigham Young University stellten wir viele Fragen über diese Schwankungen und deren Wirkung auf die Neutronenmessungen der Jones-Gruppe.

Die bekanntgewordenen Belege für das Entstehen von Neutronen ge-

[3] Abnehmender Luftdruck bedeutet, daß sich weniger Luft über der Meßstelle befindet, die Hintergrundstrahlung, Neutronen und γ-Strahlen, nehmen zu.

Tabelle 8.2 Erzeugungsraten von Neutronen

Autoren	Quelle[a]	Neutronen pro DD-Paar pro s[b]	Normierte Ausbeute[c]
Jones et *al.*	*Nature* **338** 737	$1 \times 10^{-23\ d}$	1
Mizuno et *al.*	*J. Electrochem.* **57** 747	5×10^{-23}	5
Williams et *al.*	*Nature* **342** 375		$< 0,5$
Albert et *al.*	*Z. Phys.* A **339** 319	$< 4 \times 10^{-24}$	$< 0,4$
Broer et *al.*	*Phys. Rev.* C **40** R1559	$< 4 \times 10^{-24}$	$< 0,2$
Lewis et *al.*	*Nature* **340** 525	$< 2 \times 10^{-24}$	$< 0,2$
Butler et *al*	*Fusion Technology* **16** 388		$< 0,2$
Kashy et *al.*	*Phys. Rev.* C **41** R1	$< 1 \times 10^{-24}$	$< 0,1$
Gai et *al.*	*Nature* **340** 29	$< 2 \times 10^{-25}$	$< 0,02$
DeClais et *al.*	Tagung in Santa Fe		$< 0,01$

[a] Alle Publikationen erschienen 1989.

[b] Ausgehend von der Annahme, daß im Inneren der Palladium- bzw. Titankathode Neutronen entstehen.

[c] Die Ausbeute ist bezüglich der von Jones Gruppe erhaltenen normiert. (Zum Vergleich: ein Watt durch D-D-Fusion erzeugte Wärme entspricht bei dieser Normierung einer Ausbeute von $0,9 \times 10^{12}$.)

[d] Diese Fusionsrate wurde von Jones Gruppe im 6. Durchlauf erhalten. Die mittlere Fusionsrate ist um einen Faktor sechs kleiner.

ringer Intensität ergaben sich aus zwei grundverschiedenen Arten von Experimenten. Die erste Gruppe benutzte für ihre Experimente eine elektrochemische Zelle, die zweite Gruppe eine Hochdruckgaszelle. In beiden Zellen war Palladium oder Titan (oder beides) und eine hohe Konzentration von Deuterium vorhanden. Angeregt durch die ersten Berichte der Jones-Gruppe, versuchten viele Gruppen Neutronen, die in den elektrochemischen Zellen mit einer Palladium- oder Titankathode und einem D_2O – LiOD-Elektrolyten (oder einer anderen Lösung, die Deuterium enthielt) entstehen, nachzuweisen. Ende Oktober 1989 haben die meisten Gruppen negative Ergebnisse, mit Nachweisgrenzen ungefähr in der Höhe der Werte von Jones, veröffentlicht. In Tabelle 37 sind alle diese Berichte zusammengefaßt, wie sie unserem Ausschuß bekannt waren.

Die in Tabelle 37 aufgeführten Ergebnisse von Gai und DeClais sind besonders bemerkenswert, weil jede Gruppe eine obere Nachweisgrenze der Neutronenemmission durch elektrochemisch induzierte Kernfusion festsetzte, die erheblich geringer ist als die von Jones Team gefundenen Werte. Beide Gruppen fragten, ob Jones Daten nicht durch kosmische Strahlung verfälscht wurden. Das von Gai geleitete Team benutzte einen Neutronendetektor aus sechs großen Flüssigkeitsszintillationszählern des Typs NE213 mit schnellen Photomultipliern. Einer der Detektoren war der Hauptzähler, der umgeben war von fünf anderen Detektoren. Neutronen und γ-Strahlen wurden mit der neuesten Elektronik aufgrund ihrer Pulsform unterschieden. Ein Neutron wird durch das gleichzeitige Auftreten (Koinzidenz) zweier Ereignisse nachgewiesen: einem primären Neutron im Hauptzähler und einem gestreuten Neutron in einem der fünf Detektoren des äußeren Rings. Gleichzeitig werden die Pulshöhen in beiden Zählern gemessen, die Pulsform im zweiten Detektor und die Zeit, die zwischen den beiden Pulsen verstrichen ist. Letztere hängt von der Energie des Neutrons ab. Diese Koinzidenzmethode senkt die Hintergrundstrahlung erheblich ab und ist dennoch genügend empfindlich. Dieses waren sicherlich die zuverlässigsten Versuche zum Nachweis der Neutronen.

Als unser Ausschuß seinen Abschlußbericht anfertigte, gab es auch keine überzeugenden Beweise für Neutronenpulse aus den Hochdruckzellen mit zyklischer Temperaturänderung. Der erste vermeintliche Nachweis solcher Pulse durch 'dynamisch induzierte Fusion' der Gruppe aus Frascati [38] konnte weder von dieser noch von einer anderen italienischen Forschergruppe reproduziert werden [39]. Nach der ersten, recht sensationellen Ankündigung der Frascati-Gruppe versuchten auch Forscher außerhalb Italiens, Neutronenimpulse unter denselben Bedingungen nachzuweisen, und einige waren anscheinend erfolgreich. Dazu gehörte die Gruppe von Howard Menlove vom Los Alamos National Laboratory, die mit Jones zusammenarbeitete. Sie berichteten schon auf der Tagung in Santa Fe über ihre positiven Ergebnisse. Wissenschaftler vom Sandia National Laboratory, die technisch ausgefeiltere Detektoren mit vier separaten Gruppen von Zählern benutzen, fanden jedoch keine Neutronenpulse [40]. Die Verwendung mehrerer Gruppen von Zählern machte es leichter, zufällige Ereignisse, bei denen nur eine Zählergruppe ein Signal anzeigte, als Teil der Hintergrundstrahlung zu identifizieren. Wegen der diversen experimentellen Schwierigkeiten machte unser

Ausschuß den naheliegenden Vorschlag, Gruppen mit unterschiedlichen Ergebnissen sollten zusammenarbeiten. Deswegen wurde es auch allgemein begrüßt, als Jones von Gai zu einem gemeinsamen Experiment mit dem Detektorsystem in Yale eingeladen wurde.

Diese Zusammenarbeit zwischen Yale, BNL und BYU hatte alle nötigen Mittel, um endgültig zu klären, ob Titan Neutronen abstrahlt, wenn es sich in einer Hochdruckzelle mit Deuteriumgas befindet, deren Temperatur zyklisch variiert wird. In solch einem gemeinsamen Projekt werden alle Zellen auf die gleiche Weise präpariert, und man kann sich auf experimentelle Bedingungen einigen, die beiden Seiten, Anhängern und Skeptikern, genehm sind. Es gibt Hinweise darauf, daß die Vorbehandlung der Zellen wichtig ist, wenn man Deuterium durch Elektrolyse in das Titan bringt. So berichtete Briands Gruppe [41], daß eine Mixtur metallischer Salze im Elektrolyten, wie Jones sie ursprünglich verwendete, zu Abscheidungen auf dem Titan führt, die eine Einlagerung des Deuteriums verhindern. Solche kontroversen Punkte lassen sich am besten gemeinsam klären, ehe man mit den Experimenten beginnt. Bei dem gemeinsamen Projekt von Yale, BNL und der BYU sollten auch die Ergebnisse der Gruppe von Menlove überprüft werden. Kurz vor Abschluß unserer Arbeit erhielten wir von Gai einen Zwischenbericht mit negativen Ergebnissen. Kurz darauf schied Jones wegen Meinungsverschiedenheiten in der Interpretation der Meßdaten aus dem Projekt aus. Nach weiterer Analyse der Daten berichtete die übriggebliebene Yale-BNL-Gruppe, sie hätte keine signifikanten Abweichungen von der Hintergrundstrahlung gefunden [42], und zwar weder für Pulse von mehreren noch für einzelne Neutronen. Nach den Ergebnissen von Menloves Gruppe [43] hätte man innerhalb der Meßzeit etwa einen Puls von Neutronen erwartet. Andererseits konnten Anderson und Jones [44] keinen Widerspruch zwischen den Ergebnissen von Yale-BNL und der Gruppe von Menlove feststellen. Zwischen beiden Gruppen gab es aber eine erhebliche Diskrepanz in der Intensität von zufällig verteilten, einzelnen Neutronen. Yale-BNL gab eine obere Grenze an, die sechs bis fünfundzwanzig mal geringer ist als die Strahlungsintensität, die Menloves Gruppe über der Hintergrundstrahlung nachgewiesen haben wollte. Möglicherweise haben also doch Neutronen aus der Hintergrundstrahlung das positive Ergebnis von

Menlove vorgetäuscht.

Eine große französische Forschergruppe [45] fand keine Hinweise auf Neutronenstrahlung nach der Einlagerung von Deuterium in Titan oder Palladium, und zwar weder in elektrochemischen noch in Hochdruckzellen. Sie gaben eine sehr kleine obere Grenze von 2×10^{-26} Neutronen pro Sekunde und pro Deuteriumpaar für die Fusionsrate an, die etwa bei derjenigen von Yale-BNL liegt.

Im Oktober 1990 fand an der BYU eine Arbeitstagung zum Thema 'Fusionsprodukte mit geringer Intensität' statt. Die Ergebnisse wurden vom American Institute of Physics in einem Tagungsband [46] veröffentlicht. Zwar wurde über Neutronenpulse und vereinzelte Neutronen berichtet, aber außer den schon diskutierten gab es keine neuen[4] Ergebnisse. Die Gruppen von Menlove und Jones trugen wieder über Neutronenpulse vor, während Wolfs Gruppe, die mit sehr großen Palladiumkathoden arbeitete, schloß, die Erzeugung von Neutronenstrahlen geringer Intensität sei noch nicht gesichert. Andersons Gruppe untersuchte vor allem den Einfluß der Höhenstrahlung und anderen Hintergrunds auf den Nachweis von Neutronen. Ihre Arbeit zeigt, wie wichtig es ist, zusätzliche Zähler zu verwenden, um die Höhenstrahlung auszuschließen. Das Abtrennen des Neutronensignals von der Hintergrundstrahlung ist die schwierigste Aufgabe für jene, die Neutronen sehr niedriger Intensität nachweisen wollen.

Die Verfechter der Kalten Kernfusion unterstützten häufig ihre eigenen Thesen, indem sie behaupteten einige hundert andere Gruppen hätten ähnliche Beweise für diesen Prozeß vorgelegt. Aber nur ein geringer Prozentsatz dieser Berichte wurde in wissenschaftlichen Zeitschriften mit hohem Ansehen veröffentlicht. Die Tatsache, daß kein einziges der aufgelisteten Experimente konsistente Daten aufwies, störte die Anhänger wenig. Um zu zeigen, wie die positiven Resultate dieser unentwegten Anhängern ausfielen, möchte ich zunächst die Ergebnisse von Jacob Jorne [47] vorstellen. Er berichtete von einer Fusionsrate von 10^{-21} Neutronen pro D-D-Paar pro Sekunde, wenn Palladium einem hohen Deuteriumgasdruck und Temperaturen von 320 °C ausgesetzt sei.

Wenige Tage nach der Pressekonferenz begann Jorne gemeinsam mit

[4] in seriösen Zeitschriften mit wissenschaftlicher Begutachtung publizierte

Bild 8.1 Vorrichtungen zum Nachweis der Neutronen des Yale-BNL-BYUTeams. Man sieht Teile der Abschirmung (ca. 20 je eine Tonne schwere Blöcke), die Hauptdetektoren und die Neutronenzähler (zum Teil verdeckt, während die Zellen vollständig verdeckt sind). Professor Moshe Gai (rechts) und sein Doktorand, Steve L. Rugari (Yale University), beim Einstellen der Apparaturen. (Mit freundlicher Genehmigung von Prof. Moshe Gai.)

einigen anderen Gruppen an der University of Rochester mit den Versuchen zum Nachweis von Neutronen in einer elektrochemischen Fusionszelle. Ein Neutronendetektor des Typs NE-213 und die entsprechende Elektronik wurde von unserer Kernchemiegruppe zur Verfügung gestellt. Dr. Jan Toke schloß sich der Gruppe an, um sicherzustellen, daß der Neutronendetektor richtig bedient wurde. Diese Gruppe stellte bei der APS-Tagung in Baltimore ihre negativen Ergebnisse vor. Nachdem sie über eine Nachweisgrenze für Neutronen fanden, die vier Größenordnungen unter den von Fleischmann und Pons berichteten Werten liegt, verloren die Mitglieder der Gruppe, außer Jorne, das Interesse an der Kalten Kernfusion und widmeten sich wieder ihrer eigenen Forschung. Jorne aber führte die Forschung an der Kalten Kernfusion weiter, bis er schließlich die oben erwähnten positiven Ergebnisse Ende 1989 erhielt. Toke überprüfte den Neutronendetektor und fand, daß der Schwellenwert zu niedrig eingestellt war, so daß der Detektor sehr empfindlich auf Rauschen (Störungen) reagierte. So lieferte ein und derselbe Detektor verschiedene Ergebnisse. Jornes positive Ergebnisse dürfen jedoch nicht ernst genommen werden, bevor sie nicht mit einem richtig eingestellten Neutronendetektor überprüft werden.

Eine andere, für die Kalte-Kernfusions-Saga typische, äußerst bizarre Geschichte ereignete sich infolge der Versuche von Jorne. Nachdem ein Jahr vergangen war, forderte die Kernchemiegruppe ihre Neutronendetektoren für ein bevorstehendes Experiment an dem GANIL Beschleuniger in Frankreich zurück. Eugene Mallove, ein heißer Verfechter der Kalten Kernfusion und Autor eines höchst positiven Buchs zu diesem Thema [48], telefonierte mit Jorne und äußerte durch seine Suggestivfragen den Verdacht, daß ich Jorne lediglich daran hindern wolle, an den 'erfolgreichen' Experimenten zur Kalten Kernfusion zu arbeiten. Am 1. März 1991 schrieb Jorne an Mallove, um diesem zu verstehen zu geben, daß die von der Kernchemie geliehenen Apparaturen tatsächlich für einen Versuch gebraucht wurden. Jorne schrieb: „So viel ich weiß, hatte diese Aktion nicht das geringste mit Professor John Huizengas Ansicht über die Kalte Kernfusion zu tun. Tatsächlich war und ist Professor Huizenga gegenüber meinen Experimenten sehr aufgeschlossen und hilfsbereit." Für jene, die an die Kalte Kernfusion glaubten, war es offensichtlich nicht möglich an die negativen Ergebnisse zu glauben. Stattdessen suchten sie nach allen möglichen haarsträubenden Gründen, um zu erklären, warum dieses Gebiet langsam untergeht.

Als ein weiteres Beispiel für positive Resultate möchte ich die Arbeit einer japanischen Gruppe unter M. Yagi von der Tokoku Universität in Sendai diskutieren. Diese Gruppe veröffentlichte zwei Artikel [49], in denen sie behauptete, daß geringe Mengen an Neutronen der Reaktion D-D in ein Titan-Siliziumdioxid-System emittiert würden, wenn Deuteriumgas bei Luftdruck in dem System eingefangen wird und über Temperaturbereiche von -77 bis 400 °C beobachtet wird. W. Meyerhof von der Stanford Universtity führte eine statistische Untersuchung der Daten durch und zeigte, daß die Zählungen der Hintergrundstrahlung über fünfzig verschiedenen Zeitintervallen nicht der Poisson-Verteilung folgte. Dies ist ein Beispiel für positive Ergebnisse, die dann zunichte gemacht werden, wenn sie mit üblichen wissenschaftlichen Methoden untersucht werden.

Die oben angeführten Beispiele der unendlich langen Liste der positiven Ergebnisse der Anhänger der Kalten Kernfusion zeigen, was mit Thesen geschieht, wenn sie näheren Untersuchungen unterzogen werden. Daher können haltbare Aussagen über die Kalte Kernfusion nur dann gemacht werden, wenn ein einziges konsistentes und reproduzierbares Experiment vorliegt.

Es gab viele Versuche, die verschiedenen Ergebnisse der Kalten Kernfusion theoretisch zu untermauern. Die meisten dieser „Theorien" gingen aber von der Prämisse aus, daß diese positiven Berichte richtig seien, und versuchten dann, mit Hilfe verschiedener Annahmen die Ergebnisse zu interpretieren. Beruhend auf einem Modell von Palladium, welches Deuterium enthält, waren Parmenter und Lamb [50] eine der Gruppen, die Fusionsraten berechneten. Die Berechnungen von Parmenter und Lamb sind insofern bemerkenswert, als Willis E. Lamb jun. Nobelpreisträger der Physik ist. In ihrem ersten Artikel erhalten die Autoren eine Fusionsrate in Palladium von 10^{-30} Neutronen pro Sekunde und Deuteriumpaar, also eine Rate, die zehn mal kleiner ist als die experimentelle Rate von Jones (s. Tabelle 37, S.37). In einer revidierten Fassung erhielten sie eine Rate von 10^{-18} pro Sekunde, um schließlich in einem dritten Artikel ungefähr Jones Rate zu erreichen (10^{-23} pro Sekunde). In diese Berechnungen geht eine impulsabhängige effektive Elektronenmasse ein. Parmenter und Lamb kamen zu dem Schluß: „es ist falsch anzunehmen, daß die Kalte Kernfusion unmöglich ist.“ Ein Problem ergibt sich jedoch, wenn man die Rechnungen von Parmenter und Lamb mit den experimentellen Befunden von Jones vergleicht: die Rechnungen wurden für Palladium durchgeführt, die Experimente an Titan. Für alle Berichte der Anhänger der Kalten Kernfusion gab es Unterstützung von einem oder gleich mehreren namhaften Theoretikern, darunter auch Nobelpreisträgern (vgl. Kapitel 10, Fleischmann-Pons-Phänomen wird von Julian Schwinger unterstützt). Diese blühenden Theorien sind eng verknüpft mit der gesamten Fusionssaga und verhalfen manch einem experimentellen Ergebnis, das weder reproduzierbar noch entsprechend überprüft war, zu mehr Glaubwürdigkeit. Mitte der achtziger Jahre brachten Boris V. Deryagin und seine Mitarbeiter (s. Kapitel 11) die These auf, daß während der Spaltung einer Substanz, die Deuterium enthält eine Kernreaktion stattfände. Dieses Phänomen sollte unter dem Namen ‘Bruchfusion’ bekannt werden. Es wurde vorgeschlagen, daß die Kernfusion, die unter statischen Bedingungen mit extrem geringen, kaum nachweisbaren Raten stattfindet, unter dynamischen Bedingungen mit höheren Raten abläuft. Wenn zum Beispiel in ein Metallgitter Deuterium eingelagert wird, könnte Deuterium an den elektrischen Feldern der Bruchzonen des Metallgitters beschleunigt werden und so die nötige Energie für die Fusion erreichen. Klyuevs Gruppe [51] berichtete, daß, wenn ein einziges LiD-Kristall durch den Schuß eines Luftgewehrs zerstört wird, anscheinend einige Neutronen oberhalb der kosmischen Strahlung generiert würden. Beruhend auf dieser These und weiteren Ergebnissen suchte Prices Gruppe [52] nach geladenen Teilchen der Reaktion $D + D \rightarrow T + p$ während des Bruchs eines LiD-Kristalls. Sie konnten keine derartigen Teilchen beobachten, was sowohl die Behauptungen von Klyuev wie auch die These, daß an Bruchstellen von deuteriertem Palladium oder Titan eine nachweisbare Menge von Fusionsprodukten entstehen könnte, unglaubhaft erscheinen ließ.

Kürzlich haben Sobotka und Winter [53] einen früheren Versuch von Deryagin [54], von dem behauptet wurde, daß durch Aufbrechen von festem D_2O durch makroskopische Projektile eine D-D-Fusion induziert würde, wiederholt. Die Ergebnisse waren negativ. Sie fanden lediglich eine Nachweisgrenze für Neutronen pro Bruchstelle, die fünfzehn mal kleiner war als die von Deryagin et al. angegebene. Und erneut wuchs der Zweifel an der durch Bruchstellen induzierten Kernfusion.

Die oben erwähnte sowjetische Gruppe behauptete außerdem, Kernfusion fände in einer mechanisch aufgewirbelten Mischung von Titan bei Anwesenheit von Deuterium statt [55]. Bei diesen Versuchen wurden Titanstücke in einer Trommel mit schwerem Wasser und deuteriertem Polypropylen durch Stahlkugeln und Vibrationen bei 50 Hz bewegt. Neutronen sehr geringer Intensität seien über eine kurze Zeit hinweg beobachtet worden. Diese Versuche müssen noch überprüft werden.

Arzhanninkov und Kezerashvili aus Novosibirsk wollten Neutronen während der Reaktion von Lithiumdeuterid (^{6}LiD) und schwerem Wasser (D_2O) sowie während der Oxidationsreaktion von komplexen Palladium- und Platinsalzen (die Deuterium enthalten) mit Zink beobachtet haben. Die Autoren behaupteten, die beobachteten geringen Neutronenmengen verschwänden, wenn Deuterium durch Wasserstoff ersetzt wird. M. Fowler vom Los Alamos Institut wiederholte die Versuche mit negativen Ergebnissen und einer Nachweisgrenze, die mehr als zehn Größenordnungen unter den sowjetischen Ergebnissen lag.

Jones und seine Mitarbeiter schlossen in ihrem ersten Artikel die Möglichkeit, daß sehr geringe Kernfusionen durch geologische Prozesse induziert würden, nicht aus. Für diese interessante Idee gibt es derzeit jedoch keine überzeugenden Beweise. Sollte sie sich bestätigen, bedeutete es eine erhebliche Umwälzung geophysikalischer Probleme, wie des Hitze-Verteilungs-Modells, der Elementverteilung und der Tiefe sowie der Zusammensetzung des Erdkerns.

Die derzeit vorliegenden Belege für Bruchfusion oder irgendeiner anderen chemisch verursachten Fusion sind nicht stichhaltig. Obwohl diese Art von Versuchen häufig herangezogen wurde, um Neutronenschübe zu erklären, gab es Gruppen, die bei den gleichen Versuchen negative Ergebnisse erhielten. So fand beispielsweise Balkes Team [56] keine Beweise für Neutronen aus der Reaktion von D_2, DT und DH in einer Hochdruckgaszelle mit zyklischer Temperaturänderung, die Titan und

Palladium enthielt. Ob unter dynamischen Bedingungen die sogenannte Bruchfusion, die Fusionsprodukte geringer (aber nachweisbarer) Intensität liefert, stattfindet oder nicht, kann zur Zeit noch nicht definitiv beantwortet werden. Die Ergebnisse der Gruppen mit positiven Berichten müßten von unabhängigen Gruppen überprüft werden. Die vielen negativen Ergebnisse sowie die statistische Bedeutung der wenigen positiven Resultate lassen meines Erachtens nur den Schluß zu, daß diese Versuche keine hinreichenden Beweise für die Bruchfusion liefern.

Bei dem Versuch, Fusionsprodukte geringer Intensität nachzuweisen, muß man die neuesten Teilchendetektoren verwenden und sicherstellen, daß die Umgebung von natürlicher Strahlung genügend abgeschirmt ist. Zudem wurde gezeigt, daß redundante Detektoren notwendig sind, um zweifelhafte Effekte auszuschließen. Einige Experimente wurden unterirdisch durchgeführt. Solch ein Experiment läuft seit Anfang Januar 1991 in Japan. Bei dieser Zusammenarbeit von Wissenschaftlern aus den USA, einschließlich Menlove und Jones, werden Kamiokande Detektoren verwendet. Dieser Detektor ist ein 4500 Tonnen Wasser-Cerenkov-System, welches für Neutrino-Untersuchungen benutzt wird. Entstehen einzelne oder Schübe von Neutronen in der Zelle, die sich innerhalb des Detektors befindet, werden sie auf folgende Weise nachgewiesen: Die Neutronen werden thermalisiert und vom Kochsalz des umgebenden Wasserbads aufgefangen, wobei γ-Strahlen entstehen. Die γ-Strahlen erzeugen wiederum in einem großen Wasserbad Elektronen, welche die sogenannte Cerenkov-Strahlung entstehen lassen, die über Photomultiplier registriert werden.

Die Analyse der Daten von Kamiokande ist noch nicht beendet. Die vorliegenden Ergebnisse liefern einige Neutronenschübe niedriger Intensität; gleichwohl sind diese Ergebnisse nicht gesichert. Zudem widersprechen sie den häufig auftretenden Neutronenschüben, wie sie angeblich von Menlove gefunden wurden [57].

Obwohl seit Abschluß unseres Berichts anderthalb Jahre vergangen sind, gibt es keine neuen experimentellen Belege für Fusionsprodukte. Damals, im November 1989, kam unser Ausschuß zu dem Ergebnis, daß die Beweise für Neutronen als Fusionsprodukt nicht überzeugend waren. Trotz der verbesserten Technik gab es in den vergangenen achtzehn

Monaten keine neuen Ergebnisse. Alle Versuche, Neutronen geringer Intensität nachzuweisen, bleiben sporadisch und nur wenig oberhalb der Intensität der Hintergrundstrahlung. Die Experimente werden zunehmend komplizierter und die Frequenz der Neutronenschübe nimmt ab. Zur Zeit der Niederschrift dieses Buches ist noch kein neuer Kernfusionsprozeß bei Raumtemperatur bekanntgeworden, der Spuren von Fusionsprodukten liefert.

Kapitel 9
Werbung für die Kalte Kernfusion

Als die Hoffnungen auf die neue, billige, saubere, grenzenlose Energiequelle rasch schwanden, entschlossen sich die Enthusiasten der Kalten Kernfusion, eine eigene Tagung zu veranstalten, um ihren Ideen neuen Wind zu geben. Der Zeitpunkt der Tagung war gut gewählt. Sie sollte vom 16.-18. Oktober stattfinden, also kurz vor den abschließenden Sitzungen unseres Ausschusses. Unterstützt wurde die Tagung, die in Washington stattfand, durch die National Science Foundation (NSF) und das Electric Power Research Institute (EPRI). Veranstaltungsort der Tagung war das Gebäude der NSF, wo für den letzten Tag die Anwesenheit der Presse vorgesehen war. Die NSF wurde von der Bundesregierung nach dem Zweiten Weltkrieg gegründet, um Forschung und Lehre an verschiedenen Institutionen, die ohne Profit arbeiteten, zu unterstützen. Sie ist heute eines der wichtigsten Instrumente der Regierung zur Unterstützung der Grundlagenforschung. Das EPRI wurde von den verschiedenen Elektrizitätswerken gegründet, um Forschung im Bereich der Energiegewinnung zu unterstützen.

Diese sehr ungewöhnliche Konferenz wird als Beispiel für das grassierende Fusionsfieber in die Geschichte der Wissenschaften eingehen. Es wurden Daten präsentiert, die nicht die geringsten Anzeichen von Richtigkeit aufwiesen, die aber anerkannten experimentellen und theoretischen Erkenntnissen der Kernphysik widersprachen. Jeder übliche Standard und jedes Kriterium wissenschaftlicher Arbeit wurde über Bord geworfen, wenn es darum ging, einen neuen Beweis der Kalten Kernfusion zu unterstützen.

Die NSF-EPRI-Tagung wurde von Dr. Tom Schneider (EPRI) und Dr. Paul Werbos, Projektleiter für neue Technologien der NSF-Abteilung 'Electrical and Communication Systems', geleitet. Ich habe diese Abteilung der NSF explizit genannt, da alle anderen Abteilungen der NSF, die grundlagenorientierte Forschung betreuen, nichts mit dieser Tagung zu tun haben wollten, sie äußerten sogar lautstark ihre Ablehnung. Dr. Marcel Bardon, Leiter der Physik-Abteilung an der NSF, schickte eine elektronische Nachricht an ungefähr 500 Mitarbeiter, in der er seinen Unwillen äußerte: „Ich finde es sehr unglücklich, daß eine Abteilung der NSF jetzt offensichtlich diese in Verruf geratene Arbeit zu unterstützen scheint" [1]. Dr. Karl Erb, Leiter der Kernphysikabteilung, soll gesagt haben, seine Abteilung sei: „überzeugt, daß es keine reproduzierbaren Beweise für einen Kernprozeß" bei dem Phänomen der Kalten Kernfusion gebe, er habe dies den Organisatoren der Tagung mitgeteilt [2].

Die Organisatoren wählten als Titel ihrer Tagung: „Anomale Effekte in deuterierten Metallen." Dieser Titel verriet jedoch nicht, daß es sich um ein Forum für positive Ergebnisse handelte. Diese Taktik der Tarnung ist für Forschung, die sich am Rande der etablierten Wissenschaften bewegt, nicht unüblich. Ein Labor der Princeton University, bekannt als PEAR (Princeton Engineering Anomalies Research Laboratory) ist ein geschickter Deckmantel für Arbeiten, die auch als 'Psychische Phänomene' bezeichnet werden [3].

Als Stellvertretende Vorsitzende der Tagung wurden Dr. John Appleby (Texas A&M) und Dr. Paul Chu (University of Houston) eingeladen. Appleby war lange Zeit einer dieser blinden Anhänger der Kalten Kernfusion. Chu hingegen war eher ein Skeptiker und wegen seiner Arbeiten zur Supraleitung ein hoch anerkannter Wissenschaftler. Seine Anwesenheit verlieh der Tagung einen Hauch von Glaubwürdigkeit. Chu dazu zu überreden, bei dieser Tagung die Rolle eines Stellvertetenden Vorsitzenden zu übernehmen, war ein geschickter Schachzug der Organisatoren. In einem Einladungsbrief an ausgewählte Teilnehmer schrieb er:

> Diese Tagung möchte einen wissenschaftlichen Dialog zwischen den wenigen eingeladenen Teilnehmern (ungefähr 35) weit ab von der Öffentlichkeit und der Presse etablieren. Es soll später ein Tagungsband herausgegeben werden, der auch Ausblicke und Vorschläge zu zukünftiger Arbeit enthalten wird. Ein vorläufiger Plan sowie eine Liste der eingeladenen Sprecher wird Ihnen zugeschickt. Die Organisatoren freuen sich auf Ihre aktive Teilnahme an den Diskussionen und hoffen auf wertvolle Anregungen in den Arbeitsgruppen.

Die Liste der eingeladenen Sprecher enthielt auch Namen wie Fleischmann, Pons, Wadsworth, Oriani, Schoessow, Bockris, Appleby, Huggins, Jones, Wolf, Storms, Menlove, Bard und Teller. Alle bis auf die beiden letzten hatten im Vorfeld der Tagung über positive Ergebnisse berichtet. Teller hatte sich lediglich nach der Pressekonferenz positiv über das Phänomen geäußert. Da die Teilnahme an der Tagung nur durch Einladung möglich war, wiesen zwei skeptisch eingestellte Wissenschaftler die Einladung zurück. Nachdem diese die Sprecherliste eingesehen hatten, schlossen sie, es werde lediglich ein Treffen der Anhänger der Kalten Kernfusion, bei dem die wohlbekannten fragwürdigen 'Beweise' für die Kalte Kernfusion vorgestellt würden. Die wenigen Skeptiker, die ihre Teilnahme zusagten, ließen sich versichern, daß sie nicht die einzigen Opponenten seien. Andererseits wurde bekannt, daß einer der Anhänger überzeugt werden mußte, daß der Tagung nicht nur Skeptiker beiwohnten, ehe er seine Teilnahme zusagte.

Mit den Einladungen für die Tagung wurde Dr. Frank Huband, Direktor der NSF-Abteilung für Electrical and Communication Systems sowie die Koordinatoren Werbos (NSF) und Schneider (EPRI) betraut. Einer der sehr unorthodoxen Richtlinien der Organisatoren verbot es den Teilnehmern, die Presse über das Gehörte zu informieren. Solch eine lächerliche Direktive einer NSF Tagung veranlaßte Dr. Robert Park, Leiter der Presseabteilung der APS, zu folgender Aussage: „Die gesamte Kalte Kernfusions Episode spielt vor einer Kulisse akademischen Fehlverhaltens." Die Skeptiker, ohnehin eine Minorität bei dieser Tagung, mußten sich noch mehr über diese lächerliche Direktive wundern, als sie feststellten, daß die Organisatoren später eine Pressekonferenz einberiefen und ihre eigene, optimistische Sicht der Kalten Kernfusion lauthals verkündeten. Huband verteidigte dieses Vorgehen mit den Worten, eine Pressekonferenz einzuberufen sei die einzige Möglichkeit, die Presse aus der Tagung selbst ganz herauszuhalten.

Das endgültige Programm sah einige zusätzliche Sprecher vor, die in dem vorläufigen Programm nicht aufgelistet waren. Einer dieser Sprecher war Dr. Nathan Lewis, der als heftiger Kritiker der Kalten Kernfusion bekannt war. Die anderen zusätzlichen Sprecher: Rolison, Talcott, McKubre, Hutchinson, Yeager, Miley, Kim, Whaley, Rafelski und Worledge waren wegen ihrer positiven Ergebnisse oder lediglich als Anhänger der Kalten Kernfusion bekannt. Es ist sonnenklar, daß es Zielsetzung der Tagung war, die Teilnehmer aus dem Kreis der Anhänger der Kalten Kernfusion mit deren sogenannten positiven experimentellen Ergebnissen und Theoretiker, die diese Ergebnisse erklärten, auszusuchen. Werbos verteidigte seine Taktik, indem er behauptete, sich bemüht zu haben, eine relativ ausgewogene Gruppe auszuwählen [4]. Gleichwohl entpuppten sich auch jene, die als Kritiker eingestuft waren, als Anhänger. Es wäre interessant gewesen, hätte Werbos diejenigen benennen müssen, die während der Tagung ihre Meinung änderten.

Die ungefähr fünfzig Teilnehmer, darunter viele von der NSF und dem EPRI, wurden lediglich mit einem einzigen, neuen Ergebnis konfrontiert, neben all den Berichten, die schon von unserem Ausschuß untersucht wurden. Diese neuen Daten von Dr. Debra Rolison vom Naval Research Laboratory wären in der Tat eine Untermauerung der Kalten Kernfusion, wenn sie bestätigt würden. Die bekanntgegebenen Werte waren so phantastisch, daß es kaum nachvollziehbar war, wieso irgendjemand im Auditorium daran glauben konnte. Rolison und ihre Mitarbeiter bedienten sich einer Methode, die als Sekundärionen Massenspektroskopie (SIMS) bekannt ist, um die Oberfläche der in schwerem Wasser elektrolysierten Palladiumkathoden zu untersuchen. Ergebnis war eine bemerkenswerte Anreicherung des Palladiumisotops ^{106}Pd und eine Verringerung der Intensität des Isotops ^{105}Pd. Es wurde behauptet, dieses Ergebniss sei eine Provokation, da es auf der Annahme beruhte, das Isotop ^{105}Pd fange ein Neutron ein. Jeder, der einigermaßen in der Kernphysik bewandert ist, wußte, daß solch ein Neutroneneinfangprozeß einen völlig unrealistischen Neutronenstrom voraussetzte, und hätte eher nach Verunreinigungen oder anderen Fehlern gesucht, um dieses Spektrum zu erklären. Getreu den Traditionen der Kalten Kernfusionssaga akzeptierten ihre Anhänger auch diese wundersame Änderung des Isotopenverhältnisses als neuesten Beweis für die Kalte Kernfusion. Es war keineswegs das Ende der Sage der Isotopenanreicherung!

Nach dem schweren Erdbeben in San Francisco am späten Nachmittag des 17. Oktober rief Lowell Wood von der Strategic Defense Initiative (SDI) Teller an, um ihm zu sagen, daß seine Familie wohlauf sei. Teller erwähnte dabei die sensationellen Beobachtungen der Gruppe des Naval Research Laboratory über die Anomalie der Palladiumisotope. Um nicht zurückzustehen, erwähnte Wood Messungen von Lithiumisotopen, die er im April beim Lawrence Livermore National Laboratory aufgenommen hatte. Wood sagte Teller, die SIMS Analysen der Palladiumkathoden zeigten nach der Elektrolyse in einer D_2O-LiOD-Lösung eine fünffache Anreicherung des Lithiumisotops ^6Li an der Kathodenoberfläche. Teller war begeistert und wünschte am nächsten Morgen, über diese phantastischen Lithiumisotopwerte zu sprechen und erbat sich von den Organisatoren Sprechzeit. Um diese Isotopenanomalie zu erklären, schuf Teller ein neuartiges Elementarteilchen. Dieses Teilchen könne Kalte Kernfusion durch einen exotischen Elektronentranferprozeß katalysieren. Teller [1] wählte als Namen für dieses bislang unbekannte neutrale Teilchen den Namen „Meschugatron“ [2]. Diese Episode war immerhin so bemerkenswert, daß sie sogar im öffentlichen nationalen Rundfunk unter dem Stichwort 'Vermischte Meldungen' verbreitet wurde.

Die Anwesenheit von Teller und Chu kam den Organisatoren sehr entgegen. Am Ende der Tagung waren beide hinlänglich überzeugt, um die optimistischen Pressemeldungen mitzutragen. Chu und Appleby sagten in der Pressekonferenz am 18. Oktober:

> Neue positive Ergebnisse in der Generierung von Überschußwärme und Fusionsprodukten wurden vorgestellt und in offenen, freien und stichhaltigen Diskussionen erörtert. Nach den Informationen, die uns vorliegen, können diese Effekte nicht als das Ergebnis von Artefakten, Meßfehlern oder menschlichem Versagen erklärt werden. Gleichwohl bleibt bei der Vorhersagbarkeit und Reproduzierbarkeit dieser Effekte sowie bei der Korrelation mit verschiedenen anderen Effekten eine Lücke. Berücksichtigt man jedoch die Bedeutung des Problems, ist weitere Forschung wünschenswert, um die Reproduzierbarkeit der Effekte zu erreichen und das Geheimnis der Beobachtungen zu enträtseln.

Teller war so begeistert, daß er eine eigene Pressemitteilung vorbereitete, in der er einige höchst spekulative Vorschläge, etwa zu der Isotopenanomalie, vorstellte.

---

[1] Teller schlug zwar einen Namen für das neue Teilchen mit den Eigenschaften, die das oben genannte Phänomen erklären sollte vor, diskreditierte es jedoch gleichzeitig durch den gewählten Namen.

[2] meschugge kommt aus dem Hebräischen. Einige Stellen im Alten Testament weisen darauf hin, daß es dem Sinne nach 'verrückt' bedeutet, wie es auch in der deutschen Umgangssprache verwendet wird.

Viele interessante und teilweise widersprüchliche Ergebnisse der Kalten Kernfusion sind nicht im Einklang mit gefestigten Theorien der Kernfusion. Es gibt eine Möglichkeit, die Ergebnisse mit der Theorie zu verknüpfen, wenn man annimmt, daß Deuteron als Neutronendonator für verschiedene Stoffe (andere Deuteronen, Lithium oder Palladium), die demnach Neutronenakzeptoren sind, fungiert. Der direkte Neutronentransfer wird durch den Gamow-Tunnelfaktor verhindert, aber ein katalytischer Neutronentransfer wäre möglich. Es ist denkbar, daß es sich bei dem Katalysator um ein bisher unbekanntes neutrales Elementarteilchen handelt. Es wurde vorgeschlagen, Uran 235 wegen seines hohen Energiegehalts und seines charakteristischen Verhaltens bei der Neutronenabsorption als Neutronendonator auszuprobieren. Man könnte ebenso Deuterium in seiner Rolle als Neutronendonator durch einen Berylliumkern ersetzen.

In Anbetracht der bisherigen bahnbrechenden Arbeiten, die erstaunliche Ergebnisse hervorbrachten, wurde empfohlen, daß die Bemühungen zur Klärung der Frage, ob die Ergebnisse auf verwirrenden Fehlern beruhen, oder ob tatsächlich ein neues Phänomen dabei eine Rolle spielt, unterstützt werden. Ein Beispiel eines solchen noch unbekannten Phänomens wurde oben vorgestellt, es erhebt aber nicht den Anspruch, die letztendliche Erklärung der Ergebnisse zu sein.

Die Theoretiker der Kalten Kernfusion waren immer bereit, ein Wunder anzunehmen, wenn die bekanntgegebenen Daten nicht den 'gefestigten Theorien der Kernphysik' entsprachen. Sobald experimentelle Ergebnisse veröffentlicht wurden, gab es immer irgendeinen Theoretiker, der diese 'erklären' konnte. In diesem Fall wäre es jedoch nicht nötig gewesen, die Natur mit einem hypothetischen Teilchen zu überlisten, da die 'neuen Beweise' aufgrund mehrerer Fehler zustande kamen.

Im April 1989 schlug Dr. G. Bryant seinem Kollegen Dr. Douglas Phinney aus Livermore vor, die Oberflächen einiger bei den Fusionsexperimenten benutzten Palladiumkathoden zu untersuchen. Phinney benutzte die SIMS-Methode und beschoß die Kathoden mit negativ geladenen Sauerstoffionen, um dünne Schichten Palladium abzutragen. Er maß dann die Tiefenprofile mehrerer Isotope auf der Oberfläche der Kathoden bis hin zu 500 nm. Die Isotope, die er für die Untersuchung durch hochauflösende Massenspektroskopie auswählte, waren: ^{1}H, $D(^{2}H)$, $^{1}H_2$, ^{6}Li, ^{7}Li, ^{11}B, ^{24}Mg, ^{25}Mg, ^{26}Mg, ^{106}Pd und ^{108}Pd. Dabei wurde die Intensität des Signals bei jeder Masse registriert. Da ^{6}Li in der Natur um mehr als eine Größenordnung seltener vorkommt als ^{7}Li, wählte Phinney für ^{6}Li eine Integrationszeit von 50 Sekunden, für ^{7}Li lediglich 10 Sekunden.

Phinney führte seine Versuche zügig durch und redete am 21. April 1989 mit Wood darüber. Dieser zeigte sich sehr interessiert an den Daten und besuchte Phinney in dessen Labor noch am späten Samstagabend, damit sie gemeinsam den Versuchsaufbau durchgehen und die Ergebnisse aus erster Hand begutachten könnten. Phinney war sehr sorgfältig und hatte bei den Meßergebnissen angemerkt, daß die Integrationszeit für ^{6}Li fünf mal länger war als die für ^{7}Li. Ferner betonte Phinney, die Isotopenraten für Lithium, Magnesium und Palladium seien im Rahmen der Meßgenauigkeit nicht unüblich. Phinney vergaß die ganze Geschichte, bis er am 23. Oktober von Tellers Vortrag bei der NSF/EPRI-Tagung erfuhr. Am 2. November wurde ein Treffen in Tellers Büro verabredet, an dem Phinney und verschiedene Mitarbeiter vom Livermore teilnahmen, aber nicht Lowell Wood. Bei diesem Treffen erfuhr man, daß die Raten der Lithiumisotope normal waren, daß die Geschichte mit Woods Anreicherungsfaktor von fünf für die Lithiumisotope ^{6}Li eine einfache Erklärung fand. Teller äußerte anschließend seine Enttäuschung darüber, daß er bei dieser Tagung falsche Ergebnisse präsentiert hatte.

Ich wurde selbst in diese Geschichte mit hineingezogen. Dr. Thomas Finn, Leiter des ERAB, versuchte, mich telefonisch zu erreichen, nachdem er von der Anomalie der Lithiumisotopen erfahren hatte. Von meiner Sekretärin erfuhr er, daß ich in Livermore war. Wegen des Erdbebens wurde jedoch mein Flug von Oakland nach Reno umgeleitet, so daß es einen weiteren Tag dauerte, bis ich in Livermore eintraf. So konnte Finn mir erst am 19. Oktober von der Isotopenanomalie Mitteilung machen. Er bat mich, Wood zu kontaktieren. Zunächst versuchte ich, Finn zu beruhigen und sagte ihm, solche Isotopenanreicherungen seien extrem unwahrscheinlich und eher auf irgendwelche Fehler zurückzuführen. Meine straffe Terminplanung erlaubte mir aber nicht, Wood zu treffen. So bat ich Dr. C. Gatrousis, sich bei dem Mitarbeiter, der die Versuche gemacht hatte, kundig zu machen und mich anschließend darüber zu informieren. Wahrscheinlich waren meine Nachforschungen Ursache des Anrufs an Phinney am 23. Oktober und deckten die grobe Fehlinterpretation durch Wood auf. Die Mitarbeiter dieser Livermoregruppe sind weltweit führend im Nachweis kleinster Isotopenanomalien und wurden zu unschuldigen Zuschauern bei diesem Lithiumfiasko. Das war dann das Ende der Lithiumsaga. Der wundersame Anreicherungsfaktor fünf des Lithiumisotops ^{6}Li war lediglich ein übersehener Skalierungsfaktor! So ging dieser Beweis denselben Weg wie die N-Strahlen von Blondlot (vgl. Kapitel 12).

Die mit der Anomalie der Palladiumisotopen verbundene Geschichte war allerdings nicht annähernd so interessant, da sie auf der Fehlinterpretation von Meßdaten beruhte. Verschiedene Verunreinigungen mit ähnlicher Masse wie die Palladiumisotope wurden mit diesen verwechselt. Obwohl diese Anomalien seit über fünf Monaten in Verruf geraten waren, reichte Bockris am 26. März 1990 einen Artikel bei *Fusion Technology* [5] ein. In diesem Artikel diskutiert er neben anderen Fusionsphänomenen die thermischen Effekte und die Querschnitte der Palladiumisotope für 14 MeV Neutronen. Er bediente sich dabei der falschen Daten der Isotopenanomalie, um zu belegen, daß die Kalte Kernfusion eine Oberflächen- oder nahezu Oberflächenreaktion sei. Er versuchte damit, sein Modell der Kernfusion zu verteidigen. Unter den Enthusiasten der Kalten Kernfusion war es üblich, daß Fehler und falsche Ergebnisse eine lange Lebensdauer hatten.

Die Reaktionen auf die NSF/EPRI-Tagung waren sehr geteilt. Kritiker hielten den Zeitpunkt der Tagung für sehr gut gewählt, um die Auswirkungen des zu erwartenden negativen Berichts unseres Ausschusses zu mindern. Wurde die Tagung doch gerade zum Zweck einer positiven Berichterstattung über die Kalte Kernfusion anberaumt. Nathan Lewis sprach für all die Kritiker, als er bemerkte: „Die meisten Teilnehmer versuchten, Unterstützung von der NSF zu erhalten, und nicht ihre Forschung zu unterstützen“ [6]. Lewis Beurteilung war durchaus im Einklang mit Werbos Aussage, daß es ein Ziel der Tagung sei zu entscheiden, welche Forschung gemacht werden solle. Zur finanziellen Unterstützung der Forschung sagte Werbos: „Wenn die NSF Empfehlungen von Tagungsteilnehmern erhält, ziehen wir die Möglichkeit der Förderung in Betracht.“ Dr. Peter Bond vom Brookhaven National Laboratory sagte, die Mitteilungen der Pressekonferenz seien viel zu optimistisch gewesen und hätten die Ansichten der wenigen Kritiker unter den Teilnehmern überhaupt nicht berücksichtigt. Bond führte weiter aus: „Die Mitarbeiter des EPRI sind überzeugte Anhänger... Sie wollen, daß es wahr ist, und werden dies weiter verfolgen" [7]. EPRI war der größte Unterstützer der Kalten Kernfusionsforschung, und alles weist darauf hin, daß sie dies auch in Zukunft sein werden. Vermutlich war das Hauptanliegen von EPRI bei dieser Tagung, der Forschung, die sie unterstützen, ein möglichst positives Presseecho zu verschaffen.

Am anderen Ende des Spektrums lobten die Anhänger der Kalten Kernfusion die Tagung als „die bisher wissenschaftlich produktivste Tagung über Kalte Kernfusion." Edward Teller und Paul Chu fügten sich bis zu einem gewissen Grade, indem sie Behauptungen, daß Überschußwärme und Fusionsprodukte generiert würden, vor der Presse vertraten. Als Beispiel für einen mit der Tagung zufriedenen Teilnehmer, bedankte Johann Rafelski sich in einem Artikel [8] bei den Organisatoren für die zeitliche Planung der Tagung, bei der seine Arbeit zum ersten Mal kurz vorgestellt wurde, und bei Teller für die inspirierenden Bemerkungen über das 'Meshuganon'.

Anfang Oktober bat ich Professor Chu, vor unserem Ausschuß Ende des Monats eine Stellungnahme über die NSF/EPRI-Tagung abzugeben. Nachdem er zunächst meine Einladung angenommen hatte, rief er mich am 23. Oktober zurück und sagte wegen eines Interessenkonflikts ab. Er fügte hinzu, er kenne die endgültigen Beschlüsse der Tagung noch nicht. Ich wiederholte, daß er keineswegs die Beschlüsse der Tagung wiedergeben sollte, sondern lediglich seine persönlichen Eindrücke. Schließlich konnte ich ihn nicht zu einer Stellungnahme vor unserem Ausschuß überreden. Chu sagte mir, eine Kommission wolle innerhalb der nächsten zwei Monate einen Bericht anfertigen, und er könne jetzt nicht für diese Gruppe sprechen. Das war vor zwanzig Monaten. Der Bericht ist immer noch nicht verfügbar. Ich glaube, Chu war sich nicht ganz im klaren, worauf er sich eingelassen hatte, als er die Rolle des Stellvertretenden Vorsitzenden dieser Tagung übernahm, daß nämlich sein Name plötzlich eine Position vertrat, die er nicht ganz unterstützte.

Der stärkste öffentliche Protest über den nichtöffentlichen Charakter der Tagung kam von James A. Krumhansl, Präsidenten der APS. In einem Brief an Mary L. Good, Vorsitzende des Nationalen Beirats für Forschung, schrieb er:

> Die Verantwortlichen der American Physical Society sind von den Pressemeldungen über die geschlossene Tagung der NSF und der EPRI, die vom 16.–18. Oktober in Washington stattfand, tief betroffen. Thema der genannten Tagung war „Anormale Effekte in deuterierten Materialien." die Teilnahme war nur durch spezielle Einladung möglich. Nicht alle der über fünfzig Teilnehmer stimmten mit dem überein, was an die Presse weitergegeben wurde. In mündlichen und schriftlichen Stellungnahmen behaupteten die Organisatoren jedoch, daß neuere Forschungsergebnisse der Kalten Kernfusion zusätzliche Unterstützung rechtfertigten. Einige der Teilnehmer sagten uns aber, daß diese Stellungnahmen die getroffenen Vereinbarungen verletze, und daß sie einseitig und mißverständlich seien. Der Rat der American Physical Society wird diesen Vorfall am 12. November diskutieren. Die APS hat beständig ihre Bereitschaft zum unbehinderten Austausch aller neuer wissenschaftlicher Ideen und Erkenntnisse bekräftigt. Wir sind tief betroffen über die Tatsache, daß der National Science Board eine ähnlich starke Position angenommen hat, indem er dem Bericht des 'Komitees zur Frage der Öffentlichkeit des wissenschaftlichen Diskurses' des National Science Board zustimmte.

Dr. Krumhansl warf viele relevante Fragen in diesem Brief auf. Von besonderer Bedeutung war die Tatsache, daß Erich Bloch, Direktor des NSF, einige Monate vorher die Organisatoren von Tagungen der NSF anwies, daß die Tagungen offen sein müßten. Meines Wissens wurde Krumhansls Brief nie beantwortet.

Bei dieser Tagung wurde Dr. Gordon Baym gebeten, eine Zusammenfassung der verschiedenen Theorien vorzuereiten. Er war bereits Mitverfasser eines Artikels [9], in dem er die Fusionsraten für die D+D-Fusion um viele Größenordnungen niedriger als Jones ansetzt. In seiner Zusammenfassung berichtet er:

> Wir suchen nach neuen experimentellen Phänomenen auf einem Gebiet, in dem die Theorie konsistente, systematische Daten braucht. Jede Suche nach 'anomalen Phänomenen' ist in den frühen Phasen ein experimenteller und kein theoretisch motivierter Vorgang. Man muß sich dabei so lange wie möglich auf die konventionelle Physik stützen, und nur wenn es gar nicht anders geht, sollten neue Theorien entwickelt werden.

Dies ist ein sehr weiser Hinweis eines bekannten Theoretikers. Viele Theoretiker haben aber auf dem Gebiet der Kalten Kernfusion die konventionelle Physik ignoriert, was auch bei dieser Tagung wieder deutlich wurde. Theoretische Mechanismen wurden zur Erklärung eines exotischen Neutronentransferprozesses bemüht, wobei hypothetische Teilchen wie das 'Meshugatron' und 'mysteriöse Felder' angenommen wurden. Wie so oft bei der Kalten Kernfusion waren diese Isotopenanomalien nichts anderes als eine Fehlinterpretation, es wäre nicht nötig gewesen, einen katalytischen Neutronentransferprozeß über ein exotisches Teilchen zu postulieren.

Kapitel 10
Geboren und aufgewachsen in Utah

Einen Tag nach der Pressekonferenz der University of Utah gab Norman H. Bangerter, Gouverneur von Utah, bekannt, daß er eine außerordentliche Sitzung des Parlaments einberufen wolle, damit die Universität die fünf Millionen Dollar zur Unterstützung der Forschung erhielte. Einige der Abgeordneten hielten die Einberufung solch einer Sitzung nicht für notwendig, zumal das Warten auf die nächste reguläre Sitzung dem Steuerzahler Ausgaben ersparen würde. Bangerter setzte sich durch, und die außerordentliche Sitzung wurde am 7. April abgehalten. Der Gouverneur unterstützte die 'Entdeckung' aus Utah und zitierte den Bibelspruch: „Derjenige aber, der nichts tut, ist verdammt." „Ich jedenfalls, möchte nicht verdammt werden," fügte er hinzu. Seine Haltung wurde wirkungsvoll von Eugene Hansen, dem Verwaltungsratsvorsitzenden der Universität, unterstützt. Dieser beeindruckte die Vertreter des Staates Utah, indem er vor der japanischen Konkurrenz warnte: „Abwarten könnte bedeuten, daß die Entdeckung des Jahrhunderts von Mitsubishi weiterentwickelt wird" [1].

Mit der großen Mehrheit von neunundsechzig zu drei verabschiedete das Parlament von Utah das Gesetz zur Kernfusion/Energie-Technologie. Das Parlament versprach Unterstützung der Forschung unter der Voraussetzung, daß die Kalte Kernfusion wissenschaftlich bestätigt werde. Zudem sah der Beschluß die Einrichtung eines staatlichen Beratungsausschusses vor, der vom Gouverneur einberufen werden sollte. Ferner sollte die Universität ein detailliertes Forschungsprogramm für die Kalte Kernfusion erstellen. Ein sehr umstrittener Punkt des Beschlusses war die Absicherung gegen Informationslücken über die Kalte Kernfusion. Dieser Aspekt brachte vor allem die Presse auf, die diesen Beschluß heftig kritisierte. Die Frage, was eigentlich eine wissenschaftliche Bestätigung sei, wurde zu der Zeit kaum diskutiert. Wären die Abgeordneten von verschiedenen Mitgliedern der Universität beraten worden, hätten sie besser einschätzen können, wessen Ansicht über die Kalte Kernfusion akzeptiert werden konnte. Schon damals gab es sehr unterschiedliche Positionen über das Verzweigungsverhältnis der D+D-Fusion. Von den Professoren Sandquist, Walling und Salamon verteidigte nur letzterer die klassische Kernphysik. Für ihn war die Symmetrie der beiden möglichen Reaktionen das entscheidende Argument, während die anderen beiden bewußt eine wundersame Veränderung des Verzweigungsverhältnisses annahmen. Die 'Theorie von Walling und Simons' wurde bereits in Kapitel 3 vorgestellt. Um nicht zurückzustehen, präsentierte Carl Jensen, Physiker am Salt Lake Community College, eine ähnlich absurde 'Theorie'. Um die Entstehung der Überschußwärme und das Fehlen der Fusionsprodukte zu erklären, braute sich Jensen eine Materie- Antimaterie Annihilationsreaktion zusammen [2]. Obwohl das Parlament den Beschluß zur Förderung der Forschung zur Kalten Kernfusion fast einstimmig angenommen hatte, gab es einige ablehnende Stimmen, die sich um die Aufrechterhaltung eines Anscheins von wissenschaftlicher Integrität in Utah sorgten.

Auf Beschluß des Parlaments berief Bangerter folgende neun Mitglieder in den Beratungsausschuß, der die Forschungsausgaben für die Kalte Kernfusion beaufsichtigen sollte [3].

1. Raymond L. Hixson (Vorsitzender) - Leiter der Bonneville Pacific Corporation, eines unabhängigen Herstellers von Kraftwerken

2. Wilford Hansen - Professor für Physik und Chemie an der Utah State University, Logan

3. Karen W. Morse - Chemikerin und Dekan der Naturwissenschaftlichen Fakultät an der Utah State University, Logan

4. Clair Coleman - Vorsitzender des College of Engineering Industrial Advisory Board der University of Utah (früherer Präsident der Quasar Corporation)

5. Joseph Gubler - Rechnungsprüfer der Stadt Cedar City (Utah)

6. Ernest Mettent - früherer Vorsitzender der Hercules Incorporated

7. Mitchell Melich - Staatsanwalt, Salt Lake City

8. Randy Moon - Wissenschaftsberater des Staates Utah

Das Fusionsfieber im Staate Utah weckte bei vielen Geschäftssinn und Unternehmergeist. Folgende Anzeige, die Anfang April 1989 eine Woche lang unter der Rubrik 'Geschäftsverbindungen' in der *Salt Lake Tribune* und den *Deseret News* erschien, illustriert dies sehr gut:

> Fusionsforschung hilft die Zukunft zu gestalten. Ingenieure, Wissenschaftler, Designer, Künstler, Techniker, Erzieher, Schriftsteller, Sekretärinnen, Teilhaber an Lizenzgebühren, Fremdsprachenkenntnisse sind von Vorteil; Rentner und Selbständige. Arbeitet in Utah!

All jene, die mit der Werbung für die Kalte Kernfusionsforschung in Utah beauftragt waren, hofften, durch die Bewilligung der Gelder des Staats Utah auch Gelder der Bundesregierung zu erhalten. Ich habe in Kapitel 5 bereits die Anhörung vor dem United States Committee on Science, Space and Technology vom 26. April beschrieben. Peterson, Fleischmann und Pons wollten mit Unterstützung erfahrener Berater zusätzliche Gelder beantragen. Ihr Antrag blieb erfolglos, obwohl der Abgeordnete von Utah, Wayne Owens meinte, die University of Utah habe das Komitee stark beeindruckt.

Die Verwaltungsbeamten des Staates legten sehr viel Wert auf die gesetzlichen Aspekte der Kalten Kernfusion. Von allen Fragen hatten die Patentrechte die höchste Priorität. Der Generalstaatsanwalt von Utah, Paul Van Dam, suchte nach zusätzlicher auswärtiger Hilfe für die Patentanträge, um die Interessen des Staats Utah und der University of Utah bei der Entwicklung der Kalten Kernfusion zur Energiequelle zu schützen. Der Staat beauftragte die in Salt Lake City ansässige Kanzlei Giauque, Williams, Wilcox und Bendinger, um die juristischen Aspekte der Patentbemühungen zu unterstützen, sowie die in Houston ansässige Kanzlei Arnold, White und Durkee, um die nationalen und internationalen Patentrechte zu sichern. Eine kalifornische Kanzlei mit ihrem Patentanwalt Peter Dallinger, dem Nuklearphysiker, der das erste Gesuch um Patentrechte formulierte, sollte dem juristischen Team beistehen [4].

Im Mai 1989 rang der Beratungsausschuß immer noch mit dem Problem der Bestätigung und hatte noch keinen Dollar für wissenschaftliche Forschung bewilligt. Dafür wurden aber, gemäß der höheren Priorität der Patentrechte gegenüber der eigentlichen Forschung, 500.000 Dollar für die rechtlichen Aspekte bewilligt. Zehn Prozent also der gesamten Summe wurden allein für Anwaltskosten und -rechnungen ausgegeben.

Dieser Betrag konnte nicht für Forschung verwendet werden. Obwohl die Genehmigung von Forschungsgeldern an die Auflage gebunden war, daß die Kalte Kernfusion bestätigt werde, gab es keine Einschränkung für die Genehmigung der Gelder für juristische Belange.

Ende Juni hatte der Beratungsausschuß immer noch keine Gelder für Foschung genehmigt, sondern forderte zusätzliche auswärtige Gutachten. Professor John Bockris von der Texas A&M trat als erster vor den Ausschuß. Er war bekanntlich ein begeisterter Anhänger der Kalten Kernfusion und hatte zu dem Zeitpunkt bereits selber über mehrere positive Ergebnisse berichtet. Man hätte erwartet, daß der Beratungsausschuß auch zusätzlich einen Kritiker befragen würde, was leider unterblieb. Für ihre Sitzung vom 11. Juli luden sie Professor Huggins von der Stanford University ein. Wollte der Beratungsausschuß bestätigende Beweise haben, hätten sie keine besseren Verteidiger finden können. Bei dieser Sitzung äußerte Wilford Hansen, daß der Ausschuß immer noch nicht beschlossen habe, wie geartet die Bestätigung sein müßte, was schließlich auch Aufgabe des Ausschusses war. Da Morse bei dieser Sitzung abwesend war und Hansen mehr Zeit haben wollte, vertagte sich der Ausschuß auf die nächste Sitzung, die am 21. Juli stattfinden sollte.

Am 21. Juli stimmte dann der Ausschuß fast einstimmig überein, die Behauptungen von Fleischmann und Pons als bestätigt zu erachten. Es wäre interessant gewesen, die Interpretation des Ausschusses über wissenschaftliche Bestätigungen zu erfahren. Diskutierten die Mitglieder des Ausschusses jemals darüber, wie Hansen es vorgeschlagen hatte? Zu dieser Zeit berichteten die meisten Wissenschaftler, die versuchten, die Experimente von Fleischmann und Pons zu reproduzieren, von negativen Ergebnissen. Um das Experiment als bestätigt zu betrachten, hörte der Beratungsausschuß lediglich Bockris und Huggins an, anstatt wie üblich noch weitere Gutachten einzuholen, also auch die Meinung von Kritikern. Das Fusionsfieber war in Utah noch zu hoch, um die Mitglieder des Beratungsausschusses von einseitiger Betrachtung des Problems abzubringen. Als der Ausschuß die Kalte Kernfusion als bestätigt betrachtete: „genehmigten sie die Freigabe von Staatsgeldern für die Forschung an der Kalten Kernfusion an der University of Utah." Er behielt sich aber die Genehmigung einzelner Posten des Etats vor, da diese auch verwaltungstechnische Kosten betrafen [5]. Ein Unterausschuß hatte einen detaillierten Etat ausgearbeitet, dem jedoch nicht alle Mitglieder des Beratungsausschusses zustimmen konnten. Einer der strittigen Punkte war die hohe Zuweisung von Geldern für Einrichtungen, Verwaltungs- und Anwaltskosten. Anfang August genehmigte der Beratungsausschuß schließlich die Forschungsgelder für die Kalte Kernfusion, vier Monate nachdem das Parlament dies verabschiedet hatte. Bis zu diesem Zeitpunkt hatte die University of Utah bereits 400.000 Dollar an Verwaltungsausgaben getätigt, neben den 500.000 Dollar für Anwaltskosten [6]. Dem überarbeiteten Etatentwurf stimmten nur die zwei Mitglieder der Utah State University nicht zu. Hansen enthielt sich seiner Stimme wegen des Interessenkonflikts, der durch einen eigenen Antrag für Forschungsgelder entstanden war. Morse hingegen wollte mehr Geld direkt der Forschung zukommen lassen anstelle der viel zu hohen Kosten für Verwaltung. Dies war ein ernstzunehmender Einspruch, da viele Wissenschaftler glaubten, die einzige Möglichkeit, die Kalte Kernfusion endgültig zu bestätigen, liege in der massiven Unterstützung der Forschung. Das Problem der Bestätigung zeigte noch einmal sein häßliches Gesicht als Morse sagte: „Wir können eine Überprüfung (der Kalten Kernfusion) nur dann erreichen, wenn wir das Phänomen vollständig verstanden haben“ [7]. Der Großteil der Mitglieder des Beratungsausschusses gab sich mit dem Versprechen von Peterson zufrieden, daß die Verwaltungskosten nicht für Werbung, sondern für die Suche nach öffentlichen und privaten Forschungsgeldern für das neu eingerichtete National Cold Fusion Institute (NCFI) aufgebracht werden sollten. Dieses wurde offiziell am 14. August eingeweiht und bezog ein modernes Gebäude auf dem Universitätsgelände. Zu dem Zeitpunkt, als die Wissenschaftler das 2.300 m^2 große Gebäude bezogen, waren die Erwartungen die, daß ein Großteil des Etats aus öffentlicher und privater Hand kommen und im zweiten Jahr erheblich wachsen sollte.

Die Beratungen und Beschlüsse des neunköpfigen Ausschusses aus Utah fielen mit dem Erstellen des Zwischenberichts unseres Ausschusses zusammen. Es schien, als ob der Beratungsausschuß aus Utah durch seine positiven Beschlüsse unseren Ausschuß gewollt brüskierte. Ich zitiere deshalb aus unserem Zwischenbericht:

Der Ausschuß glaubt, daß die bis heute bekannten Experimente keine überzeugenden Beweise dafür liefern, daß aus dem Phänomen der Kalten Kernfusion nutzbare Energiequellen erschlossen werden können. In der Tat gibt es keine stichhaltigen Beweise für die Entdeckung der sogenannten 'Kalten Kernfusion'. Daher kann man spezielle Forschungsvorhaben oder die Einrichtung eines Forschungszentrums für Kalte Kernfusion zur Zeit nicht rechtfertigen.

Unser Ausschuß wurde zur Beratung der Bundesregierung berufen und hatte daher keinen direkten Auftrag zur Beratung des Staates Utah. Wie auch immer, betraf diese Arbeit auch die Ausgabe öffentlicher Gelder des Staates Utah. Einige der Verantwortlichen in Utah wollten keine negativen Meldungen über die Kalte Kernfusion hören und ignorierten den Ratschlag unseres Ausschusses. Andere waren unserem Ausschuß gegenüber richtiggehend aggressiv. Utahs Senator Jake Garn äußerte sehr rüde Worte, erkannte aber, daß unsere Schlußfolgerungen den Weg für die öffentliche Unterstützung des Cold Fusion Institutes versperren würden. In dieser Hinsicht hatte Garn ein realistischeres Bild über die Unterstützung der Fusionsforschung durch den Bund als die Verwaltung in Utah, die einen Etat mit beträchtlicher öffentlicher und privater Unterstützung vorsah. Garn äußerte sich folgendermaßen über die Kritiker von Fleischmann und Pons [8]:

Ich glaubte eigentlich immer, Politiker wären dreckige, oberflächliche, unehrliche Menschen. Ich bin, nach all dem, was passiert ist, jetzt zu der Überzeugung gekommen, daß Wissenschaftler noch viel schlimmer sind...wenn alles ans Licht kommt, wird es viele Wissenschaftler vom MIT und anderen Universitäten geben, die wegen ihrer Bemerkungen sehr, sehr verlegen sein werden.

Solch unkritische, durchweg positive Unterstützung der Kalten Kernfusion entwickelte sich in Utah zu einer Paranoia, in der die „Eastern Establishment“ Universitäten wie Harvard, Yale und MIT zu Übeltätern deklariert wurden. Pons verkündete öffentlich, unser Ausschuß habe den Auftrag, einen negativen Bericht zu publizieren. Er bezeichnete gemeinsam mit Bockris unseren Ausschuß als eine „Killer Kommission.“

Pons war in Hochstimmung, als er von den Beschlüssen des Beratungsausschusses erfuhr, rehabilitierten sie ihn doch. Entscheidungen über wissenschaftliche Behauptungen durch ein demokratisches Gremium herbeizuführen, das hauptsächlich aus Nichtwissenschaftlern bestand, war ein riskantes Unterfangen, gerade weil der Einsatz so hoch war.

Aber für Pons war es ein Sieg, war doch die Idee der Kalten Kernfusion „geboren und aufgewachsen in Utah." Eine Überraschung war es jedoch, daß Fleischmann und Pons nicht in die Räume des neuen Cold Fusion Instituts zogen, sondern im Gebäude des Chemischen Instituts blieben. Die fehlende Bereitschaft von Fleischmann und Pons, an den täglichen Aktivitäten des NCFI teilzuhaben, erregte bei den Abgeordneten Mißtrauen. James J. Brophy verteidigte die beiden Wissenschaftler, indem er sagte: „sie sind keine Teamspieler, zwar teilen sie wissenschaftliche Daten mit dem Institut, aber nicht alle... Pons und Fleischmann haben die Eigenart, so wenig wie möglich über ihre Arbeit zu erwähnen" [9].

Einige Monate vergingen, bis das neue NCFI einen Direktor verpflichten konnte. Hugo Rossi, Dekan der Naturwissenschaftlichen Fakultät der University of Utah, war erster kommissarischer Leiter. Er sagte, die negativen Presseberichte hätten ihnen bei den Bemühungen, einen Leiter sowie Mitarbeiter für das Institut zu finden, sehr geschadet. Als er Ende September die Forschungsarbeiten zusammenfaßte, konnte er nur berichten, daß sie in ihren Zellen weder Überschußwärme noch Fusionsprodukte beobachtet hätten. Wie bereits in Kapitel 7 dargestellt, unterschieden sich seine Schlußfolgerungen nur wenig von denen unseres Ausschusses. Rossi sagte zudem [10]:

> Es ist die Zeit gekommen, in der wir uns fragen müssen, ob wir etwas falsch machen... Eine Tagung ist in Vorbereitung... wenn wir bis dahin keine neuen Ergebnisse haben, wird dieser Laden dichtmachen. Ich möchte nicht sagen, daß ich das wünsche. Ich fürchte nur, daß es geschehen wird.

Diese negative, aber durchaus ehrliche und freimütige Einschätzung über den Stand der Forschung am NCFI wurde in Utah nicht gerade gut aufgenommen. Den Wissenschaftlern außerhalb von Utah war aber gerade dies ein Zeichen, daß Rossi versuchte, dem NCFI einen Hauch von Glaubwürdigkeit zu verleihen. Als Reaktion auf das breite Medienecho von Rossis Stellungnahme beschloß die Verwaltung in Utah, den Mitarbeitern des Instituts jeden nicht genehmigten Kontakt mit der Presse zu verbieten. Die ganze Kontroverse mit der Presse zeigt aber nur, welche Aufregung eine bestimmte Einstellung hervorrufen konnte. Infolgedessen wurde jede öffentliche Diskussion verhindert. Obwohl die Universität dies nicht öffentlich bekanntgab, trat Rossi im November 1989 zurück und wurde in seinem Amt durch Brophy ersetzt.

Brophy, ein Physiker, war von Anfang an Sprecher für die Kalte Kernfusion an der University of Utah. Er war Verteidiger, Werber und Puffer zwischen der wissenschaftlichen Welt und Fleischmann und Pons. Als unser Ausschuß die Labors von Fleischmann und Pons besichtigte, wurden alle Absprachen über Brophy getroffen. Mit kindlichem Vertrauen glaubte er, die Kalte Kernfusion sei eine unumstößliche Tatsache, der Rest der Welt werde irgendwann diesen Standpunkt ebenfalls annehmen. Als Rossi der Presse mitteilte, daß das NCFI zu dem Zeitpunkt nicht in der Lage war, die Experimente von Fleischmann und Pons zu bestätigen, teilte Brophy den Abgeordneten mit, daß die Verantwortlichen der Universität durch die positiven Berichte anderer Gruppen bestärkt würden. Als unser Ausschuß sich vom NCFI Informationen über neue experimentelle Ergebnisse erbat, entschuldigte sich Brophy vor der Presse für ihre mangelnde Zusammenarbeit, indem er behauptete: „einige der geforderten Informationen konnten wir nicht weiterleiten... als sie nach Informationen über die Patentrechte fragten, glaubten wir nicht, ihnen diese liefern zu können" [11]. Diese Geschichte kam in Utah zweifellos gut an, obgleich sie nicht der Wahrheit entsprach. Unser Ausschuß wollte wissenschaftliche Informationen über die Kalte Kernfusion haben, an Angelegenheiten der Patentrechte waren wir keineswegs interessiert. Brophys ungebrochene Loyalität gegenüber den Protagonisten der Kalten Kernfusion hatte aber auch ihre Schattenseiten. Jene, die bei der University of Utah die Entscheidungen trafen, vor allem aber die Physiker, hatten den Kontakt zur wissenschaftlichen Welt verloren, und Brophy unternahm nichts dagegen. Als Physiker war er damit einverstanden gewesen, daß die University of Utah mit der Kalten Kernfusion an die Öffentlichkeit treten sollte, ohne vorher mit irgend jemandem am Physikalischen Institut darüber diskutiert zu haben. Dies war ein unentschuldbarer Fehler!

Obwohl die offizielle Haltung der Universität unerschütterlich positiv war, gab es doch Anzeichen, daß viele Fakultätsangehörige den 'Fraktionszwang' durchbrachen. Dies galt von Anfang an für die Physiker. Ende September reihten sich aber noch viele andere in die Reihen der Kritiker ein. Alle waren sie um den wissenschaftlichen Ruf der Universität besorgt. Die negative Einstellung auf dem Campus gegenüber der Kalten

Tabelle 10.1 Regionalisierung positiver und negativer Ergebnisse

Datum	Zone	Anzahl positiver Ergebnisse	Anzahl negativer Ergebnisse
bis 2. Mai 1989	A	1	18
	B	25	2
3. – 24. Mai	A	2	16
	B	6	11

Kernfusion zeigte sich, als Douglas Morrison, ein Teilchenphysiker vom CERN, am 22. September einen Vortrag hielt. Morrison, der bekanntlich ein scharfer Kritiker der Kalten Kernfusion war, zeichnete ein sehr negatives Bild vom Stand der Forschung, sowohl bezüglich der Überschußwärme als auch des Nachweises von Fusionsprodukten. Zusätzlich zeigte er eine interessante Analyse der regionalen Aufteilung der positiven und negativen Ergebnisse zur Kalten Kernfusion. Er unterteilte die Welt in zwei Zonen: „Zone A umfaßt Nordeuropa und die großen Nationalen Labors der Vereinigten Staaten und die Teile Nordamerikas, in denen die *New York Times* die wichtigste seriöse Tageszeitung ist. Zone B ist der Rest der Welt." Aufgrund dieser einfachen Einteilung kommt Morrison zu folgenden Korrelationen positiver und negativer Ergebnisse [12]. Morrison zählte dieses Phänomen zu den sogenannten 'Pathologischen Wissenschaften' (vgl. Kapitel 12), die dadurch gekennzeichnet sind, daß eine falsche Entdeckung mehrere Phasen durchläuft. Seine Argumentation war, die Wissenschaftler der Zone A hätten den Vorteil, daß sie über hochempfindliche Apparaturen verfügten, und daß an ihren Instituten sehr schnell interdisziplinäre Expertengruppen gebildet werden konnten. Diese gut ausgestatteten Gruppen erreichten sehr schnell die Phase, in der nur negative Ergebnisse beobachtet wurden. Die Wissenschaftler der Zone B waren am 2. Mai immer noch in der ersten Phase, in der fast ausschließlich positive Ergebnisse erhalten wurden. Ende Mai bewegte sich auch diese Zone in eine Zwischenphase mit ungefähr gleicher Anzahl positiver und negativer Ergebnisse. In der *Salt Lake Tribune*

[13] wurde berichtet, die Fakultätsmitglieder hätten Morrison tosenden Beifall gespendet, was bei derartigen Vorträgen durchaus unüblich ist. Diese spontane Reaktion zeigt, wie mißtrauisch die Fakultät mittlerweile war. Dies galt aber nicht für die Bevölkerung in Utah. Eine Umfrage ergab, daß 61% an die Kalte Kernfusion glaubten, nur 15% glaubten nicht daran und 24% enthielten sich des Urteils. Wäre diese Umfrage zu dem Zeitpunkt in einem anderen Staat gemacht worden, bin ich sicher, daß der Prozentsatz der Anhänger sehr viel niedriger ausgefallen wäre.

Der Beratungsausschuß aus Utah billigte immer noch die wissenschaftlichen Bemühungen der ungefähr dreißig Mitarbeiter und Techniker des NCFI. Das Institut verfügte weder über Gelder des Bundes noch über Drittmittel und mußte mit weit weniger Pomp geführt werden, als ursprünglich geplant. Nur ein Teil der zur Verfügung stehenden Labors wurde benutzt. Die Ausstattung umfaßte hauptsächlich elektrochemische Zellen und primitive Teilchendetektoren. Es wurden kaum Vorkehrungen gegen hohe Strahlenbelastung getroffen. Die Labors entsprachen lediglich dem Standard für chemische Labors. Da sämtliche Einrichtungen gegen Strahlenbelastung fehlten, mußte man davon ausgehen, daß eigentlich keiner damit rechnete, daß durch die Elektrolyse von deuteriertem Wasser gefährliche Mengen an Fusionsprodukten entstehen könnten.

Ende 1989 wurde bekanntgegeben, daß Dr. Fritz G. Will die Stelle des Leiters des NCFI am 1. Februar 1990 übernehmen werde. Dr. Will war Deutscher und hatte 1959 am Institut für Physikalische Chemie der TU in München promoviert. Anschließend verbrachte er annähernd drei Jahrzehnte bei General Electric in Schenectady, New York. Es wurde sehr bald klar, daß er die Idee von Fleischmann und Pons, die Überschußwärme könne in dieser Größe nur von einem Kernprozeß herrühren, übernommen hatte. Will sagte: „diese thermischen Energien können nicht durch chemische, mechanische oder metallurgische Effekte erklärt werden“[14]. Wie man die Kalte Kernfusion aufgrund solcher fadenscheiniger Beweise als glaubwürdig betrachten kann, ist schwer nachvollziehbar. Der Gedanke, die Überschußwärme könne das Ergebnis einer falschen Eichung oder eines ähnlichen Fehlers sein, schien keine Rolle zu spielen.

Eine der vielen Gruppen, die versuchten, Fusionsprodukte nachzuweisen, war eine Gruppe von Physikern der University of Utah unter der Leitung von Michael Salamon. Diese Gruppe fand, wie so viele andere, keinen Hinweis auf Kernfusion. Der Unterschied zu anderen Gruppen war aber, daß diese die Zellen von Fleischmann und Pons untersuchte. Ihre Ergebnisse waren erstaunlich: es wurden keine Fusionsprodukte beobachtet! Als wir am Schlußbericht unseres Ausschusses arbeiteten, erfuhr ich von den Ergebnissen von Salamon und seiner neun Mitarbeiter durch ein Telefongespräch und einer Kopie des Artikels, der später bei *Nature* eingereicht und veröffentlicht wurde [15].

Salamons Gruppe erhielt von den Verantwortlichen der University of Utah in Einvernehmen mit Pons den Auftrag, eine unabhängige Messung der emittierten Strahlung der arbeitenden Zellen von Fleischmann und Pons durchzuführen. Sie brachten einen mit Blei abgeschirmten Natriumjodid (NaI) Detektor direkt unterhalb eines Tisches an, auf dem sich vier der offenen Zellen befanden. Der Detektor arbeitete im Bereich von 0,1 bis 25,5 MeV. Über fünf Wochen lang (vom 9. Mai bis 16. Juni) wurden γ-Strahlendaten aufgenommen. Zusätzlich wurden mehrere Neutronendetektoren in die Wasserbäder, welche die Zellen umgaben, gelegt. Diese bestanden aus ^{235}U-Folien zwischen zwei Filmen, die empfindlich auf Nuklearteilchen reagierten. Die Wirksamkeit dieser Detektoren wurde vorher mit üblichen γ-Strahlen- und Neutronenquellen getestet. Es wurden obere Grenzen für die Ströme von Neutronen, Protonen, γ-Strahlen und Elektronen gemessen. Die Reaktionen, Meßmethoden und Ergebnisse der Experimente von Salamon waren folgende:

1. Obere Grenze für den Neutronenstrom der Reaktion $D + D \rightarrow {}^3He + n$. Die Neutronen der Energie 2,45 MeV, die bei dieser Reaktion erwartet werden, wurden indirekt durch die γ-Strahlen nachgewiesen, die infolge der Thermalisierung und Einfang der Neutronen im Wasser entstehen. Diese Messungen ergaben eine obere Grenze von 10^{-11} Watt für die Strahlungsleistung.

2. Protonenfluß aus der Reaktion $D + D \rightarrow T + p$. Aus dieser Reaktion erwartet man Protonen mit einer Energie von 3.02 MeV; diese können Palladiumisotope mit einer geraden Anzahl von Neutronen und Protonen durch Coulombwechselwirkung anregen. Diese kehren anschließend wieder in den Grundzustand zurück und senden dabei γ–Strahlen aus, die man nachzuweisen suchte. Diese Messungen ergaben eine obere Grenze von 10^{-2} Watt. Eine niedrigere Grenze von 10^{-6} Watt erhält man, wenn man stattdessen nach den 14 MeV Neutronen aus

der Reaktion T+D sucht.

3. Monoenergetische γ-Strahlen von 23,85 MeV und 5,49 MeV aus den Reaktionen $D + D \rightarrow {}^4He + \gamma$ bzw. $D + p \rightarrow {}^3He + \gamma$. Eine direkte Suche nach diesen hochenergetischen γ-Strahlen ergab eine obere Grenze von 10^{-11} Watt.

4. Elektronenfluß aus der Reaktion $D + D \rightarrow {}^4He + e$ (interne Konversion). Die obere Grenze dieser Reaktion betrug 10^{-8} Watt. Auf den beiden Filmen fanden sich keinerlei Spuren von Neutronen, woraus sich eine noch geringere Grenze von 10^{-12} Watt ergibt.

Obwohl Salamons Team zu einem frühen Zeitpunkt in der Geschichte der Kalten Kernfusion ein sehr niedriges Niveau für die Energieerzeugung ansetzte, war dies in keinster Weise das Ende der Kontroverse. Pons behauptete, daß in dieser Zeit keine der Zellen Überschußwärme geliefert hätte. (Dies widerspricht aber Pons Aussage vom 16. August 1989 während einer EPRI-Tagung an der University of Utah, wonach sehr wohl geringe Wärmemengen in diesem Zeitraum enstanden sein sollten.) Zwei Stunden lang soll eine der Zellen Überschußwärme generiert haben. Ausgerechnet während dieser zwei Stunden soll ein Blitz die Stromversorgung lahmgelegt haben, so daß die Detektoren der Physiker nicht funktionierten. Daher hätten die Detektoren die Signale der Fusionsprodukte nicht aufzeichnen können. Salamons Gruppe hatte jedoch eine kluge Erklärung für diesen höchst bemerkenswerten Zufall parat. Während des zweistündigen Stromausfalls wäre der Natriumjodid Neutronendetektor durch die enstehenden Neutronen aktiviert worden, so daß das radioaktive Natriumisotop ${}^{24}Na$ hätte entstehen müssen. Da ${}^{24}Na$ jedoch eine Halbwertszeit von 15 Stunden hat, hätte man das Signal noch Tage später registrieren können. Da aber kein Signal beobachtet werden konnte, setzte Salamons Gruppe eine obere Grenze für die Überschußenergie der Reaktion $D + D \rightarrow {}^3He + n$ von 10^{-6} Watt fest. Zusammenfassend kann gesagt werden, daß während dieser fünf Wochen keine Fusionsprodukte entstanden waren, ganz abgesehen von der Tatsache, ob Überschußwärme erhalten wurde oder nicht.

Pons Reaktion auf die negativen Ergebnisse von Salamons Gruppe war vorhersehbar, hatte sich diese doch bereits bei einer ähnlichen früheren Situation offenbart. Zunächst behauptete Pons, Salamons Gruppe habe seine Zellen nicht lange genug beobachtet. Seine eigenen Versuche hätten schließlich gezeigt, daß die Kernfusion monatelang nur sporadisch auftrete. Dann gab er an, wie oben berichtet, die Zelle habe zwei Stunden lang Wärme produziert, aber gerade zu einer Zeit, als Salamons Zähler nicht aktiv waren. Anscheinend hatte Pons nicht mit der schlauen Antwort von Salamon gerechnet. Alle diese Versuche von Pons, die Ergebnisse von Salamon abzuwerten, erinnern an sein Verhalten bei den Doppelt-Blinden-Heliumtests. Erfuhr er, daß seine aktiven Palladiumelektroden kein Helium enthielten, gab er bekannt, die Leistung habe nur einige Milliwatt betragen, zu wenig, um Helium in nachweisbaren Mengen zu erzeugen.

Salamon et *al.* veröffentlichten ihre Ergebnisse am 29. März 1990 in *Nature*, also zur selben Zeit, in der die First Annual Conference on Cold Fusion stattfand. Pons und Fleischmann reagierten mit einer Reihe von Anschuldigungen und Aktionen. Sie behaupteten, der Artikel sei sachlich falsch, die Daten manipuliert, wiesen beträchtliche Inkonsistenzen mit anderen Experimenten auf, und man habe sich von vornherein auf solche Fragen konzentriert, die eine negative Antwort ergeben mußten. *Nature* habe die Arbeit absichtlich am Tage der Konferenz erscheinen lassen [16]. Wenig später manifestierte sich die Verärgerung von Pons und Fleischmann auf massivere Weise. Salamon und seine acht Koautoren erhielten Drohbriefe von C. Gary Triggs, dem Anwalt, der Pons und Fleischmann vertrat. In ihrem Namen erklärte er, die Arbeit sei so, wie sie veröffenlicht wurde, unhaltbar und solle freiwillig zurückgezogen werden. Seine Klienten hätten ihn beauftragt, alle erforderlichen Schritte zu unternehmen, um ihre Rechte und ihr Ansehen zu wahren [17]. Triggs behauptete ferner, *Nature* wolle die negativen Ergebnisse von Salamon durch das Erscheinungsdatum zu einer Sensation aufwerten. In Wirklichkeit war die Arbeit schon am 30. Januar 1990 zur Veröffentlichung angenommen worden, und es war reiner Zufall, daß sie Ende März erschien.

Salamon und seine Koautoren hielten den Brief von Triggs für einen direkten Angriff auf ihre akademische Freiheit, unvereinbar mit dem Prinzip der Freiheit von Forschung und Lehre. Es kam aber noch schlimmer: die University of Utah verweigerte ihnen rechtlichen Beistand – ein besonders schlimmes Fehlverhalten der Verwaltung der Universität,

Tabelle 10.2 Teilnehmer und Verteilung der Artikel bei der First Annual Conference on Cold Fusion

Teilnehmer	**Anzahl**
	296[a]
NCFI	22
Salt Lake City (außer den Teilnehmern des NCFI)	82
USA	167
ausländische Teilnehmer	25
Anzahl der Beiträge	38
aus den USA	32
aus Indien	2
aus Italien	2
aus Großbritannien	1
aus Taiwan	1

[a] Die Anzahl der Teilnehmer ist aus der Teilnehmerliste der Veranstalter entnommen. Nur drei Viertel der Teilnehmer waren tatsächlich bei den Symposien anwesend.

hatte diese doch selbst die Wissenschaftler aufgefordert, Messungen an den Zellen von Pons und Fleischmann durchzuführen. Der stellvertretende Direktor für akademische Angelegenheiten, Joseph Taylor, suchte zu vermitteln. Schließlich revidierte die Universität ihre Entscheidung und garantierte den Wissenschaftlern rechtlichen Schutz. Später berichtete Tim Fitzpatrick, ein Reporter der *Salt Lake Tribune*, daß Triggs, ein guter Freund von Pons, von der Universität ein Honorar von 68.000 Dollar erhalten habe, während er gleichzeitig ihren Angestellten schwerwiegende rechtliche Schritte androhte. Die Universität kündigte später ihren Vertrag mit Triggs, erhielt die gezahlten Gelder aber nicht zurück.

Die First Annual Conference on Cold Fusion fand vom 28. bis 31. März 1990 im University Park Hotel statt, nur wenige Meter vom NCFI entfernt, welches die Tagung finanzierte. Tabelle 10.1 enthält einige relevante statistische Daten.

Wie man der Tabelle entnehmen kann, dominierten auf der Tagung die Teilnehmer der Vereinigten Staaten. Beiträge aus Nordeuropa fehlten völlig (der Beitrag aus England kam vom Johnson-Matthey Technology Center; Thema des Beitrags waren die zurückgeschickten Palladiumproben von Pons und Bockris). Ebenso fehlten Beiträge aus der UdSSR, China und Japan. Nun widersprach aber gerade das Fehlen der japanischen Beiträge der von Utah und einigen Journalisten getragenen Propaganda über die spektakulären Fortschritte der japanischen Forschung zur Kalten Kernfusion. So brachte beispielsweise das *Wall Street Journal* am 1. Dezember 1989 einen Artikel mit dem Titel „Das Japanische Forschungsprogramm zur Kalten Kernfusion berichtet über eine überraschende Neutronenproduktion." Die gleiche Zeitung brachte am 2. März 1990 unter dem Titel „Kalte-Kernfusionsforschung zerstreut manche Zweifel" einen positiven Bericht über den Stand der amerikanischen Fusionsforschung. Dieser Artikel beruhte auf den Tritiumergebnissen von Storms und Talcott. Wie bei den meisten Artikeln von Bishop in dieser Zeitung, nahm er blind die Haltung der Anhänger an, ohne vorher einen anderen Experten zum Thema der Tritiummessungen befragt zu haben. Ganz anders verhielt sich die Technikredaktion der *New York Times*. Wurden Sachverhalte als kontrovers eingestuft, machten die Journalisten der *New York Times* sich die Mühe, verschiedene Experten zu konsultieren. Aus Tabelle 10.1 wird deutlich, daß die Kalte Kernfusion nach einem Jahr ein amerikanisches Phänomen geworden war, wenn man von den vernachlässigbaren Aktivitäten in Indien und Italien absieht. Die Teilnahme an dieser Tagung war ein einzigartiges Erlebnis, nicht vergleichbar mit irgendeiner anderen Tagung. Es herrschte fast eine religiöse Inbrunst bei allen Vorträgen, die allesamt von Befürwortern gehalten wurden. Trotz der Inkonsistenzen und Widersprüche zwischen den vorgestellten experimentellen Ergebnissen und den etablierten Fusionstheorien glaubte die überwiegende Mehrheit, sie hätten es mit einem völlig neuartigen Phänomen zu tun.

Diese Tagung war gewissermaßen eine Fortführung der NSF/EPRI-Tagung. Jedoch gab es grundlegende Unterschiede; der wichtigste war, daß es den Kritikern und Journalisten erlaubt war teilzunehmen, mit der Einschränkung, daß es letzteren nicht gestattet war, während der Vorträge anwesend zu sein. Diese Einschränkung war aber bedeutungslos, da in einigen Vortragsräumen Kameras das Geschehen nach außen übertrugen. Ein weiterer Unterschied bestand darin, daß keiner der Kritiker einen Vortrag hielt. Die Anzahl der an der Tagung teilnehmenden Kritiker war sehr gering, zwischen zehn und zwanzig. Diese Zahl war nicht festgelegt worden, sie spiegelt lediglich die Tatsache wieder, daß die

Wissenschaftler, die negative Resultate erhielten, das Interesse an der Kalten Kernfusion verloren hatten und sich ihrer eigenen Forschung widmeten.

Dr. Fritz G. Will eröffnete die Tagung mit einer höchst positiven Ansprache, in der er den Glauben der Anhänger der Kalten Kernfusion wiederholte, daß anerkannte Wissenschaftler verschiedenster Gebiete in unterschiedlichen Ländern die Ergebnisse von Fleischmann und Pons reproduziert hätten. Er wiederholte nochmals, daß „die Vielzahl der Ergebnisse der verschiedenen Gruppen kann nicht länger als experimenteller Artefakt abgetan werden.“ Eine noch erstaunlichere Aussage seiner Ansprache war:

> Bei dieser Tagung werden andere bemerkenswerte Tatsachen vorgestellt. Theoretische Physiker werden neue Modelle vorstellen, wonach die Kalte Kernfusion in Festkörpern stattfinden kann, was nach der klassischen Kernphysik (die auf Gase anwendbar ist) nicht möglich ist.

Die experimentellen Beiträge, die weit mehr als zwei Drittel ausmachten, waren eigenständige Vorträge in verschiedenen Symposien, die jedoch alle irgendwelche Beweise für die Kalte Kernfusion reklamierten. Nach einem Jahr gab es aber immer noch kein einziges überzeugendes Experiment, welches mit den notwendigen Tests und Nachweisen konsistente und reproduzierbare Ergebnisse lieferte! Entgegen Wills Versprechungen hinterließen die vielen theoretischen Beiträge zur Erklärung der Kalten Kernfusion nichts als Chaos. Es wurden immer noch verschiedene Wunder, wie das exotische Verzweigungsverhältnis und die direkte Umwandlung der Reaktionsenergie im Atomgitter, angenommen, um die Überschußwärme und den Mangel an Fusionsprodukten erklären zu können. Die erste Frage, die man eigentlich hätte beantworten müssen, war, wer bestimmte, daß die klassische Kernphysik nur auf Gase anwendbar war? Die Teilnehmer dieser Tagung hatten offensichtlich einfach keine Ahnung von Kernphysik!

Da es den Anhängern an Kenntnissen der Kernphysik mangelte, waren Diskussionen zwischen diesen und den anwesenden Kritikern nach den Vorträgen kaum möglich. Am Anfang jedes Symposiums las der jeweilige Vorsitzende die Tagungsregeln vor, die es verboten, Audio- und Videoaufnahmen zu machen, was jedoch nicht für die Organisatoren galt. Desweiteren sahen die Regeln vor, daß Fragen nur zu den in den Vorträgen aufgeworfenen Themen zugelassen waren. Steve Kellogg vom Caltech und Rich Petrasso vom MIT, beide Mitarbeiter in großen Forschungsgruppen, die Versuche zur Kalten Kernfusion gemacht hatten und nur negative Ergebnisse erhielten, stellten häufig penetrante Fragen. Diese wurden jedoch nur oberflächlich und unbefriedigend beantwortet, manchmal sogar vom Vorsitzenden zurückgewiesen. Will war wegen solcher Fragen, die ich für berechtigt und höchst angebracht hielt, so aufgebracht, daß er in einer Pressekonferenz die beiden Wissenschaftler verhöhnte, deren kritische Fragen der Öffentlichkeit preisgab und die Teilnehmer aufforderte, konstruktive Vorschläge vorzubereiten. Wills Angriffe veranlaßten seinen Vorgänger, Hugo Rossi die Zielsetzung der Tagung klarzustellen. Er verteidigte die Fragesteller mit den Worten: „Wir begrüßen deren Kritik."

Die Art und Weise, wie die Organisatoren die Pressekonferenzen manipulierten, war äußerst interessant. Es waren bis zu hundert Journalisten, die meisten skeptisch, anwesend. Als Experten waren meistens Will, die Vorsitzenden der Symposien und die Redner eingeladen. Diese Planung war Garant dafür, daß nur Anhänger befragt werden konnten. Niemals hatte einer der Kritiker (Nate Hoffman sagte von sich selbst, er sei weder Anhänger noch Kritiker) die Möglichkeit, an einer der beiden Diskussionsrunden oder einer Pressekonferenz teilzunehmen. Die Medien warteten, daß Fleischmann und Pons sich der Presse stellten, und äußerten ihr Mißfallen, als bekannt wurde, daß sie dies nicht beabsichtigten. Nach den Vorträgen verschwanden die beiden Wissenschaftler aus Utah diskret, um der starken Medienpräsenz auf den Fluren zu entkommen. Die meisten Journalisten waren sehr erbost, als sie erfuhren, daß für einen ausgewählten Kreis eine Pressekonferenz abgehalten wurde. Dieser Versuch der Verantwortlichen des NCFI, die Presse zu kontrollieren, rächte sich und war Anlaß zu heftigen Wortgefechten. Als Bockris beispielsweise seine über zwölf Tage beobachtete Tritiumproduktion diskutierte und eine Kurve mit einem spitzen Maximum, welchem eine stark abfallende Linie folgte, zeigte, entgegnete ein Journalist: „halten Sie uns für blöd und glauben, wir würden nicht erkennen, daß ihre Kurve über den ganzen Zeitraum der Tritiumproduktion ansteigen müßte, stattdessen zeigen Sie uns eine hohe Rate für einen kurzen Zeitabschnitt!"

Einer der teilnehmenden Journalisten war Jerry E. Bishop, Chefredakteur beim *Wall Street Journal.* Wenige Tage vor dieser Tagung wurde bekanntgegeben, daß er den *American Institute of Physics (AIP) Science Writing* Preis für seine Artikel über die Kalte Kernfusion erhalten hätte. Als ich dies hörte, kontaktierte ich sofort Professor W. Peter Trower, Physiker und Jurymitglied für den AIP-Preis, außerdem die Abteilung Öffentlichkeitsarbeit der APS. Ich war verärgert und hatte ein großes persönliches Interesse daran, zu erfahren, welche Kriterien man erfüllen mußte, um diesen Preis zu erhalten. Ich hatte dank eines Nachbars, der von meiner Tätigkeit für den Ausschuß des DOE wußte und mir Bishops Artikel aus dem *Wall Street Journal* zukommen ließ, alle gelesen. Bishop war einer der ersten Journalisten, die von der Kalten Kernfusion berichteten. Er unterhielt gute Kontakte mit Utah, um interessante und informative Berichte zu schreiben, die manch positives Urteil hervorbrachten. Aus meiner Sicht zeichneten diese Artikel jedoch ein viel zu optimistisches Bild der Kalten Kernfusion. Es fehlte eine gewisse Ausgewogenheit, die man von einer der führenden Wirtschaftszeitungen der Vereinigten Staaten hätte erwarten können. Bishop zitierte sehr häufig die Protagonisten der Kalten Kernfusion und vergaß nicht den Hinweis, diese Wissenschaftler stünden auf der Schwelle der Entdeckung des Jahrhunderts. Er ignorierte aber die große Mehrheit der Wissenschaftler, die negative Ergebnisse erhielten. Am 8. Oktober widmete Bishop einige Sätze dem Zwischenbericht unseres Ausschusses, dabei verbarg er diese Sätze in einem langen Artikel der 'Ja-Sager', deren Aussagen nicht überprüft wurden. Bezeichnender war indessen sein Schweigen, als der negative Schlußbericht des einzigen unabhängigen Untersuchungsausschusses veröffentlicht wurde.

Am 20. März 1990 schrieb Dr. Robert L. Park, Leiter der Abteilung für Öffentlichkeitsarbeit der APS, einen Brief an den Manager der AIP, um seine Teilnahme bei der feierlichen Preisverleihung des *AIP Science Writing Award* an Bishop abzusagen. Auch viele andere offizielle Vertreter der APS boykottierten diese Veranstaltung, so wie ich auch. Park sprach für viele von uns, als er schrieb:

> Ich kann mir nicht vorstellen, nach welchen Kriterien Bishop ausgewählt wurde. Bei der Durchsicht seiner Artikel über die Kalte Kernfusion stellte ich fest, daß er häufig einer der ersten war, der über neue Behauptungen berichtete, die

Genauigkeit seiner Berichte ließ jedoch durchaus zu wünschen übrig. Seine Informationen kamen fast immer von den Anhängern der Kalten Kernfusion, und man gewinnt nicht den Eindruck, daß er diese Informationen je hinterfragt hat.

Bishops sensationelle Berichte wurden selten weiterverfolgt, wenn sich die dort beschriebenen Behauptungen als falsch erwiesen. Am 10. Mai 1989 schrieb Bishop einen Artikel mit dem Titel „Das Kernfusionsgeschrei könnte bald durch die Heliumtests abklingen." In diesem Artikel diskutierte er die entscheidenden Tests, ob die Kathoden von Pons und Fleischmann Helium enthielten oder nicht. Als dann aber Pons und Fleischmann sich weigerten, die Ergebnisse der Heliumanalyse zu offenbaren, blieb Bishop still.

Ich weiß nicht, welche Vorsichtsmaßnahmen die Verantwortlichen der AIP trafen, um sich gegen solche Fehler zu schützen, offensichtlich waren sie unzulänglich. Der weitaus schwerwiegendste Teil dieser Geschichte ist aber, daß dieser Preis in Verruf geraten ist.

Als Antwort auf die Kritik änderte das AIP die Anforderungen an den Preis. In Zukunft sollten die von einer Jury ausgewählten Preisträger vom Forschungsbeirat des AIP gebilligt werden.[1]

Bei der First Annual Conference on Cold Fusion hatte ich auch das erste Mal die Gelegenheit, mit Bishop zu sprechen. Eigentlich hätte ich gerne mit ihm über die Mängel und Auslassungen in seinen Artikeln diskutiert. Ich hielt mich aber zurück und beschränkte meine Kritik auf fehlende Berichte über die Ergebnisse unseres Ausschusses. Ich überreichte ihm eine Kopie des Abschlußberichts und erklärte ihm, daß unser aus Experten bestehender Ausschuß zu dem Ergebnis gekommen sei, es gäbe keine überzeugenden Beweise für die Kalte Kernfusion. Er brachte einige höfliche Worte der Entschuldigung hervor, bereute, daß er den Bericht unseres Ausschusses nicht kannte, und nahm ihn dankbar entgegen. In dem nächsten, etwas ausgewogeneren Artikel mit dem Titel „Ein Jahr nach den Entdeckungen zeigen viele Wissenschaftler der Kalten Kernfusion die kalte Schulter" erwähnte er tatsächlich diesen Abschlußbericht.

---

[1]Die Jury für den AIP-Preis setzte sich 1990 wie folgt zusammen: Howard Lewis (Vorsitzender, Herausgeber des *National Association of Science Writers Newsletter*), Robert W. Cook (Newsday, Inc.), Shannon Brownlee (US *News* und *World Report*), Dr. Clifford B. Schwartz (SUNY, Stony Brook), Sanford Pelz (Browning Schools) und Dr. W. Peter Trower (Virginia Polytechnic Institute und State University). Die Billigung der Preisträger durch den Forschungsbeirat wurde später übrigens wieder verändert.

Als ich in Salt Lake City eintraf und ein Exemplar der Zeitschrift *Fusion Facts* in die Hände bekam, erfuhr ich einiges über Bishops Verwicklungen in Utah. *Fusion Facts* wird vom *Fusion Information Center*, einer unabhängigen Institution, herausgegeben. Dieses monatliche Informationsblatt liefert Informationen, die es selbst als 'sachliche Berichte über die neuesten Entwicklungen in der Kalten Kernfusion' anpreist. Als ich die Hefte vom März durchblätterte, bemerkte ich einen Artikel mit der Überschrift: „Das *Wall Street Journal* läßt die Kalte Kernfusion wieder auferstehen." Hierin wurde Bishops Artikel aus dem *Wall Street Journal* vom 2. März 1990 diskutiert. Die in diesem Artikel vorgestellten Ergebnisse waren jedoch keineswegs neu, und alle waren von unserem Ausschuß überprüft worden, bevor wir unseren Abschlußbericht schrieben. Der Artikel in *Fusion Facts* schloß mit einer interessanten Anmerkung. Sie hieß Bishop und seine angesehene Zeitung im 'Fusionclub' willkommen. Man glaubte zudem, seine Berichte weckten das Interesse der privaten Investoren an der Kalten Kernfusion und katalysierten möglicherweise die staatliche Unterstützung der Forschung, so daß eine ähnlich hohe Förderung der Fusionsforschung erreicht würde wie in Japan und in Indien. Wegen der unterbliebenen Förderung der Kalten Kernfusionsforschung erteilte diese Anmerkung dem DOE eine Rüge.

Am 7. April 1991 erschien unter dem Titel „Das Urteil über die Kalte Kernfusion wird bald verkündet" immer noch ein positiver Artikel von Bishop. Er zitiert dort C. Garry Triggs, Pons Anwalt, der gesagt haben soll, daß zwei Arbeiten, die in Kürze erscheinen sollten, sehr interessante, aufregende Details enthielten. Obwohl Bishop so vorsichtig ist, einzuräumen, daß die meisten Wissenschaftler die Behauptungen von Fleischmann und Pons für zweifelhaft halten, möchte er beim Leser den Eindruck erzeugen, daß Triggs Nachricht über das wundersame Rezept der Kalten Kernfusion bald der Öffentlichkeit bekanntgegeben werde. Diese Ankündigung wurde durch Zitate anderer Wissenschaftler bestärkt, nachdem sich Pons geweigert hatte, weitere Informationen preiszugeben. So wird z.B. Dr. Loren G. Hepler zitiert, die kürzlich die Experimente von Fleischmann und Pons begutachtet hatte. Hepler sagte: „Die Gutachter hatten den Eindruck, daß Pons alles über die Versuche sagen wollte, nur ließen die Patentanwälte dies nicht zu." Immer wenn die Behauptungen von Fleischmann und Pons von Experten überprüft werden sollten, unterbrachen die beiden Wissenschaftler aus Utah diese Versuche mit dem Verweis auf die laufenden Patentbemühungen.

Fusion Facts ist ein einzigartiges Wissenschaftsblatt, herausgegeben von einem Unternehmen mit dem alleinigen Ziel, aus der Kalten Kernfusion Profit zu schlagen. Nur positive Berichte über die Kalte Kernfusion werden berücksichtigt. Der Herausgeber bemühte sich ungemein bei der Analyse statistischer Daten und zeigte, daß 1989 die ursprünglichen Artikel von Fleischmann *et al.* und Jones *et al.* die am häufigsten zitierten wissenschaftlichen Artikel waren. Nun sagt diese Häufigkeit unglücklicherweise noch nichts über den wissenschaftlichen Wert aus. Allem Anschein nach diente *Fusion Facts* allein dem Ziel, der Kalten Kernfusion den Weg zu einer anerkannten Wissenschaft zu bahnen. Wurden Titel von Artikeln mit negativen Ergebnissen aufgelistet, wurden diese häufig mit einem zynischen Kommentar versehen, der die Arbeit diskreditieren sollte. Wurde beispielsweise von einer bekannten Forschungsgruppe keine Überschußwärme beobachtet, wurde die Bemerkung hinzugefügt, daß die Autoren dieser Arbeit offenbar der Hilfe bedurften. Genauigkeit und historische Perspektive wurde oft vernachläßigt, was ein Bericht über Jones als den Entdecker der myoneninduzierten Kernfusion verdeutlicht. Das *Fusion Information Center* schickte am 8. August 1990 an viele wichtige Kongreßabgeordnete einen Brief, in dem es eine Alternative zur Abhängigkeit von ausländischen Ölvorkommen vorschlug. In dem Brief wurde behauptet, daß das DOE durch den Untersuchungsausschuß in die Irre geleitet würde „die meisten, wenn nicht sogar alle Mitglieder des Ausschusses werden vom DOE für ihre konventionelle Fusionsforschung unterstützt“. Dies ist einfach falsch, verdeutlicht aber die Art von Journalismus, die vom *Fusion Information Center* betrieben wird. In dem Brief hieß es weiter, daß die Arbeiten in Taiwan, Japan, Hawaii und Los Alamos schließlich die Realität der Kalten Kernfusion hinreichend belegten, und daß die Vorsitzenden des Senats und der Energiekommission öffentliche Anhörungen durchführen solten. Der Kongreß hingegen scheine aber damit zufrieden zu sein, diese Arbeit den Japanern zu überlassen [18].

Am Abend des 30. März hielt Norman S. Bangerter, Gouverneur von Utah, anlässlich des Empfangs für die Teilnehmer der First Annual Conference on Cold Fusion einen glänzenden Vortrag, in dem er insbesondere das zukünftige wirtschaftliche Potential der Kalten Kernfusion für den Staat Utah betonte. Diese Ereignisse waren in völligem Einklang mit dem inspirierenden Geist, der auf der im Mekka der Kalten Kernfusion stattfindenden Tagung herrschte. Die übertriebene Bedeutung, die den verschiedenen bruchstückhaften Beweisen zugemessen wurde, begeisterte die Anwesenden, ohnehin meist Befürworter, so daß sie zu gegebener Zeit applaudierten, Beifallsrufe spendeten, oder stehende Ovationen gaben. Die Inbrunst der Anhänger der Kalten Kernfusion wird am besten durch folgende Wette verdeutlicht: Eugene F. Mallove wollte mit Douglas Morrison zwölf Flaschen Wein gegen eine wetten, daß es bis Ende Dezember 1992 gelingen werde zu beweisen, daß die Kalte Kernfusion ein Überschußwärme generierender Kernprozeß sei. Ich wurde gebeten, den Schiedrichter zu spielen und verwahrte die schriftlich hinterlegte Wette. Mallove ist ein hervorragendes Beispiel für die Leidenschaft eines echten Anhängers, war er doch bereit, zwölf Flaschen Wein gegen eine zu verwetten zu einem Zeitpunkt, da es keine überzeugenden Hinweise für das sogenannte Kalte Kernfusionsphänomen gab. Die Begeisterung und die Unterstützung für die Kalte Kernfusion bei dieser Tagung in Salt Lake City war beeindruckend und hatte die Mitglieder des Beratungsausschusses aus Utah sicherlich zufriedengestellt. Ich muß zugeben, daß ich überrascht war, zu sehen, daß es ein Jahr nach der Pressekonferenz noch so viele Anhänger gab.

Beruhte dieser ungebrochene Optimismus der Anhänger der Kalten Kernfusion auf sicheren experimentellen Beweisen, die in diesem Jahr bis zu der Tagung bekannt geworden waren? Die Antwort ist aufgrund der folgenden Tatsachen ein kategorisches 'Nein'.

a. Der überwiegende Teil (ca. 80%) der experimentellen Ergebnisse der Welt, darunter die einleuchtendsten und die besten, waren negativ. Diese negativen Ergebnisse waren von der Tagung ausgeschlossen, so daß ein völlig verzerrtes Bild des derzeitigen Standes der Forschung an der Kalten Kernfusion gezeigt wurde.

b. Die bei der Tagung vorgestellten experimentellen Arbeiten waren keine überzeugenden Beweise für die Kalte Kernfusion. Tatsächlich beruhten die meisten

Behauptungen auf Berichten, die schon mehrere Monate alt waren. Viele der exotischeren frühen Behauptungen wurden entweder nicht nochmals wiederholt, oder in der Größenordnung so verändert, daß das neue Signal ungefähr in der Höhe der Hintergrundstrahlung lag. Existierte das Phänomen der Kalten Kernfusion tatsächlich, hätte man in einem Jahr ein stetiges Anwachsen der Qualität und der Anzahl der positiven Ergebnisse erwartet.

c. Ernsthafte Fragen der Genauigkeit und der Eichung der Zellen quälten weiterhin diejenigen, die Überschußwärme fanden. Wissenschaftler von General Electric, die eine Zusammenarbeit mit der University of Utah vereinbart hatten, stellten Pons Behauptungen der Überschußwärme (die jetzt auf 10 bis 30% festgelegt wurde) wegen der strittigen Zelleichung in Frage. Die Brüder Droege, anfangs begeisterte Anhänger der Kalten Kernfusion, gaben zu, daß es bei der Eichung der Zelle ernstzunehmende Probleme gab. In ihrer Arbeit stellten sie fest: „es gibt einige Referenzversuche, die zu viel Wärme, und einige Versuche mit schwerem Wasser, die zu wenig oder keine Wärme produzierten."

d. Der wichtigste Punkt ist jedoch, daß bis zu diesem Zeitpunkt kein einziger Bericht über Kalte Kernfusion eine Reihe konsistenter experimenteller Daten liefern konnte, aus denen hervorging, daß Überschußwärme und Fusionsprodukte gleichermaßen entstanden. Allein aus diesem Grund könnte man sagen, daß es keine Beweise dafür gibt, daß die Überschußwärme mit einem Kernprozeß in Verbindung gebracht werden kann.

Den theoretischen Arbeiten, die bei der Tagung vorgestellt wurden, lag die Annahme zugrunde, daß die Kalte Kernfusion eine experimentelle Tatsache sei, die unter ungewöhnlichen Bedingungen induziert werde. Dem Metallgitter, Palladium oder Titan, wurde dabei eine große Bedeutung zugemessen. Die Aufgabe der Theoretiker bestand darin, zu erklären, wie die Kalte Kernfusion in Übereinstimmung mit den experimentellen Werten ablaufen könne. Einer der Theoretiker, der bei dieser Tagung einen Vortrag hielt, war Julian Schwinger. Er ging von der Prämisse aus, daß beide Reaktionen, D+D und p+D, für die Kalte Kernfusion verantwortlich seien; daß die Reaktion ^{3}He+n unterdrückt werde, und daß gleichzeitig Tritium und Protonen sehr niedriger Energie entstünden. Schwingers Modell sah eine Tritiumquelle vor und löste das Problem der Neutronen der Energie zwischen 2,45 und 14 MeV. Es stimmte damit mit den exotischen Behauptungen der Gruppen vom BARC und Bockris überein. Die Reaktion p+D liefere, so Schwinger, ^{3}He und verringere die Intensität der γ-Strahlen dadurch, daß die Reaktionsenergie direkt dem Gitter übertragen werde (s. Kapitel 8). Schwingers

Anwesenheit verbreitete Respekt, was die Organisatoren zu ihrem Vorteil zu nutzen wußten. Die Diskussionsrunde im Anschluß an Schwingers Vortrag zeigte dann doch deutlich die Schwächen seines Modells. So wollten sich die Skeptiker von Schwinger bestätigen lassen, daß Tritium und ^{3}He Endprodukte in seinem Modell seien. Die sich anschließende Preisfrage, wieso die Menge dieser Endprodukte um Größenordnungen unter der proklamierten Wärmemenge lag, blieb unbeantwortet.

Die Stimme, die am lautesten die Kalte Kernfusion verteidigte, war jene des italienischen Theoretikers Guiliano Preparata. Er sprach meist mit einer unübertreffbaren Leidenschaft. Preparata stellte ein Modell vor, das nicht nur den gesamten Wust an positiven Ergebnissen 'erklären', sondern auch eine Antwort darauf geben konnte, wieso die verschiedenen gut ausgestatteten Gruppen beständig negative Resultate erhielten. Sein grandioses, aber radikales Modell widersprach dem bekannten vernachlässigbaren Effekt der chemischen Umgebung bei Kernspaltungen (s. Kapitel 8). Eine Überprüfung von Preparatas Annahmen wirft von Anfang an Fragen nach der Gültigkeit seiner Theorie auf. Die vielen negativen Ergebnisse 'erklärte' er damit, daß bei all den Versuchen das Verhältnis von Deuterium zu Palladium noch nicht den notwendigen Schwellenwert erreicht hätte. Wäre solch ein Schwellenwert jedoch erforderlich gewesen, wären auch sämtliche positiven Ergebnisse hinfällig gewesen, da auch diese meist unterhalb dieses Wertes durchgeführt wurden. Die 'Theorien' und Modelle zur Erklärung des Phänomens der Kalten Kernfusion blieben nach wie vor unbefriedigend. Es gibt bisher keine logisch-konsistente Theorie, und viele Skeptiker sind der Meinung, daß diese noch lange ausbleiben wird.

In der Vergangenheit wurden oft die Universitäten der Ostküste und der Untersuchungsausschuß als die Bösewichte dargestellt, die der Entfaltung und Entwicklung der Kalten Kernfusion so immensen Schaden zugefügt hätten. Bei der Tagung in Salt Lake City fand man noch weitere Bösewichte, das wissenschaftliche Magazin *Nature* samt Herausgeber und Mitherausgeber, John Maddox und David Lindley. Maddox und Lindley hatten beide während der Tagung in *Nature* bissige Leitartikel geschrieben. Ein Artikel von Fleischmann und Pons, der die Vorgehensweise der Presse kritisierte, erschien daraufhin in den *Deseret News* und wurde bei der Tagung verteilt. Obwohl sie ihrer Verärgerung gegenüber der gesamten Presse Ausdruck verliehen (eigentlich schien die Berichterstattung der Presse eher positiv zu sein), erwähnten sie *Nature* ausdrücklich. Verärgert waren sie über *Nature*, da in dieser Zeitschrift viele der Beiträge mit negativen Ergebnissen erschienen, während jene mit positiven Ergebnissen, einschließlich ihres eigenen, zurückgewiesen wurden. Nach meiner Erfahrung mit diesen Artikeln muß ich *Nature* loben, daß auch diese Arbeiten wie üblich begutachtet wurden.

Nachdem bekannt wurde, daß die University of Utah dem Anwalt C. Gary Triggs Rechnungen in der Höhe von 68.000 Dollar bezahlt hatte, deckten Gary Traubes und Tim Fitzpatrick im Mai 1990 auf, daß eine als anonyme Spende deklarierte Summe von 500.000 Dollar an das NCFI eigentlich von der Universität kam. Diese Summe war Teil des Forschungsfonds der Universität und wurde im Einvernehmen mit dem Präsidenten der University of Utah, Chase N. Peterson, an das NCFI geleitet. Die mißliche Konsequenz der Geschichte war, daß Hugo Rossi und zweiundzwanzig andere Fakultätsmitglieder eine vollständige wissenschaftliche Überprüfung und Rechnungsprüfung beim NCFI forderten. Die Verwaltung und der Beratungsausschuß billigten diese Überprüfung, die ich später diskutieren werde.

Das NCFI hatte schon genug mit internen Problemen zu kämpfen. Rossi bemerkte, daß der Mangel an Offenheit unter den Wissenschaftlern des Instituts eines der Probleme war. Während seiner Zeit als kommissarischer Leiter war Rossi bemüht, in überzeugender Weise zu zeigen, ob das Fleischmann-Pons-Phänomen real und reproduzierbar sei. Dieses Ziel widerspreche aber „den Bemühungen von Fleischmann und Pons, die eher daran interessiert sind, eine Demonstrationsapparatur zu bauen, die in überzeugender und konsistenter Weise zeigt, daß Überschußwärme ensteht“ [19]. Er legte schließlich sein Amt nieder. Nachdem Dr. Will zum Leiter des Instituts berufen worden war, wurde ein Forschungsschwerpunkt der Nachweis des Phänomens der Kalten Kernfusion, wie Rossi es ursprünglich geplant hatte. Andere Forschungsvorhaben waren weniger strukturiert und hatten ständig mit Interpretationsproblemen zu kämpfen.

Peterson geriet zunehmend in den Mittelpunkt der Kritik, nicht nur weil er sich zunächst weigerte, Salamon und anderen Fakultätsmitgliedern juristischen Beistand gegenüber Triggs zu gewähren, sondern wegen der 500.000 Dollar und anderer Transaktionen zu Gunsten des NCFI. Er wurde gezwungen, eine Spende von Aktien der Pharmaindustrie im Werte von 15 Millionen Dollar zurückzugeben, als die Fakultät und die Studenten erfuhren, die Spende sei daran gebunden, daß die Medizinische Fakultät und das Krankenhaus nach dem Spender, James L. Sorenson, umbenannt werde. Viele auf dem Campus, darunter auch das Physikalische Institut, waren wegen der Umstände vor und nach der Pressekonferenz mehr als verärgert. Der allzu optimistische Ton der Pressekonferenz ließ die Öffentlichkeit glauben, sehr einfache Experimente hätten die Durchführbarkeit der Kernfusion bei Raumtemperatur, die eine unbegrenzte Quelle billiger und sauberer Energie darstellte, demonstriert.

Es war eine sehr unglückliche Entscheidung von Peterson und seinen Verwaltungsassistenten, ohne vorherige Überprüfung der Behauptungen direkt an die Öffentlichkeit zu gehen. Peterson hatte zwar mit Professor Hans Bethe, einem anerkannten theoretischen Kernphysiker an der Cornell University, über die Kalte Kernfusion gesprochen. Bethe empfahl, vorsichtig zu sein und den Termin der öffentlichen Ankündigung zu verschieben. Peterson entschied sich aber, disen Ratschlag zu ignorieren. Sehr bald nach der Pressekonferenz bemühte sich Peterson um eine Anhörung vor dem Kongress (s. Kapitel 5), um für die Behauptungen von Fleischmann und Pons zu werben, noch bevor sie überprüft werden konnten. Dr. Robert Park bemerkte dazu, die finanzielle Beteiligung der University of Utah an der Kalten Kernfusion sei unentschuldbar, da „die pure Gier offensichtlich der einzige Beweggrund“ war. In den Monaten nach der Pressekonferenz wuchs die Unzufriedenheit auf dem Campus, die Fakultät war zunehmend frustriert, da die Verwaltung sich unermüdlich für die Kalte Kernfusion einsetzte.

Am 1. Juni 1990 gab Peterson zu, die Fehlleitung der 500.000 Dollar sei ein Fehler gewesen. Die Kritik der Fakultät wuchs dennoch weiter, und am 4. Juni brachte die Geschichtsprofessorin, Sandra Taylor, im Senat eine Resolution ein. Sie forderte:

> Der akademische Senat verlangt respektvoll, der Verwaltungsrat möge die Frage überprüfen, ob es im Interesse der University of Utah und des Gemeinwesens ist, wenn der derzeitige Präsident sein Amt weiterhin ausübt.

Die Resolution wurde unterstützt und angenommen. Die sich anschließende Diskussion zeigte die Besorgnis der Fakultät über die kritiklose Unterstützung der Kalten Kernfusion durch ihren Präsidenten. Es wurde argumentiert, daß: „seine Aktionen dem Ruf der Universität schaden, da die überwältigenden wissenschaftlichen Beweise zeigen, daß dieses Phänomen nicht existiert“ [20]. Am 11. Juni gab Peterson, gerade 60 Jahre alt und seit 1983 Präsident der Universität war, seinen vorzeitigen Rücktritt zum Ende des akademischen Jahres 1990/91 bekannt. Er sagte, diese Aktion solle:

> Die derzeitige unproduktive Kontroverse beenden, so daß wir uns wieder auf unsere eigentliche Stärke, die Leistungen der Professoren, der Mitarbeiter und der Studenten besinnen können.

Als Peterson seinen Rücktritt angekündigt hatte und eine Überprüfung des NCFI bevorstand, kühlten sich die erhitzten Gemüter für kurze Zeit ab.

Die Überraschungen rund um die Kalte Kernfusionssaga nahmen jedoch zu. Zwei Tage vor einem für den 25. Oktober festgelegten Treffen des Beratungsausschusses fanden Journalisten der lokalen Presse heraus, daß Pons, der auch am Treffen teilnehmen sollte, nicht auffindbar war. Der Beratungsausschuß erwartete aber, daß entweder Fleischmann oder Pons die neuesten Daten vorstellen würden, damit über die Bewilligung der restlichen Summe von 1 Million Dollar des Staates Utah an das NCFI entschieden werden könne. Fleischmann war zu Hause in Southampton, England, und ließ sich dort ärztlich behandeln. Er behauptete, nicht über das geplante Treffen informiert gewesen zu sein. Pons Verbleib war ein Mysterium. Sein Haus war zum Verkauf freigegeben und sein Telefon abgemeldet. Nicht einmal die Verwaltung der Universität wußte Näheres über seinen Aufenthaltsort. Freunde und Nachbarn glaubten, er sei in Frankreich. Will bestand darauf, daß alle Bemühungen unternommen werden sollten, um beide Wissenschaftler über die Bedeutung dieses Treffens zu informieren. Es war offensichtlich, daß der Austausch zwischen Will und den beiden Gurus der Kalten Kernfusion sehr zu wünschen übrig ließ, bzw. zu Pons gänzlich abgebrochen war. Ein Gespräch mit Pons war nur noch über seinen Anwalt möglich, und Will weigerte sich, wissenschaftliche Probleme auf diesem Weg zu diskutieren. Am 24. Oktober erfuhr man durch eine einzeilige Faxnachricht, daß Pons über seinen Anwalt ein Forschungsfreisemester beantragte (wofür keine Lohnfortzahlung gewährt wurde). Später konnte Utahs stellvertretender Staatsanwalt Joseph Tesch über eine Konferenzleitung, die von Triggs verabredet wurde, mit Pons selbst reden. Dabei versprach Pons, am 7. November zurückzukehren, um bei der wissenschaftlichen Überprüfung des NCFI anwesend zu sein [21].

Dieser von Fakultätsmitgliedern beantragte wissenschaftliche Rechenschaftsbericht fand dann tatsächlich in Anwesenheit von Pons am 7. November 1990 statt. Die Überprüfungskommission bestand aus den Professoren Robert K. Adair, Stanley Bruckenstein, Loren Hepler und Dale Stein. Ein Bericht dieser Kommission wurde nie veröffentlicht. Die Aufgabe der Kommission war laut Presseberichten, die Qualität der Forschung am NCFI zu überprüfen. Hansen, einer der beiden Wissenschaftler des Beratungsausschusses aus Utah sagte: „es soll nicht geprüft werden, ob es die Kalte Kernfusion tatsächlich gibt" [22]. Er erklärte, die Kommission solle lediglich entscheiden, ob die öffentlichen Gelder zweckgebunden für Forschung aufgewendet worden waren. Sollte dies der Fall sein, so habe der Beratungsausschuß die Möglichkeit, weitere Gelder zur Unterstützung der Forschung zu genehmigen ungeachtet der Tatsache, ob das NCFI überzeugende Beweise für die Kalte Kernfusion habe oder nicht.

Die Mitglieder der Kommission wurden gebeten, eine Übereinkunft zu unterzeichnen, die es ihnen untersagte, mit Dritten über das ihnen vorgelegte Material zu sprechen. Dies entsprach durchaus der von Will geäußerten Befürchtung, daß sonst Informationen nach außen getragen werden könnten, die letztendlich die Patentbemühungen beeinflussen könnten [23]. Diese Einschränkung beim Austausch wissenschaftlicher Informationen, die angeblich wegen der Patentrechte auferlegt wurde, war nichts Neues. Die Daten von Fleischmann und Pons wurden streng unter Verschluß gehalten. Neu war aber, daß viele der Fakultätsmitglieder sich jetzt fragten, ob die Universität diese Forschung weiterhin erlauben und durch den Staat finanzieren solle.

Die Idee eines *National Cold Fusion Institutes* entstand schon in den ersten Wochen nach der Pressekonferenz, als der Staat Utah und die University of Utah um finanzielle Unterstützung der Forschung durch die Regierung in Washington ersuchte (s. Kapitel 5). Fast alle Institutsmitglieder waren überzeugt davon, daß die Ursache des Phänomens von Fleischmann und Pons eine bei Raumtemperatur stattfindende Kernfusion sei. Die Architekten der Kalten Kernfusion in Utah, Fleischmann, Pons, Walling und Simons, akzeptierten schließlich auch eine sehr exotische, unkonventionelle Auslegung der Kernphysik, um mit ihrer 'Drei-Wunder-Theorie' (vgl. Kapitel 3) dieses Phänomen deuten zu können. Viele der Forschungsvorhaben des NCFI spiegeln die Philosophie Utahs wieder, bei der kein spezielles Modell der Kernfusion überprüft wird, und die Fusionssignale nicht definiert und ambivalent sind. Diese Umstände verursachen Fehler, insbesondere wenn unkorrelierte Signale falsch interpretiert werden. Die Projekte der Gruppe um Bergeson sind hier eine Ausnahme. Obwohl diese an die wundersame Veränderung des Verzweigungsverhältnisses auf dem Niveau der Gruppe von Jones glaubten, beruhen ihre Untersuchungen auf der konventionellen Kernphysik. Bergeson war vorher Mitarbeiter in der Gruppe von Salamon, die bei der Überprüfung der elektrolytischen Zellen von Fleischmann und Pons keinen Hinweis auf Fusionsprodukte fanden.

Anhänger der Kalten Kernfusion stellten Listen der Forschungsgruppen zusammen, die positive Ergebnisse meldeten. Wissenschaftler am NCFI stellten ebenfalls solch eine Liste zusammen, in der sie neunzig Gruppen als Beweis für die Kalte Kernfusion anführten. Bockris und der Herausgeber der *Fusion Facts* erstellten gleichermaßen solche Listen, die jedoch unerschiedlich lang ausfielen. Die Listen entstanden aufgrund von Veröffentlichungen, internen Berichten, Briefen oder persönlichen Mitteilungen. Die Anzahl der Veröffentlichungen, die in Zeitschriften mit Gutachtern erschienen, ist dabei sehr gering. Wer mit der Geschichte und der Qualität dieser Arbeiten vertraut ist, kann einen Fall nach dem anderen streichen, entweder weil die Autoren ihre Behauptungen zurückgezogen haben, oder weil sie sich als nicht reproduzierbar erwiesen haben. Diese Listen enthalten auch einige Experimente vom NCFI, bei denen angeblich Überschußwärme und Tritium gefunden wurden.

Diese Arbeiten verlängern die Liste, ohne sie glaubwürdiger zu machen. Es wäre für alle Beteiligten am besten, die Anhänger der Kalten Kernfusion würden weniger Wert darauf legen, die Anzahl sogenannter positiver Ergebnisse zu zählen, sondern stattdessen die Richtigkeit eines einzigen Experimentes zu beweisen, bei dem zwei Signale, zum Beispiel Wärme und Fusionsprodukte, auf einsichtige Weise zusammenhängen.

Das Komitee der vier Wissenschaftler von außerhalb Utahs, welches die Glaubwürdigkeit der wissenschaftlichen Arbeit am NCFI untersuchen sollte, schloß: „daß weder die verschiedenen Experimente dieses Institutes noch irgendwelche andere die Existenz der Kalten Kernfusion eindeutig bewiesen haben.“ Sie kamen also zum selben Ergebnis wie unser DOE/ERAB Ausschuß anderthalb Jahre zuvor. Die Tatsache, daß während dieses langen Zeitraumes die Existenz dieses Phänomens nicht eindeutig belegt werden konnte, wirft ernsthafte Fragen für die zukünftige Forschung und finanzielle Förderung auf diesem Gebiet auf. Als unser Ausschuß seine Arbeit beendete, waren nach unserer Schätzung alleine in den USA einige zehn Millionen Dollar für die Kalte Kernfusion ausgegeben worden. Mittlerweile haben die wissenschaftlichen Institutionen der ganzen Welt zwischen fünfzig und hundert Millionen Dollar auf eine Idee verschwendet, die von Anfang an absurd war. Der Beratungsausschuß mußte also entscheiden, wieviel von den im Staatsfond noch verbliebenen ca. eine Million Dollar für weitere Forschung am NCFI ausgegeben werden sollte. Der Beratungsausschuß entschloß sich zur Freigabe der verbliebenen Mittel an das NCFI. Das NCFI reduzierte die Zahl der Mitarbeiter von 25 auf 17 und konnte so bis Juni 1991 arbeiten.

Am 9. Januar 1991 gab die University of Utah bekannt, Pons sei von seiner Stelle als Professor auf Lebenszeit zurückgetreten. Stattdessen erhielt er eine auf achtzehn Monate befristete Forschungsprofessur, die am 30. Juni 1992 endete. Der Beratungsausschuß nannte Pons einen Termin, den 1. Februar, um alle Laboraufzeichnungen an W. Hansen zu übergeben. Die Zusammenarbeit von Fleischmann und Pons mit dem NCFI wurde stark kritisiert, und spätere staatliche Unterstützung ihrer Forschung wurde an die Auflage gebunden, daß ihre Behauptungen in Kooperation mit anderen überprüft werden sollten.

Patente spielten eine wichtige Rolle in der Kernfusionssaga. Geheimhaltung verhinderte die Zusammenarbeit mit anderen Forschungsgruppen und bewahrte Fleischmanns und Pons Forschung vor Überprüfungen. So mußten beispielsweise die Mitglieder des Komitees, das am 7. November 1990 die Arbeit des NCFI überprüfen sollte, eine Stillschweigevereinbarung unterzeichnen. Adair sagte, wenn „wichtige Informationen über die Arbeit von Fleischmann und Pons dem Komitee vorenthalten werden, können diese Forschungsvorhaben nicht wissenschaftlich begutachtet werden, bis sie nicht offen beschrieben und unabhängig bestätigt werden.“ Daß Fleischmann und Pons Informationen zurückhielten oder nur bruchstückhaft weitergaben, ist umso unverständlicher, berücksichtigt man die Tatsache, daß die Bibliotheken der Patentämter überall auf der Welt sämtliche Details ihrer Patentschrift veröffentlichten [24]. Diese Patentschrift ist jedem zugänglich.

Utahs internationales Patent wurde am 12. März 1990 aufgenommen. Es beruhte auf den Patentanträgen für die Rechte in den Vereinigten Staaten vom 13. März und 16. Mai 1989. Überraschenderweise wurden neben Fleischmann und Pons auch Walling und Simons als Erfinder benannt, um der Vorschrift des US-Patentbüros Rechnung zu tragen, daß alle Personen, die zu der Erfindung beigetragen haben, aufgeführt werden müssen. Walling und Simons hatten bekanntlich eine Theorie für die Kalte Kernfusion aufgestellt, die ich als *Drei-Wunder-Untheorie* charakterisiert hatte. Ich kann mir schwer vorstellen, wie dieses vollkommen fehlerhafte Modell in irgendeiner Weise Patentbemühungen unterstützen kann. Eigentlich erwartet man, daß solches Material eher schädigend wirkt.

Die internationale Patentschrift ist gemäß des Vertrages über Internationale Patentrechte registriert worden und gilt für alle 42 Mitgliedsstaaten, wie zum Beispiel für Japan, Monaco, Tschad, die Vereinigten Staaten, nicht aber für Indien und Mexiko. Die Zusammenfassung lautet:

> Diese Entdeckung umfaßt eine Apparatur und eine Methode, nach der Energie, Neutronen, Tritium oder Wärme als spezifische Form der Energie erzeugt werden können. Die Apparatur besteht aus einem Material, wie zum Beispiel einem Metall, dessen Gitterstruktur die Aufnahme von Wasserstoffisotopen erlaubt, und das alle Anforderungen erfüllt, um Wasserstoffisotope in solch einem Maße zu akkumulieren, daß das chemische Potential ausreicht, um die Erzeugung der spezifizierten Produkte zu induzieren. Das dazu erforderliche chemische

Potential reicht, zum Beispiel, aus, um eine Wärmemenge zu erzeugen, die größer ist als die Energie, die benötigt wurde, um die Wasserstoffisotope bis zum erforderlichen Grad im Gitter zu akkumulieren.

Wer mit den Ereignissen nach der Pressekonferenz vertraut ist, wird bemerken, daß das Schlagwort „Kalte Kernfusion" in der Zusammenfassung nicht auftaucht. Der Schwerpunkt der Zusammenfassung ist die besondere Rolle des chemischen Potentials bei der Generierung von Wärme, Neutronen und Tritium aus einem mit Wasserstoffisotopen aufgeladenen Metall. Die Betonung des chemischen Potentials geht auf die zahlreichen Aussagen Fleischmanns zurück, in denen vom enormen Druck die Rede ist, der während der Elektrolyse in der Palladiumkathode erreicht wird.

Wie erwartet bleibt die Patentschrift aus Utah in den wichtigen Punkten des Prozesses sehr vage. Die sieben Patente in den USA sind auf allgemeine Gebiete beschränkt.

Gebiet 1 – Methode und Apparatur zur Wärmeerzeugung; 13. März, 10. April und 14. April.

Gebiet 2 – Methode und Apparatur zur Erzeugung eines Neutronenstrahls; 21. März

Gebiet 3 – Methode und Apparatur zur Energieerzeugung; 18. April, 2. Mai und 16. Mai.

Die internationale Patentschrift folgt sehr eng den oben angeführten Gebieten und ist in drei Abschnitte unterteilt.

Abschnitt 1 – Bedingungen der Wärmeerzeugung in einem Metallgitter.

Abschnitt 2 – Neutronengenerierung und Anwendungen.

Abschnitt 3 – Detaillierte Analyse der Wärmeerzeugung.

Diese Patentschrift ist mit Abbildungen über einhundert Seiten lang und enthält keine neuen geheimen Informationen darüber, wie die Kalte Kernfusion abläuft. Folgendes Zitat soll belegen, wie vage die Patentschrift ist:

Ein möglicher Mechanismus für die Kernfusion, die, wie wir glauben, in mit Wasserstoffisotopen beladenen Metallgittern auftritt, erfordert eine Korrelation der Valenzelektronen des Metalls und Paaren von Wasserstoffisotopen; letztere werden stärker lokalisiert und eine Fusion ist wahrscheinlicher. Eine solche Fusion wird von fermionischen Metallen begünstigt ...

Am meisten überrascht bei diesen Ergebnissen, daß die freigewordene Wärme nicht von einer der bekannten Fusionsreaktionen herrührt... Die Wärmeerzeugung wird nicht von Neutronen oder Tritium begleitet.

Man beachte, daß nach dem jetzigen Wissensstand im stationären Zustand die Wärmeerzeugung auf einem oder mehreren Prozessen im Inneren der Elektroden beruht, obwohl diese Feststellung nicht so eindeutig ist wie diejenige, welche auf Grund der Daten in der vorläufigen Publikation der Erfinder gemacht wurde.

In einer spektakulären Aussage über zukünftige Möglichkeiten zur Energiegewinnung behaupten die Erfinder, Ausbeuten von bis zu 1000% seien durchaus möglich. Man vergleiche dazu die 300%, die auf der Pressekonferenz angegeben wurden, und die bescheidenen 10 - 30% in der ersten und allen folgenden Publikationen (letztere Daten sind nicht in den Patentdokumenten enthalten).

Der zweite Abschnitt der internationalen Patentschrift handelt von der Neutronenerzeugung und möglichen Anwendungen, insbesondere einem Generator für Neutronenstrahlung, Radiographie mit Neutronen (also eine Art Röntgenaufnahme, aber mit Neutronen statt mit Röntgenstrahlung), Neutronenbeugung und -einfang. Alle diese Anwendungen erfordern eine intensive Neutronenquelle! Dabei steht im dritten Abschnitt explizit, daß die Wärmeerzeugung im wesentlichen ohne Neutronen vonstatten geht. Als Beweis für einen Kernprozeß wird lediglich angeführt, die erzeugte Wärmemenge sei so groß, daß sie nicht aus einem chemischen Prozeß stammen könne. Bedenkt man das jüngste Eingeständnis des NCFI, daß die Existenz der Kalten Kernfusion weiterhin unbewiesen ist, fragt man sich, wie die Überprüfer der Patente reagieren werden.

Am 30. Juni 1991 schloß das *National Cold Fusion Institut* seine Pforten für immer, und das nach nur zwei Jahren. Die vom Staate Utah bewilligten fünf Millionen Dollar waren aufgebraucht, weder staatliche noch private Quellen spendeten weitere Gelder. Dazu trug auch der Skandal um die 500.000 Dollar aus Universitätsmitteln bei, die der ehemalige Präsident Peterson dem NCFI bewilligt und als anonyme private

Spende ausgewiesen hatte.

Am 15. Juli 1991 gab die University of Utah in einer Pressemitteilung bekannt, das NCFI habe dem staatlichen Beirat für Fusion- und Energiefragen einen dreibändigen Abschlußbericht ausgehändigt. Sie stellte den Zustand der Kalten Kernfusion sehr positiv dar und stellte fest: „Bis jetzt haben einhundertdreißig Gruppen aus vierzehn Ländern verschiedenartige Beweise für Kernreaktionen in deuteriumbeladenen Metallen oder Verbindungen gefunden... Zu den Beweisen gehören Überschußwärme, Tritium, Neutronen, Röntgen- und Gammastrahlen, Helium und geladene Teilchen." Dieser Optimismus war wohl nötig, um nach zwei Jahren finanzieller Unterstützung den Energiebeirat zu beschwichtigen. In Wirklichkeit war das Endergebnis, daß die Wissenschaftler des Instituts die Behauptungen von Pons und Fleischmann trotz jahrelanger Forschung nicht belegen konnten. In keinem einzigen Experiment konnten Fusionsprodukte entsprechend der Höhe der postulierten Überschußwärme nachgewiesen werden. Utahs Traum, ein Zentrum der Kernfusion zu werden, hatte sich in Nichts aufgelöst, was sich auch darin zeigte, daß der Staat keine weiteren Gelder mehr bewilligte. Insgesamt fünf Millionen Dollar waren ohne ausreichende Begutachtung auf ein Forschungsprogramm verschwendet worden, das auf einer völlig abwegigen Idee beruhte.

Kapitel 11
Kalte Kernfusion und Polywasser

Das Phänomen der Kalten Kernfusion zeigt durchaus Parallelen zur Polywasserepisode der 60'er und 70'er Jahre. Daß gleich zwei solcher Episoden innerhalb eines halben Jahrhunderts in die Geschichte der Wissenschaften eingingen, ist mehr als verwunderlich. Beide Episoden stießen in der breiten Öffentlichkeit auf großes Interesse. Kalte Kernfusion und Polywasser kamen mit einfachsten Apparaturen aus, wie man sie in Schullabors oder in Anfängerpraktika an den Universitäten hat. Im Gegensatz zu Weltraumforschung und Teilchenphysik, die einen riesigen Aufwand erfordern, kann eine einzige Person oder ein nur wenige Forscher umfassendes Team in die neuen Gebiete Polywasser und Kalte Kernfusion einsteigen und in kürzester Zeit bedeutsame Beiträge dazu leisten. Vorschnelle Veröfffentlichungen waren charakteristisch für die Arbeit in diesen beiden Gebieten. Dank der verbesserten Kommunikationsmöglichkeiten erschienen die Ergebnisse der Kalten Kernfusion schneller und weit häufiger in den Medien.

Anomales Wasser, später wurde die Bezeichnung Polywasser eingeführt, wurde zuerst im Jahre 1962 von N.N. Fedyakin erwähnt, der am Technologischen Institut in Kostroma in der UdSSR arbeitete. Nachdem seine Ergebnisse veröffentlicht worden waren, ging die Leitung aller nachfolgenden Forschung an B.V. Deryagin am Institut für Physikalische Chemie in Moskau. Wenig ist über Fedyakins spätere Arbeiten bekannt, außer daß sein Name in Veröffentlichungen der Deryagin-Gruppe erscheint. Deryagin, geboren 1902, angesehener Wissenschaftler und korrespondierendes Mitglied der Sowjetischen Akademie der Wissenschaften, leitete eine große Gruppe, die Kräfte zwischen Festkörpern untersuchte. Er war der Leiter und Sprecher der Polywasserforschung in der UdSSR.

Da nur wenige Wissenschaftler im Westen von Polywasser erfahren hatten, wußten nur wenige vor der Tagung der Faraday Society im Jahre 1966 um seine Bedeutung. Deryagin stellte bei dieser Tagung eine Veröffentlichung vor, die unter anderem eine Bibliographie enthielt, die sechsundreißig der früher zu diesem Thema erschienenen Arbeiten umfaßte. Dreißig Veröffentlichungen stammten aus der UdSSR, wovon dreiundzwanzig Deryagin als Koautor aufwiesen. Eine der erstaunlichen Schlußfolgerungen aus Deryagins Arbeiten war, daß Polywasser angeblich eine stabile Modifikation des Wassers sei, und daß sich mit der Zeit Wasser, wenn auch langsam, in diese anomale Modifikation umwandle. Polywasser bilde sich in zwei Schritten: Zuerst durch schnelle Kondensation von übersättigtem Dampf. In einem zweiten Schritt wird der Dampfdruck verringert, und Polywasser bildet sich durch langsame Kondensation in einer ungesättigten Atmosphäre. Obwohl Polywasser aus gewöhnlichem Wasser entsteht, erstarre und siede es nicht bei denselben Temperaturen, es habe zudem kaum dem gewöhnlichen Wasser ähnliche Eigenschaften. Einige beschrieben Polywasser als eine vaselinähnliche, viskose Substanz.

Die Anfänge des Polywassers und der Kalten Kernfusion verliefen sehr unterschiedlich. Polywasser erreichte in den USA erst seuchenhafte Ausmaße, als E.R. Lippincott in *Science* [1] einen Artikel veröffentlichte. In dieser Arbeit, eine Zusammenarbeit der University of Maryland und des National Bureau of Standards, wurden die Ergebnisse der Infrarot- und Ramanspektroskopischen Untersuchungen von anomalem Wasser vorgestellt. Aufgrund der Interpretation der erhaltenen Spektren behauptete Lippincott, anomales Wasser sei tatsächlich eine hochpolymere Modifikation des gewöhnlichen Wassers und bestehe demnach aus mehreren monomeren Einheiten desselben. „Die Eigenschaften sind daher nicht anomal, sondern jene einer neu gefundenen Substanz, polymerisches Wasser oder Polywasser." Dies ist der Ursprung des Namens 'Polywasser', der die Bezeichnung 'anomales Wasser' ablöste. Die Autoren schlugen außerdem Strukturen vor, die die bemerkenswerten Eigenschaften und die Stabilität des neuen Stoffes erklären sollten.

Lippincott und seine Mitarbeiter wurden wegen ihrer Arbeit zur Strukturaufklärung des Polywassers sehr schnell bekannt. Heftige Aktionen und Diskussionen entbrannten infolge ihrer Veröffentlichung. All dieses geschah Jahre nach der eigentlichen 'Entdeckung' des anomalen Wassers in der UdSSR. Die meisten Veröffentlichungen von Deryagin und seinen Mitarbeitern blieben im Westen aber schlichtweg unbeachtet. Erst nach dem Artikel in *Science* nahmen die Veröffentlichungen zu Polywasser rapide zu und erreichten ihren Höhepunkt 1970, acht Jahre nach der Entdeckung. Als Wissenschaftler in den USA und anderen westlichen Ländern von Lippincotts Veröffentlichung erfuhren, waren sie von der Idee der neuartigen Wassermodifikation fasziniert. Lippincotts Name wurde immer in einem Atemzug mit Deryagin genannt.

Im Gegensatz zu der langen Zeit, die verstrich, bis die Polywasseraffäre ihren Zenit erreichte, war der Höhepunkt der Kalten Kernfusion bereits ein Jahr nach der Pressekonferenz zu verzeichnen. Setzt man den Beginn der Polywasserepisode auf den Zeitpunkt des Erscheinens von Lippincotts Artikel an, so gibt es hinsichtlich des Interesses der Wissenschaftler und der Medien an den beiden Phänomenen sehr wohl Parallelen. In der Zeit von 1962 bis 1974 wurden ungefähr 500 Artikel zu Polywasser veröffentlicht, 90% davon nach 1969. Ungefähr 15% der Artikel stammen aus der UdSSR, 45% aus den USA und 40% aus anderen Ländern. In den ersten zehn Monaten nach der Pressekonferenz wurden 141 wissenschaftliche Artikel zur Kalten Kernfusion veröffentlicht [2]. In den meisten dieser Artikel wird der ursprüngliche Artikel von Fleischmann und Pons, der im April 1989 im *Journal of Electronanalytical Chemistry* erschienen war, diskutiert. Unter den Veröffentlichungen experimenteller Ergebnisse waren in diesen zehn Monaten die meisten (im Verhältnis 4:1) gegen das Phänomen. Als das Phänomen Polywasser 1969 in der westlichen Welt durch Artikel in angesehenen Zeitungen und Zeitschriften (z.B. die *New York Times* und *Newsweek*) bekannt wurde, entwickelte sich dessen Geschichte ähnlich wie die der Kalten Kernfusion zwei Jahrzehnte später. Die schnellere Eskalation der Aktivitäten um die Kalte Kernfusion ist zum großen Teil auf den verstärkten Einsatz neuer, elektronischer Kommunikationssysteme wie *bitnet* und Fax zurückzuführen. Die weit verbreitete Pressemeldung, daß die Kalte Kernfusion die Energieprobleme ein für allemal löse, hat sicherlich auch zum frühen Anschwellen des Fusionsfiebers beigetragen. Ein weiterer

Faktor war, daß Admiral Watkins, Minister für Energiefragen verlangte, daß in allen zehn nationalen Laboratorien das Phänomen untersucht werden solle. Letztendlich verlockend war für Universitäten und Industrie aber, daß die Kalte Kernfusion so einfach und überraschend zu sein schien.

In gewisser Weise sind die Phänomene 'Polywasser' und 'Kalte Kernfusion' untypisch, da sie sich nicht eindeutig einer bestimmten wissenschaftlichen Disziplin zuordnen lassen. Polywasser war ursprünglich die Domäne der Oberflächenchemiker, zog dann aber auch Chemiker, Physiker und Biologen aus den verschiedensten Spezialgebieten an. Ähnliches gilt für die Kalte Kernfusion, in der die ersten Experimente von Elektrochemikern durchgeführt wurden. Sehr bald wurden auch Wissenschaftler von außerhalb der Chemie, insbesondere Physiker und Materialwissenschaftler, angelockt. Den meisten, aber leider nicht allen, Beteiligten wurde rasch klar, daß für erfolgreiche Experimente eine Zusammenarbeit von Spezialisten aus verschiedenen Disziplinen nötig war, hier noch mehr als beim Polywasser. Wettbewerb und Zusammenarbeit zwischen den verschiedenen Gebieten fachten die Auseinandersetzungen an.

Aber auch in anderer Hinsicht waren Polywasser und Kalte Kernfusion untypisch. Bei wirklichen Entdeckungen kommt es häufig vor, daß sie fast gleichzeitig von mehreren Gruppen gemacht werden. Oft werden ähnliche Forschungsprojekte von mehreren Gruppen durchgeführt, so daß eine Entdeckung rasch von anderen Gruppen verifiziert werden kann. Weder Fedyakins Entdeckung des Polywassers noch die Kalte Kernfusion von Fleischmann und Pons konnte von anderen Wissenschaftlern reproduziert werden. Bei den Hochtemperatur-Supraleitern hingegen konnten viele Gruppen die ersten Berichte schon ziemlich bald bestätigen, während Polywasser und Kalte Kernfusion von Widersprüchen, Irreproduzierbarkeit, mangelnder Meßgenauigkeit und Verunreinigungen geplagt wurden.

Interessanterweise spielt bei beiden Episoden Wasser, für den Menschen eines der gewöhnlichsten Materialien, eine wichtige Rolle. Im Falle des Polywassers wurde behauptet, man könne diese seltsame neue Substanz aus gewöhnlichem Wasser erzeugen. Spekulationen über Bedeutung und Anwendungsmöglichkeiten florierten, obwohl solide Beweise für seine Existenz fehlten. Die Medien schrieben ihm potentielle wirtschaftliche Bedeutung zu. Das *Wall Street Journal* tat sich durch besondere Sensationsmache hervor. All dies läßt sich auch von der Kalten Kernfusion sagen.

Kalte Kernfusion und Polywasser erfreuten sich beide der besonderen Aufmerksamkeit der Medien; es gibt wohl kaum ein wissenschaftliches Ereignis des 20. Jahrhunderts, über das so ausführlich berichtet wurde. Dies liegt an den sensationellen, aber kontroversen Behauptungen, die aufgestellt wurden, und den möglichen Konsequenzen für die gesamte Gesellschaft. Typische Überschriften aus jenen Zeiten waren: „Seltsames Wasser: Debatte über geheimnisvolle Flüssigkeit spaltet die Wissenschaftliche Welt: Polywasser hat eine große Zukunft – oder doch nicht?“ und „Durchbruch in der Fusionsforschung entfacht wissenschaftlichen Aufruhr.“ Beide Titel spiegeln die Debatten und Kontroversen in der wissenschaftlichen Welt wider, wie sie Tag für Tag von den Medien verbreitet wurden. Während der Blütezeit des Polywassers waren Deryagin und Lippincott Medienstars, so wie Fleischmann und Pons zu Zeiten der Kalten Kernfusion. Auch wenn die Berichte in den Medien gelegentlich etwas großzügig mit technischen Details umgingen, so waren die Journalisten mit den wirtschaftlichen, politischen und soziologischen Aspekten durchaus vertraut. Die meisten von ihnen konnten komplizierte wissenschaftliche Sachverhalte so darstellen, daß der interessierte Laie sie verstehen und würdigen konnte. Viele Reportagen waren mit Interviews oder Zitaten von Wissenschaftlern gespickt, manchmal mit kontroversen Meinungen.

Auch beim Polywasser wurde ein großer Teil der Forschung ohne interdisziplinäre Zusammenarbeit durchgeführt. Franks [3] beschrieb die großen Nachteile, die solche wissenschaftliche Isolation mit sich bringt:

> Hätte ein Austausch stattgefunden, dann hätten unabhängige Untersuchungen an denselben Proben bald die möglichen Effekte von Verunreinigungen auf die gemessenen Spektren gezeigt. So aber wurden irgendwelche Anfechtungen mit dem Argument abgetan, der Zweifler beherrsche noch nicht die richtige Technik zur Präparation von reinem Polywasser. Andernfalls hätte man die Unsicherheiten viel schneller beseitigen können.

Die Kalte Kernfusion verlief nach demselben Strickmuster. Wer keine Überschußwärme nachweisen konnte, hatte eben den falschen Typ oder die falsche Größe für die Palladiumkathode, nicht die richtige Stromdichte, eine zu kurze Elektrolysezeit, etc. Wer aber Wärme generieren konnte, weigerte sich, mit Kern- oder Teilchenphysikern zusammenzuarbeiten, oder tat es erst nach langem Zögern. Auch hier hätten die Widersprüche viel schneller geklärt werden können, wenn Anhänger und Skeptiker eng zusammengearbeitet hätten.

Weitere Ähnlichkeiten zwischen beiden Episoden entdeckt man, wenn man die Behauptungen ihrer Anhänger vergleicht. So sagte John D. Bernal, ein angesehener britischer Wissenschaftler, seiner Meinung nach sei Polywasser die wichtigste Entdeckung der Physikalischen Chemie in diesem Jahrhundert. Man vergleiche dazu die Aussage von Cheves Walling: „Dieses Konzept könnte die aufregendste Entdeckung meines Lebens sein und selbst den Bau der Atombombe übertreffen." Spekulationen über die Anwendungen von Polywasser und Kalter Kernfusion waren ähnlich phantasievoll. Beide Phänomene riefen auch Warner auf den Plan. F.J. Donahoe sorgte mit einem kleinen Artikel in *Nature* [4] für einen beachtlichen Medienrummel über die möglichen Gefahren des Polywassers. Sein Artikel schloß mit den Worten:

> Man muß alles Mögliche unternehmen, um im Umgang mit diesem Stoff die absolute Sicherheit gewährleisten zu können, ehe man ihn kommerziell herstellt.... Alle Wissenschaftler müssen zur extremen Vorsicht bei der Entsorgung von Polywasser aufgerufen werden. Behandelt es wie den tödlichsten Virus, bis seine Sicherheit vollständig bewiesen ist.

Die erste Veröffentlichung zur Kalten Kernfusion von Fleischmann und Pons enthielt ebenfalls eine Warnung:

> Wir müssen an dieser Stelle berichten, daß unter den Bedingungen des letzten Experiments (würfelförmige Palladiumkathode), selbst wenn man nur D_2O verwendet, der wesentliche Teil der Kathode geschmolzen (Schmelzpunkt 1554°C) und teilweise verdampft war, und daß Teile des Laborschranks, auf dem sich die Apparatur befand, zerstört wurden.

Für Fleischmann und Pons war die einzig mögliche Erklärung für diesen Vorfall eine Zündung infolge der stattgefundenen Fusionsreaktion. Die University of Utah rührte wegen dieses Vorfalls kräftig die Werbetrommel, obwohl im entscheidenden Augenblick niemand im Labor gewesen war, der hätte berichten können, was wirklich geschehen war. Die einzigen Belege waren verwüstete Laboreinrichtungen. Es war demnach nicht auszuschließen, daß der Vorfall eine chemische Ursache hatte.

Sowohl Polywasser als auch die Kalte Kernfusion zogen eine überraschend große Anzahl von Theoretikern in ihren Bann. So war die Existenz einer neuen Modifikation des Wassers noch keinesfalls gesichert, als man schon begann, Theorien und Modelle aufzustellen, um die Stabilität der ungewöhnlichen Substanz zu erklären. Von Anfang an war die heiß debattierte Frage, wie man die Meßdaten und Berichte erklären konnte, und nicht, ob das Phänomen wirklich existierte. Allerdings legten die Theoretiker sich in recht unterschiedlichem Maße fest. Mein Kollege Keiji Morokuma von der University of Rochester nahm eine mittlere Position ein, die er treffend auf folgende Weise formulierte [5]:

> Obwohl die Existenz von anomalem Wasser noch fraglich ist, und es noch einige Zeit dauern wird, ehe sie bewiesen ist, und obwohl die postulierten Modelle nicht konkret sind, wäre es nützlich, damit anzufangen, aus theoretischer Sicht zu untersuchen, ob solche Modelle überhaupt möglich sind.

Hingegen ging der Theoretiker C. Allen von der Princeton University von vornherein von der Existenz des Polywassers aus. Zusammen mit Peter A. Kollman veröffentlichte er in *Science* [6] eine Arbeit mit dem Titel: „Eine Theorie des Anomalen Wassers." Hierin schrieben sie:

> In dieser Arbeit versuchen wir, aus theoretischer Sicht einen unabhängigen und möglichst quantitativen Beitrag zu der Frage zu leisten, ob die neue Form des Wassers, wie sie von Deryagin et *al.* postuliert wurde, existiert, und ob sie tatsächlich die Eigenschaften hat, die Deryagin sowie Lippincott et *al.* ihr auf Grund neuer spektroskopischer Untersuchungen zuschreiben. Stabilität, Bindungsverhältnisse, Geometrie, Spektroskopie, Bildung, Viskosität und das Verhalten bei hohen und tiefen Temperaturen werden auf der Basis quantenmechanischer Rechnungen diskutiert.

Allen und Kollman unternahmen heroische Anstrengungen, um die vermeintlichen Eigenschaften einer Substanz zu erklären, die nicht existierte. Die diversen Annahmen und Approximationen, die sie in ihren hochkomplizierten Rechnungen benutzen mußten, verbunden mit den aus heutiger Sicht primitiven Rechentechniken ließen ihnen einen großen Interpretationsspielraum offen, der von vollständiger Unterstützung für die Existenz von Polywasser bis zum Beweis der Nichtexistenz reichte. Die Autoren entschlossen sich aber zu einer positiven Sicht, da sie ein konsistentes Modell dieser ungewöhlichen Substanz aufstellen konnten.

Schon vor der Arbeit von Allen und Kollman zirkulierten Berichte, nach denen die exzentrischen Eigenschaften des sogenannten *Anomalen Wassers* von Verunreinigungen in normalem Wasser stamme. Erstaunlicherweise erwähnen sie aber diese beunruhigenden Gerüchte mit keinem Wort. Die meisten dieser Veröffentlichungen, die Phänomene wie die Kalte Kernfusion oder das Polywasser theoretisch erklären wollen, haben ein gemeinsames Merkmal, nämlich, daß Hinweise auf mögliche Verunreinigungen, Hintergrundstrahlung oder Inkonsistenzen der Ergebnisse schlichtweg ignoriert werden. Allen und Kollman kann man dennoch zugute halten, daß sie in einem weiteren Artikel in *Nature* ihre Position wiederriefen [7]. In dem Artikel mit dem Titel: „Theoretische Beweise gegen die Existenz von Polywasser" zeigen die Autoren erneut durch aufwendige numerische Rechnungen, daß Polywasser nicht existiere. Es gab gleichwohl in dieser Veröffentlichung keinen Hinweis darauf, daß Polywasser nichts anderes ist als gewöhnliches Wasser mit Verunreinigungen, was sicherlich der eigentliche Anlaß zum Verfassen ihres letzten Artikels über Polywasser war. Im Fall von Polywasser wurde der Vorwurf erhoben, daß die Theoretiker alles erklären können, wenn sie es nur wollen, einschließlich warum eine nichtexistierende Substanz stabil ist. Bevor ich ähnliche Beispiele aus der Kalten Kernfusionssaga vorstellen möchte, sind hier einige Worte der Vorsicht angebracht. Nicht alle Theoretiker wurden in die Polywasser bzw. Kalte Kernfusionsgeschichte verwickelt. Einige waren wegen der fehlenden experimentellen Überprüfungen skeptisch, anderen schienen die Behauptungen voreilig zu sein, während andere wiederum aufgrund der etablierten Theorien keine Vorhersagen machen konnten, sie glaubten vielmehr, die Experimentatoren müßten den Ausweg anzeigen. Intuition oder persönliche Gründe hielten weitere Theoretiker von der Arbeit auf diesen Gebieten ab. Einer, der sich bewußt nicht in die Polywassergeschichte mit hineinziehen ließ, war Joel Hildebrand, einer der größten Chemiker des 20. Jahrhunderts. Er schrieb in einem Brief an *Science* [8]:

Die Anhänger von Polywasser ... möchten vielleicht wissen, warum einige von uns kaum an dieses Produkt glauben können. Einer der Gründe ist, daß wir skeptisch sind, wenn ein Behälter einen Aufkleber mit einem neuen Namen trägt aber keine klare Beschreibung des Inhalts. Desweiteren sind wir mißtrauisch, wenn eine angeblich reine Flüssigkeit nur von einigen auf so eigenartige Weise hergestellt werden kann. Die Erklärung, daß Glas den Übergang von Wasser in eine stabilere Phase katalysieren könnte, leuchtet uns einfach nicht ein.

Ein noch exotischerer analytischer Grund gegen Polywasser stammt vom Nobelpreisträger Richard Feynman: „Es gibt kein Polywasser, da es sonst ein Lebewesen gäbe, welches kein Futter bräuchte. Es würde Wasser trinken und Polywasser ausscheiden" (und würde die Energiedifferenz zur Aufrechterhaltung seines Stoffwechsels nutzen) [9].

Theoretische 'Erklärungen' zur Kalten Kernfusion gab es in Rekordzeit. Das Kalte Kernfusionsfieber erreichte so viel schneller als das Polywasser epidemische Ausmaße. Nur drei Wochen nach der Pressekonferenz schlug B. Whaley (University of California) den siebentausend anwesenden Chemikern eine Theorie der Kalten Kernfusion vor, wonach Bosonen die Deuteriumkerne abschirmen. Theorien zur Kalten Kernfusion wurden in unglaublicher Geschwindigkeit vorgestellt, jedoch ohne dabei die etablierten Theorien zu berücksichtigen. Die Theorien des Polywassers beruhten auf dem dürftigen Beweis eines einzigen Spektrums und mißachteten Berichte über mögliche Verunreinigungen. Im Fall der Kalten Kernfusion wurden verschiedene Theorien zur Erklärung der Fusionsprodukte entwickelt, ohne daß es für diese mehr als merkwürdigen Ergebnisse eine experimentelle Bestätigung gab.

Zusätzlich zur Theorie, die auf der Produktion von ^{4}He beruhte, für die es keine experimentelle Beweise gab, schlug Peter Hagelstein vor, daß die Generierung der γ-Strahlen beträchtlich unterdrückt, und die Reaktionsenergie vom Atomgitter absorbiert werde. Ein Paradebeispiel für die übertriebene Eile zur Sicherung der wissenschaftlichen Vorreiterposition ist die Theorie Walling und Simons. Ihre Arbeit wurde am 14. April, also drei Wochen nach der Pressekonferenz, zur Veröffentlichung eingereicht und erschien dann am 15. Juni. Walling und Simons versuchten, die frühen Heliumdaten von Fleischmann und Pons zu erklären, die sich jedoch sehr schnell als falsch erwiesen.

Ein Artikel im *New Scientist* [10] zeigt, daß die meisten theoretischen Veröffentlichungen zur Kalten Kernfusion bis zu diesem Zeitpunkt positiv waren und verschiedene unmögliche Annahmen beinhalteten, wie beispielsweise die Theorie von J. Schwinger [11]. Seine Theorie beruht auf folgenden Prämissen:

1. Die Behauptung von Fleischmann und Pons, sie hätten Kalte Kernfusion induziert, ist wahr.
2. Es handelt sich dabei jedoch nicht um eine D+D Fusionsreaktion, sondern vielmehr um eine H+D Reaktion, die durch die Verunreinigung des D_2O mit H_2O bedingt ist.
3. Die Reaktion $H + D \rightarrow {}^3He$ wird nicht von γ-Strahlen begleitet.
4. Die Wechselwirkung mit dem Palladium-Deuterium Gitter, welche die entstehende Energie rasch abführt, unterdrückt auch die Coulomb-Abstoßung zwischen H und D und vergrößert damit die Tunnelwahrscheinlichkeit.

Wenn man von diesen Annahmen ausgeht, ist es klar, daß die dominierende Fusionsreaktion weder Neutronen noch hochenergetische γ-Strahlen erzeugt, was mit den experimentellen Ergebnissen übereinstimmt. Nun ist die H + D Reaktion gut untersucht, man weiß, daß daß sie ${}^3He$ und γ-Strahlen von 5.5 MeV erzeugt, aber keine Neutronen. Die Postulate (3) und (4), welche das Fehlen von γ-Strahlen erklären sollen, widersprechen allen Prinzipien der Kernphysik. γ-Strahlen vergleichbarer Energie werden durchaus bei niederenergetischen Kernreaktionen in Festkörpern ausgestrahlt, man denke nur an den Einfang thermischer Neutronen. Sie sind bestens untersucht und spielen auch bei Kernreaktoren eine Rolle. Deshalb ist es unwahrscheinlich, daß in einer Einfangreaktion γ-Strahlen völlig unterdrückt werden und die Energie direkt als Wärme ans Gitter abgegeben wird. Abgesehen davon wurde auch kein ${}^3He$ bei der Kalten Kernfusion beobachtet.

Warum gibt man sich überhaupt mit theoretischen Spekulationen ab, wenn die Postulate so unglaubwürdig und das fragliche Phänomen so unwahrscheinlich ist? Schwinger ließ sich jedoch nicht abschrecken. In seiner zweiten Arbeit schreibt er in der Zusammenfassung: „Es werden Beweise erbracht für die Behauptung, daß ein Wasserstoffion (Proton) in einem deuterierten Metallgitter nur eine kleine Coulombbarriere überwinden muß, um zu ${}^3He$ zu verschmelzen.“ Ausgehend vom Postulat (1) des obigen Absatzes errichtet er ein Gedankengebäude, um die Ergebnisse von Fleischmann und Pons zu erklären, die er von vornherein als richtig ansah. Schwinger reichte eine seiner Arbeiten zur Kalten Kernfusion bei *Physical Review Letters* ein, einer angesehen Zeitschrift für Physik. Sie wurde zurückgewiesen. Die Kommentare der Gutachter waren so vernichtend, daß Schwinger aus der American Physical Society austrat.

Die gemischten Gefühle, mit denen die Herausgeber theoretische Arbeiten zur Kalten Kernfusion veröffentlichten, spiegeln sich gelegentlich in begleitenden Anmerkungen wider. Bei dem Artikel von Walling und Simons ist der Kommentar besonders lang, und ich zitiere nur die ersten beiden Sätze:

> Die obige Mitteilung enthält neue theoretische Ideen, die nach Meinung der Herausgeber der Öffentlichkeit unabhängig davon, ob die angeblichen experimentellen Beweise für die 'Kalte Kernfusion' richtig sind, zugänglich gemacht werden sollten. Die Herausgeber glauben allerdings, daß bei so strittiger Forschung die Kommentare der Gutachter, zustimmende wie ablehnende, ebenfalls veröffentlicht werden sollten.

Dieser Kommentar ist höchst ungewöhnlich und läßt tief blicken. Man möchte also die „Theorie" veröffentlichen, obwohl sie eine Reaktion erklären soll, die vielleicht gar nicht existiert. Dabei war schon lange vor der Veröffentlichung dieser Arbeit bekannt, daß die ^{4}He-Daten, die die Theorie erklären sollte, falsch waren.

Die zweite Arbeit von Schwinger wurde von einer Anmerkung der Herausgeber begleitet, die deutlich sichtbar auf der ersten Seite angebracht war:

> Berichte über die Kalte Kernfusion haben zahlreiche Aktivitäten und Emotionen in der wissenschaftlichen Welt sowie in Politik und Wirtschaft hervorgerufen. Man spürte den Enthusiasmus für die Energiequelle der Zukunft, aber auch die herbe Kritik. Greift in solch einer Situation einer der Pioniere der modernen Physik das Problem theoretisch an, so ist es unsere Pflicht, ihm die Möglichkeit zu geben, seine Ideen zu erklären und seinen Fall einem Gremium und einem kritischen Publikum vorzustellen. Wir möchten gleichwohl betonen, daß wir weder für die Richtigkeit der Prämissen noch für die Gültigkeit der Schlußfolgerungen oder der Details der Rechnungen die Verantwortung übernehmen können. Wir überlassen das endgültige Urteil unseren Lesern.

Wissenschaftshistoriker sollten in Zukunft solche Bemerkungen der Herausgeber sorgfältig prüfen, wenn sie über die Kalte Kernfusion arbeiten. Läßt diese Bemerkung doch den Schluß zu, daß Schwingers Artikel lediglich wegen seines wissenschaftlichen Rufs (möglicherweise wegen seines Nobelpreises?) angenommen wurde. Jedenfalls möchte der Herausgeber selber keine Garantie für die Richtigkeit des Artikels übernehmen. Solch Bemerkungen des Herausgebers sind absolut unüblich in einer wissenschaftlichen Zeitschrift, sie isolieren aber die theoretischen Artikel über die Kalte Kernfusion vom Hauptstrom wissenschaftlicher Forschung.

Einer der eher störenden Aspekte der Episoden des Polywassers und der Kalten Kernfusion war das Schweigen der meisten international anerkannten Wissenschaftler. Obwohl es einige, wenige Experten gab, die ihre Stimme gegen Polywasser und Kalte Kernfusion erhoben, schwieg die Mehrheit. Hildebrand veröffenlichte seine Kritik an der Polywasserforschung in einem klassisch gewordenen Artikel in *Science* [12]. N.P. Samios, Leiter des Brookhaven National Laboratory, schrieb in der *New York Times* einen negativen Bericht über die Kalte Kernfusion [13]. Andererseits unterstützten die bekannten Theoretischen Physiker Schwinger und Teller öffentlich die Kalte Kernfusion. Es wäre zu erwarten gewesen, daß Fleischmann und Pons höchst ungewöhnliche Behauptungen mehr lauten Protest gegen die Kalte Kernfusion hervorgerufen hätten. David Lindley machte in einem Leitartikel in *Nature* [14] einige interessante Kommentare zur Antwort der meisten Experten auf die Kalte Kernfusion. Er schrieb:

> Einer der Gründe, wieso Pons und Fleischmann so früh Erfolg hatten, war, daß kaum einer den Mut hatte zu sagen, warum er glaube, die Kalte Kernfusion sei Unsinn ... Nach der Pressekonferenz vom 23. März waren die Pressemeldungen, die Antworten der meisten Experten, die von den Wissenschaftsjournalisten befragt wurden, akademisch korrekt, journalistisch jedoch zu schwach. Es sei eine sehr interessante Idee, war die Kernaussage der wissenschaftlichen Welt, und wir können wirklich nichts über die Experimente aussagen, bevor wir mehr Details kennen, oder sie selber durchgeführt haben, oder bevor wir nicht mit unseren Kollegen in der Chemie darüber gesprochen haben. Diese verhaltene Kritik stand im krassen Gegensatz zur unverdrossenen Meldung von Fleischmann und Pons. Sie klang wie akademisches Naserümpfen, als ob die Physiker sich geschlagen fühlten, es aber selber nicht akzeptieren wollten ... Vielleicht ist die Wissenschaft zu höflich geworden.

Obwohl viele Fusionsexperten unmittelbar nach der Pressekonferenz sagten, daß die erstaunlichen Ergebnisse von Fleischmann und Pons eher wie Meßfehler anmuteten, verlangten die meisten von ihnen, daß ihre Namen in den entsprechenden Artikeln nicht genannt werden sollten. Einer der Experten, der erlaubte, daß sein Name aufgeführt werde, war Robert L. McCrory, Leiter des Instituts für Laserenergie an der University of Rochester. Er sagte eindringlich: „Wenn ich was von Physik verstehe, sind sie (die Ergebnisse von Fleischmann und Pons) falsch." Erhielte man aus einem Watt zugeführter Energie vier Watt Wärme, erfordere es die Emission von „einer Trillion Neutronen pro Sekunde – in einer Stunde hätten sie eine tödliche Dosis verabreicht bekommen" [15].

Im Sommer 1973 veröffentlichten Deryagin und Churaev eine sehr kurze Mitteilung in *Nature* [16] mit dem Titel „Die Beschaffenheit des 'Anomalen' Wassers." In diesem Artikel zieht Deryagin, wegen der wesentlich verbesserten analytischen Möglichkeiten zum Nachweis von Verunreinigungen, die zehn Jahre andauernden Forschungsbemühungen zu Polywasser zurück. „Wir haben festgestellt, daß es keine Kondensate ohne Verunreinigungen gibt, die gleichzeitig ungewöhnliche Eigenschaften hätten. Folglich sind diese Eigenarten eher den Verunreinigungen zuzuschreiben als der Existenz von polymeren Wassermolekülen." Zu dem Zeitpunkt, als Deryagin den Artikel verfaßte, in dem er einräumte, daß Polywasser ein durch Verunreinigungen hervorgerufenes Artefakt sei, war er bereits über siebzig Jahre alt. Überraschenderweise tauchte sein Name mehr als ein Jahrzehnt später wieder auf und zwar im Zusammenhang mit der zweiten großen wissenschaftlichen Episode des Jahrhunderts. In seinem Labor in Moskau, am Institut für Physikalische Chemie an der sowjetischen Akademie der Wissenschaften, wurden Untersuchungen zu den möglicherweise stattfindenden Kernreaktionen an den Bruchstellen von Festkörpern durchgeführt. Einige der bekanntgewordenen Ergebnisse dieser Experimente, sowie die Versuche diese nachzuvollziehen, und deren Verstrickung mit den Bemühungen der Jonesgruppe tauchten in der Kalten Kernfusionssaga wieder auf.

Kapitel 12
Pathologische Wissenschaften

In der ersten Aprilwoche 1989 war ich anläßlich der Feierlichkeiten zum fünfzigsten Jahrestag der Entdeckung der Kernspaltung durch Otto Hahn und Fritz Strassmann in Berlin. Da die Pressekonferenz der University of Utah gerade eine Woche vorher stattgefunden hatte, drehten sich die Diskussionen der anwesenden Kernforscher außerhalb der Vortragsräume hauptsächlich um die bei Raumtemperatur in einem Becherglas induzierte Kernfusion. Unter den Vortragenden war auch John A. Wheeler, Kerntheoretiker an der Princeton University, der 1939 zusammen mit Niels Bohr eine bahnbrechende Arbeit zur Kernspaltung in *Physical Review* veröffentlicht hatte. Während einer Busfahrt von unserem Hotel im Zentrum Berlins zu dem etwas außerhalb gelegenen Hahn-Meitner-Institut sagte mir Wheeler, was er von der Kalten Kernfusion halte. Er verglich dieses Phänomen mit der 'Entdeckung' der N-Strahlen durch René Blondlot. Es war eine der bemerkenswertesten Fälle der Selbsttäuschung in den Wissenschaften, die viele französische Forscher Anfang des Jahrhunderts betraf.

Blondlot, einer der führenden französischen Physiker und Mitglied der französischen Akademie der Wissenschaften, gab im Jahre 1903 bekannt, er habe eine neue Art Strahlung entdeckt, die er N-Strahlen nannte, nach der Université de Nancy, wo er zu der Zeit arbeitete. In Anlehnung an die Entdeckung der Röntgenstrahlen von 1895 experimentierte Blondlot mit verschiedenen Strahlungsquellen und behauptete, eine neue Art der Strahlung beobachtet zu haben. Diese neuen, ungewöhnlichen Strahlen durchdringen einige Zentimeter dicke Aluminiumbleche, werden aber durch dünne Eisenfolien abgestoppt. Die allgemeinen Eigenschaften der N-Strahlen waren schwer definierbar. Treffen diese Strahlen auf irgendein Objekt, gibt es einen leichten Anstieg der Helligkeit. Blondlot räumte jedoch ein, es gehöre sehr viel Erfahrung dazu, um die Effekte dieser Strahlung sehen zu können. Trotzdem bestätigten und erweiterten viele Physiker Blondlots Entdeckung. Es wurden sehr viele Arbeiten veröffentlicht, wobei die Ansicht vertreten wurde, N-Strahlen seien ähnlich wichtig, wie die kurz vorher entdeckten Röntgenstrahlen.

N-Strahlen existieren nicht. All die vielen Wissenschaftler, die behauptet hatten, sie zu sehen, waren Opfer einer Selbsttäuschung. Ein interessanter Aspekt dieser Episode ist jedoch die enorm große Anzahl an Wissenschaftlern, die getäuscht wurde. Als der berühmte amerikanische Physiker R.W. Wood von diesen Behauptungen hörte, fuhr er nach Frankreich, um Blondlots Labor zu besuchen, damit er die Experimente selbst beobachten könne. Blondlot benutzte damals ein Prisma, um die verschiedenen Komponenten der N-Strahlen aufzuspalten. Im Dunkeln demonstrierte er Wood, er könne drei oder vier verschiedene Brechungsindizes mit einer Genauigkeit von einem Prozent messen. Erstaunlicherweise könnten diese Ergebnisse, so Blondlot, beliebig oft wiederholt werden. Wood hörte interessiert zu und beobachtete, daß Blondlot die Position der N-Strahlen bis zu einem Zehntel Millimeter genau maß. Auf die Frage, wie es möglich sei, die N-Strahlen mit solcher Genauigkeit zu bestimmen, antwortete Blondlot [1]:

> Genau das ist das faszinierende an den N-Strahlen. Sie folgen nicht den klassischen Gesetzen der Wissenschaften. Sie müssen dieses Phänomen allein aus sich heraus beurteilen. Es ist sehr interessant, aber man muß die Gesetze, denen es folgt, finden.

Danach war Wood davon überzeugt, daß etwas Seltsames vor sich gehe. Im verdunkelten Raum entfernte Wood heimlich das Prisma und ließ es in seine Tasche verschwinden. Er forderte Blondlot dann höflich auf, seine Versuche zu wiederholen, was dieser gerne tat. Auch ohne das Kernstück der Apparatur erhielt Blondlot exakt die gleichen Ergebnisse. Wood schrieb einen vernichtenden Bericht über seine Beobachtungen und Blondlots Selbsttäuschung und veröffentlichte diesen in *Nature*.

Woods Bericht bedeutete das Ende der N-Strahlen außerhalb von Frankreich. Französische Wissenschaftler verteidigten Blondlot noch einige Jahre. Die Wissenschaft sollte nationale Grenzen überwinden, aber Woods Kritik an Blondlot schaffte dies nicht. Wie war es möglich, daß französische Wissenschaftler an der Geschichte der N-Strahlen festhielten? Anscheinend spielte der nationale Stolz der Franzosen dabei eine große Rolle. Französische Wissenschaftler glaubten, ihr internationaler Ruf sei im Vergleich zu Deutschland geschwächt. Die Entdeckung der N-Strahlen stärkte ihr Selbstvertrauen in einer kritischen Phase. Die Jury des Leconte Preises der Französischen Akademie der Wissenschaften, darunter auch Henri Poincaré, wählten 1904 Blondlot als Preisträger. Dies ist um so verwunderlicher, als unter den Kandidaten auch Pierre Curie war, der 1903 für die Entdeckung der Radioaktivität den Nobelpreis erhalten hatte. Sie setzte sich über die verheerende Kritik aus dem Ausland hinweg und wollte nicht akzeptieren, daß die gesamte N-Strahlenepisode ein klassischer Fall der Selbsttäuschung war.

Der Nobelpreisträger Irving Langmuir hielt 1953 im General Electric's Knolls Power Laboratory einen Vortrag über die pathologischen Wissenschaften, ein Thema, mit dem er sich schon länger beschäftigte. Langmuirs Vortrag war eine bunte Aufzählung der Fallen, in die Wissenschaftler manchmal hineintreten. Robert N. Hall, ein früherer Mitarbeiter der General Electric, fertigte nach Tonbandaufzeichnungen, die bei Langmuirs Schriften in der Library of Congress gefunden wurden, einen internen Bericht dieses Vortrags an. Ich besaß eine Kopie dieses Berichts, holte diese nach meiner Rückkehr aus Berlin hervor, um ihn mit neuem Interesse zu lesen. *Physics Today* [2] tat der Wissenschaft einen großen Gefallen, indem sie Langmuirs Bemerkungen einer breiten Öffentlichkeit zugänglich machte.

Langmuir definierte die Pathologischen Wissenschaften als „die Wissenschaft der Dinge, die nicht so sind." Er analysierte die Symptome in Studien über N-Strahlen und vieler anderer, schwer definierbarer Phänomene und fand sechs Kriterien der Pathologischen Wissenschaften [3].

1. Der maximal beobachtbare Effekt wird durch einen verursachenden Agens kaum wahrnehmbarer Intensität hervorgerufen, wobei die Höhe des Effekts jedoch unabhängig von der Intensität der Ursache ist.

2. Der Effekt liegt nahe an der Nachweisgrenze, oder es sind, wegen der niedrigen statistischen Bedeutung der Ergebnisse, sehr viele Messungen notwendig.

3. Die Behauptungen sind sehr genau.

4. Es werden phantastische Theorien, die teilweise den Experimenten widersprechen, vorgeschlagen.

5. Der Kritik wird mit *ad hoc*, gerade ausgedachten Entschuldigungen begegnet.

6. Das Verhältnis von Anhängern zu Kritikern steigt bis auf 50%, um dann nach und nach bis zur Vergessenheit abzufallen.

Außer den N-Strahlen gab es in diesem Jahrhundert noch unzählige andere neue Ideen, die auf dem Friedhof der Pathologischen Wissenschaften endeten. Ein anderes, von Langmuir diskutiertes Beispiel ist der Fall des Allison-Effekts. Dr. Fred Allison, ein Professor am Alabama Polytechnic Institute, erfand eine Methode, um Elemente und Isotope nachzuweisen. Mit Hilfe des Allison-Effekts konnten mehrere neue Elemente, wie das Alabamine und das Virginiam, 'entdeckt' werden. Sie zählten zu den Entdeckungen des Jahres. Hunderte von Arbeiten wurden in Amerikas renommiertesten Zeitschriften veröffentlicht. Und sogar Wedell Latimer, ein bekannter Chemiker in Berkeley, gehörte zu denen, die den Allison-Effekt ausnutzten. Er 'entdeckte' damit ein schweres Isotop von Wasserstoff mit der Massenzahl 3 und veröffentlichte seine Ergebnisse in der *Physical Review*. Alle Ergebnisse, die auf dem Allison-Effekt beruhten, waren nicht reproduzierbar und, wie sich später herausstellte, falsch. Die Kriterien der Pathologischen Wissenschaften sind auch auf diesen Effekt anwendbar. Die Anzahl der Veröffentlichungen zu diesem Effekt erreichte in den 30'er Jahren ihren Höhepunkt, um kurze Zeit später in Vergessenheit zu geraten. Andere von Langmuir vorgestellte Beispiele waren die außersinnliche Wahrnehmung und die fliegende Untertasse.

Bevor die Kalte Kernfusion nach den Kriterien von Langmuir untersucht werden soll, werden noch drei weitere Beispiele Pathologischer Wissenschaften aus der neueren Geschichte (Post-Langmuir) kurz vorgestellt. Darunter ist ein Beispiel aus der Chemie, eins aus der Hochenergiephysik und eins aus der Biologie. Polywasser, ein Beispiel aus der Chemie, erreichte seinen Höhepunkt in den 60'er und frühen 70'er Jahren. Polywasser, wie später auch die Kalte Kernfusion, betraf eine der am häufisten vorkommenden Substanzen der Erde, das Wasser. Felix Franks [4] untersuchte das Phänomen des Polywassers als eine Episode der Pathologischen Wissenschaften.

Gemessen an den sechs Kriterien von Langmuir ist das Phänomen des Polywassers den Pathologischen Wissenschaften zuzuordnen. Es konnten nie mehr als einige Mikrogramm der Probe für analytische und physikalische Messungen verwendet werden, so daß die Nachweise an der äußersten Grenze der Meßgenauigkeit der Apparaturen durchgeführt werden mußten. Die Flüssigkeit kondensierte nie in allen Testkapillaren, lediglich in 30 bis 40% der Fälle. Die neu gefundene Substanz konnte nur unter der Prämisse einer völlig neuen, bisher unbekannten chemischen Bindung als existent erachtet werden. Der Verdacht der Verunreinigung wurde von den Anhängern abgewendet, indem sie behaupteten, daß in ihren Labors alle Maßnahmen getroffen wurden, um diese auszuschließen. Schließlich entwickelte sich die Anzahl der Anhänger auf die von Langmuir vorhergesagte Weise.

Wie auch bei der N-Strahlen-Episode spielten auch hier neben dem irrationalen Verhalten der Wissenschaftler andere Faktoren, wie Wettbewerb unter den Forschern, institutionelle und nationale Loyalität, sicherlich eine große Rolle. Im Fall von Polywasser war Selbsttäuschung einer der wichtigsten Faktoren, was nicht zu den Kriterien der Pathologischen Wissenschaften zählt.

Als Physiker Zerfallsprodukte der Wechselwirkung relativistischer schwerer Ionen aus der kosmischen Strahlung und von Hochenergiebeschleunigern untersuchten, beobachteten sie eine neue Teilchenart, die sie Anomalons nannten. Diese sekundären Zerfallsprodukte, die eine ungewöhnlich kurze mittlere freie Weglänge hatten, rückten in den folgenden Jahren zunehmend in den Mittelpunkt des Interesses. Obwohl diese Teilchen bereits im Jahre 1954 bei Studien zur kosmischen Strahlung beobachtet wurden, mehrten sich die Arbeiten zu diesem Thema erst in den 80er Jahren, nachdem durch wesentliche Fortschritte in der Beschleunigertechnik relativistische Teilchen erzeugt werden konnten [5]. Die Experimentatoren räumten ein, daß die kurzen mittleren freien Weglängen dieser sekundären Zerfallsprodukte nicht mit Methoden der konventionellen Physik erklärt werden konnten. Obwohl zur Zeit das Anomalon nicht endgültig beurteilt werden kann, zeigt doch diese Episode Charakteristika der Pathologischen Wissenschaften. Bei einigen Experimenten wurden ungewöhnliche Effekte beobachtet, bei anderen nicht. Probleme in der statistischen Aussage der Ergebnisse, mit systematischen Fehlern und mit der Reproduzierbarkeit verhinderten, daß diese mysteriösen Beobachtungen allgemein akzeptiert wurden. Zudem sind die Aktivitäten auf diesem Gebiet stark zurückgegangen und sind möglicherweise auf dem Weg, in Vergessenheit zu geraten.

Am 30. Juni 1988 veröffentlichte eine Gruppe Biologen aus Frankreich, Israel und Kanada eine gemeinsame Arbeit in *Nature* [6], in der sie behaupteten, daß eine wässrige Lösung von Antikörpern ihre Fähigkeit, biologisch wirksam zu sein, sogar in großer Verdünnung beibehält. Benveniste und seine Mitarbeiter stellten Berechnungen vor, die zeigten, daß weniger als ein Molekül Antikörper in ihrer Probe vorhanden sei, wenn das Anti-IGE Antiserum um den Faktor 10^{14} verdünnt wird (entspricht einer $2,2 \times 10^{-20}$ molaren Lösung). Sie behaupteten, bei ihren bemerkenswerten Experimenten eine biologische Wirksamkeit sogar bei einem Verdünnungsfaktor von 10^{120} beobachtet zu haben. Bei solcher Verdünnung[1] ist jedoch die Chance, ein einziges Antikörpermolekül nachzuweisen, unendlich klein! Also wurden die meisten Experimente von Benveniste und seinen Mitarbeitern in Abwesenheit von Antikörpern durchgeführt.

Es gibt keine objektive Erklärung für die bekanntgegebenen Beobachtungen von Benvenistes Gruppe, da es keine physikalische Basis für biologische Aktivitäten in Lösungen ohne Antikörpermoleküle gibt. Daß *Nature* diese höchst ungewöhnlichen Ergebnisse trotzdem veröffentlichte, war das Ergebnis einer Übereinkunft, daß eine Forschergruppe später zu Benveniste entsendet werden sollte, um die Methoden der Verdünnung zu überprüfen. Dieses Team setzte sich aus Walter W. Stewart (bekannt für seine Studie über Fehlverhalten in den Wissenschaften), James Randi (professioneller Magier, bekannt als 'Amazing Randi' und MacArthur Foundation Stipendiat) und John Maddox (Herausgeber von *Nature* mit fundiertem Wissen der Theoretischen Physik) zusammen [7]. Das Dreierteam kam zu folgenden Schlußfolgerungen:

> Die bemerkenswerten Behauptungen von Dr. Jacques Benveniste und seinen Mitarbeitern beruhen hauptsächlich auf einer Serie von Experimenten, die statistisch wenig kontrollierbar sind, bei denen nichts unternommen wurde, um systematische Fehler sowie Beobachtungsfehler auszuschließen, und deren Interpretation zweifelhaft ist, weil diejenigen Messungen nicht berücksichtigt wurden, die der Behauptung, daß Anti-IGE auch bei höchster Verdünnung wirksam ist, widersprachen.

---

[1] Paul J. Karol betonte (*C&EN*, 5. September 1988, S.38), eine 10^{-120} molare Lösung entspreche einem Molekül in einem Volumen, daß einige Milliarden Mal größer als das Universum ist.

Parallelen zur Kalten Kernfusion lassen sich ziehen: das Fehlen von Kontrollexperimenten, statistische Unsicherheiten, Irreproduzierbarkeit sowie die Auslegung als ein besonders einfaches Experiment.

Benveniste und seine Mitarbeiter glauben nach wie vor, ihre Experimente mit der hohen Verdünnung seien korrekt. Der Glaube an die biologische Wirksamkeit bei extrem hoher Verdünnung wird schon seit anderthalb Jahrhunderten von der homöopathischen Medizin aufrechterhalten. Die Suche nach Bestätigung dieser Theorie wird weitergehen, da viele Ärzte homöopathische Mittel verschreiben. Es wurden viele Arbeiten über den 'Benveniste-Effekt' veröffentlicht, reproduzierbare experimentelle Anhaltspunkte zu seiner Unterstützung blieben jedoch aus. Dieser Effekt weist eindeutig die Merkmale der Pathologischen Wissenschaften auf. *Nature* wurde wegen der Veröffentlichung des Artikels von Benveniste *et al.* und des Untersuchungsteams heftig kritisiert. Sicherlich beeinflußten diese Ereignisse die Handhabe der eingereichten Arbeiten über die Kalte Kernfusion bei *Nature*.

Die Kalte Kernfusion als Energiequelle wird in die Geschichte der Wissenschaften als große Verirrung eingehen. Hätte Langmuir noch gelebt und die bizarren Episoden der Kalten Kernfusion und des Polywassers miterlebt, hätte er diese beiden Episoden sicherlich in seine Betrachtungen über die Pathologischen Wissenschaften einbezogen. Es wäre interessant gewesen, seine Analyse und Kommentare zu diesen beiden Wasserepisoden zu hören. Beide Phänomene hätten grundlegende Veränderungen der Gesellschaft herbeiführen können. Eine Kernfusion bei Raumtemperatur in einem Becherglas ist der Traum vieler Menschen, besonders der Umweltschützer und der Energiespezialisten. Der April 1989 war ein herausragender Monat, als mehrere hundert Millionen Menschen von Fleischmann und Pons Kalter Kernfusion erfuhren und an den Traum einer neuen, billigen, unbegrenzten, sicheren und sauberen Energiequelle zu glauben begannen. Die folgenden Monate vermehrten das Chaos des Traums. Von Anfang an gab es eine riesige Diskrepanz zwischen der Intensität der proklamierten Überschußwärme und den Fusionsprodukten. Es wurde auch sehr bald bekannt, daß viele Gruppen diese positiven Ergebnisse nicht reproduzieren konnten. Trotzdem gibt es einige Wissenschaftler, die immer noch fest an die Kalte

Kernfusion glauben.

Nach Langmuirs Kriterien zu urteilen, zeigt die Kalte Kernfusion einige der Symptome von Pathologischer Wissenschaft. Zunächst einige Kommentare zur Größe des Effekts und seiner statistischen Signifikanz. Viele Experimentatoren, die versuchten, die Kalte Kernfusion zu reproduzieren, erhielten weder Überschußwärme noch Fusionsprodukte. Andere fanden angeblich Wärme aber keine Fusionsprodukte, oder nur geringe Mengen. Selbst die positiven Ergebnisse erwiesen sich als irreproduzierbar oder wiesen innere Widersprüche auf. Deshalb stimmten die meisten Wissenschaftler mit dem Urteil unseres DOE/ERAB Ausschusses überein, es gebe keine überzeugenden Beweise für einen neuen Kernprozeß. Einige glauben jedoch immer noch an die Kalte Kernfusion und werden dies vielleicht auch weiterhin tun. Wenn man an die bisherige Wissenschaftsgeschichte denkt, ist das nicht überraschend. Nachdem Blondlots N-Strahlen als Illusion entlarvt worden waren, erhielt er noch den Leconte Preis, und eine Zeit lang erschienen weitere Publikationen zu diesem Thema. Fünf Monate nach dem negativen Bericht unseres Ausschusses versammelten sich ca. 250 Anhänger der Kalten Kernfusion in Salt Lake City. Ihr unerschütterlicher Glaube läßt sich an den stehenden Ovationen ablesen, mit denen sie Fleischmanns Vortrag feierten.

Die Anhänger der Kalten Kernfusion haben phantastische Theorien aufgestellt, die allen theoretischen und experimentellen Befunden der Kernphysik widersprechen. In dieser Hinsicht paßt die Kalte Fusion genau in Langmuirs Szenarium für Pathologische Wissenschaft. Wie im letzten Kapitel dargelegt, ist eine der großen Überraschungen der Geschichte der Kalten Kernfusion, wie viele theoretische Arbeiten (zwischen 50 und 100) sie zu erklären suchten. Die meisten dieser Arbeiten gingen davon aus, die Kalte Fusion sei experimentell bewiesen und erklärten sie dann durch Hinzuziehen von Wundern, in der Tat als ein Zeichen von Pathologischer Wissenschaft! Ein Theoretiker soll Experimentatoren anregen, aber nicht Theorien fabrizieren, um falsche Daten zu deuten.

Anhänger der Kalten Kernfusion zögerten nicht, das bekannte Verzweigungsverhältnis der D+D Reaktion willkürlich zu ändern, um noch unbestätigte Daten zu erklären, die sich in den meisten Laboratorien nicht reproduzieren ließen. Sie behaupteten sogar, hochenergetische γ-Strahlen könnten auf wundersame Weise verschwinden, indem die gesamte Reaktionsenergie direkt an das Gitter abgegeben werde! Die 'Theorie' von Walling und Simons erfüllt das vierte Langmuirsche Kriterium der Pathologischen Wissenschaften. Ironischerweise wurde Simons, aufgrund seiner Beiträge zur Kalten Kernfusion zum ersten Henry Eyring Professor für Chemie an der University of Utah berufen [8]. Auch hier zeigen sich wieder Parallelen zu früheren Beispielen der Pathologischen Wissenschaften, wurde doch Blondlot, trotz Woods Bericht über die N-Strahlen, mit dem Leconte Preis ausgezeichnet.

Die Behauptungen der Kalten Kernfusion waren voller Inkonsistenzen. Die vielen Gruppen, die weder Überschußwärme noch Fusionsprodukte erhielten, wurden mit Ausreden überschüttet. Diese Ausreden deckten ein Spektrum ab, welches von Aussagen wie: „es ist schwierig für sie, Effekte zu sehen, da sie Fehler machen" bis zur Bemerkung, die negativen Ergebnisse seien von unbedeutendem statistischen Wert, da „sie keine besonderen Kenntnisse oder Fähigkeiten in der Elektrochemie erfordern". Bockris und andere behaupteten, der Effekt sei erst nach wochenlanger Elektrolyse sichtbar. All dies waren Versuche, die negativen Ergebnisse der 'Eastern Establishment' Universitäten zu erklären. Diese Erklärung widerspricht jedoch den Ergebnissen der BARC-Gruppe, die bereits nach dem ersten Tag der Elektrolyse erfolgreich war. Einige Anhänger behaupteten, es seien hohe Stromstärken erforderlich, während im Artikel von Fleischmann und Pons lediglich von 8 und 64 mA pro Kubikzentimeter Palladium die Rede ist. Als Pons mit Behauptungen konfrontiert wurde, seine Zellen hätten in der fraglichen Zeit im Mai und Juni 1989 keine Fusionsprodukte geliefert, erwiderte er, in dieser Zeit hätten die Zellen auch keine Überschußwärme generiert, was seiner Aussage vom 16. August widersprach. Andere Anhänger waren der Meinung, die negativen Ergebnisse beruhten auf dem unter einem Grenzwert liegenden D/Pd – Verhältnis, während jedoch einige der Proponenten von positiven Ergebnissen berichteten, die weit unterhalb des angegebenen Grenzwertes lagen. Die Kalte Kernfusion erfüllt demnach Langmuirs fünftes Kriterium der Pathologischen Wissenschaften.

Das Verhältnis der weltweit bekanntgegebenen positiven zu negativen Ergebnissen erreichte seinen Höhepunkt [9] von ungefähr 50% fünf bis sechs Wochen nach der Pressekonferenz. Diese Tatsache ist in Übereinstimmung mit Languirs sechstem Kriterium. Morrison zeigte jedoch, daß positive und negative Ergebnisse in einem geographischen Zusammenhang gesehen werden müssen. Nachdem viele der negativen Ergebnisse nicht mehr veröffentlicht wurden und die Forscher sich danach wieder ihren eigenen Forschungsgebieten widmeten, werden alle derzeitigen Aktivitäten auf diesem Gebiet von Anhängern dominiert. Fritz Will, Leiter des NCFI, stellte eine Liste von ungefähr einhundert Gruppen zusammen, die entweder Wärme oder Fusionsprodukte beobachtet haben wollten. Diese Liste enthält jedoch nicht den geringsten Hinweis darauf, daß die beobachtete Wärme entsprechende Fusionsprodukte liefern müßte. Die meisten der aufgeführten Arbeiten entsprechen nicht dem Standard der renommierten wissenschaftlichen Zeitschriften. Es ist bedauerlich, daß die Anhänger der Kalten Kernfusion so viel Wert auf die Länge der Liste legten, anstatt sich darum zu bemühen, eine einzige dieser Behauptungen zu bestätigen. Diskutiert man die Anzahl der Beweise, darf man nicht vergessen, daß Deryagin nach zehn Jahren Arbeit an Polywasser lediglich zwei Sätze zum Zurückziehen der Behauptungen ausreichten.

Morrison erweiterte Langmuirs Studien in den letzten fünfzehn Jahren und fügte zu dessen Kriterien noch einige hinzu. In seiner detaillierten Analyse zeigt Morrison, daß die Kalte Kernfusion viele Merkmale der Pathologischen Wissenschaften hat. Seiner Schlußfolgerung nach ist die Kalte Kernfusion sogar das beste Beispiel für Pathologische Wisssenschaften [10].

Die Anhänger der Kalten Kernfusion werden noch eine Zeit lang Erfolgsberichte melden. Auch dies ist ein weitverbreitetes Phänomen der Pathologischen Wissenschaften, welches sowohl bei den N-Strahlen als auch beim Polywasser beobachtet werden konnte. Erstaunlicherweise werden diese positiven Meldungen über die Kalte Kernfusion immer noch in den führenden Tageszeitungen verbreitet [11], obwohl eine endgültige Bestätigung aussteht. Zwei Artikel widmeten sich neueren Ergebnissen einer Gruppe von Chemikern des Naval Weapons Center in

Lake China, Kalifornien, und verhalfen den Aussagen dieser Chemiker, – sie erhielten ^4He – zu einer gewissen wissenschaftlichen Glaubwürdigkeit (vgl. Kapitel 8). Der Menschen Traum, einen Weg zu finden, um den reichlich vorhandenen Rohstoff Wasser in eine unerschöpfliche Quelle sauberer, sicherer und billiger Energie zu verwandeln, war so groß, daß man sich wünscht, an der Kalten Kernfusion sei etwas dran.

Eine der letzten Pressemeldungen ist die Ankündigung von Randall L. Mills, der eine neue Methode zur Generierung von riesigen Energiemengen ausgehend von der Elektrolyse von Wasser gefunden haben will. Es sei kein Kernprozeß, sondern ein chemischer Prozeß mit einer 37-fachen Energieausbeute. Bei Mills Prozeß ist die Energiequelle eine „elektroanalytisch induzierte Reaktion, wobei Wasserstoffatome zu Quantenzuständen übergehen sollen, die unterhalb des Grundzustandes liegen." Abgesehen von diesen höchst ungewöhnlichen Behauptungen der Wärmeerzeugung, die jene von Fleischmann und Pons hunderte Male übertrifft, ist es außerordentlich verwunderlich, daß diese Arbeit im *Journal of Fusion Technology* erscheinen wird.

Mehr als zwei Jahre sind vergangen, seit Fleischmann und Pons ihre erstaunlichen Behauptungen, Kernfusion bei Raumtemperatur induziert zu haben, veröffentlichten. Zur Zeit ist das Verhältnis positiver zu negativen Ergebnissen sehr viel größer als zu Anfang. Die Verfechter der Kalten Kernfusion messen diesem Trend große Bedeutung bei, da sie glauben, daß die experimentellen Nachweismethoden für die Kalte Kernfusion in den letzten zwei Jahren erheblich verbessert werden konnten. Eine realistischere Deutung wäre, anzunehmen, daß viele der frühen Veröffentlichungen, die keine Beweise für die Kalte Kernfusion liefern konnten, überzeugend zu sein scheinen, und daß die Forscher infolgedessen das Interesse an dem Thema verloren haben. Experimente und Theorien auf diesem Gebiet werden heute fast ausschließlich von Anhängern betrieben. Die Mitgliedschaft im Club der Anhänger ist in den letzten Jahren nahezu unverändert geblieben.

Zwei Artikel über die Kalte Kernfusion zeigen, daß das Phänomen zumindest in den Köpfen der Anhänger weiterlebt. Ein Artikel stammt von M. Srinivasan vom BARC und trägt den Titel: „Kernfusion im Atomgitter: Neues über den internationalen Stand der Forschung an der Kalten

Kernfusion" [12]. Der Autor des zweiten Übersichtsartikels mit dem Titel: „Experimentelle Beobachtungen des Kalten Kernfusions-Effekts," ist Edmund Storms vom Los Alamos National Laboratory [13]. Beide Artikel sind für eine Literaturrecherche (174 bzw. 366 Literaturverweise) zum Thema sehr nützlich, aber es werden weder alle Ergebnisse referiert, noch werden die Ergebnisse kritisch beleuchtet. Eine weitaus umfangreichere Bibliographie mit über siebenhundert Einträgen wurde von Dieter Britz (Universität Aarhus) zusammengestellt [14].

Srinivasan fügte seinem Artikel eine interessante Erklärung bei, in der er festhält:

> Meiner Meinung nach gibt es überzeugende Beweise für die Authentizität des Phänomens der Kalten Kernfusion, dessen Ursache ein Kernprozeß ist... Ich bin über die breite Anti-Kalte-Kernfusions-Propaganda, die von einigen wenigen international einflußreichen Leuten initiiert wurde, verblüfft.

Srinivasans Glaube, die negative Haltung gegenüber der Kalten Kernfusion sei während der letzten zwei Jahre auf einige wenige Skeptiker zurückzuführen, ist ein Zeichen von Selbsttäuschung, einem weiteren Merkmal der Pathologischen Wissenschaften. Im Gegensatz zu Srinivasan haben die meisten Wissenschaftler die Kalte Kernfusion zu den Akten gelegt, zumindest in dem Sinne, daß sie nicht an Überschußwärme von einigen Watt glauben. Nach Srinivasans eigenen Aussagen arbeiten lediglich ungefähr 600 Wissenschaftler (die Zahl scheint eher zu hoch angelegt) weltweit an der Kalten Kernfusion. Glaubte die wissenschaftliche Welt, daß die Kalte Kernfusion als unbegrenzte Energiequelle nutzbar wäre, hätte dann jemand die Arbeiten daran aufgegeben? Es ist also absolut unrealistisch, die Verantwortung dafür, daß die Anhänger heute 'mit dem Rücken zur Wand kämpfen', einer kleinen, lautstarken Gruppe von Andersdenkenden zuzuschieben. Srinivasans Versuch, Frank Closes negatives Buch über die Kalte Kernfusion [15] als das Buch der konventionellen Fusionsforschung zu verwerfen, beruht einfach auf der Tatsache, daß dieses Buch in Princeton erschienen ist (und zufälligerweise betreibt die University of Princeton die Kernfusionsanlage Tokamak)! Ähnliche böswillige Anschuldigungen der Interessenverteidigung der konventionellen Fusionforschung wurden gegen einige Mitglieder unseres Untersuchungsausschusses erhoben, um den Bericht zu diskreditieren. So behauptete ein glühender Anhänger der Kalten Kernfusion,

Eugene Mallove, meine negative Haltung liege allein an dem Interessenkonflikt mit Fusionsprojekten an der University of Rochester. Hätte er irgendjemanden an der University of Rochester dazu befragt, hätte er erfahren, daß ich an keinem dieser Projekte beteiligt war. Anzunehmen, daß die Kritiker der Kalten Kernfusion Anhänger der konventionellen Kernfusion sind, ist schlicht und ergreifend eine falsche Logik und der verzweifelte Versuch, jene zu diskreditieren, die glauben, daß die Beweise für die Kalte Kernfusion nicht hinreichend sind.

Storms Artikel ist ebenso optimistisch wie Srinivasans. Seine Schlußfolgerung lautet:

> Die Anzahl und die Vielfalt der sorfältig durchgeführten Messungen der Wärme, des Tritiums, der Neutronen und des Heliums unterstützen die Annahme, daß im Inneren eines Metallgitters ein Kernprozeß bei Raumtemperatur stattfindet, wie es von Pons, Fleischmann und Jones vorgeschlagen wurde.

Was bedeutet dieser Satz, in dem die Behauptungen von Fleischmann und Pons mit jenen von Jones in einem Atemzug genannt werden? Da diese Behauptungen sich um einen Faktor von mehr als Tausend Milliarden unterscheiden, ist nicht klar, welche Annahme unterstützt wird. In einem dem Manuskript beiliegenden Brief schreibt mir Storms:

> Seit der ERAB Bericht über die Kalte Kernfusion erschienen ist, sind zahlreiche Informationen veröffentlicht worden, die die Behauptungen von Pons, Fleischmann und Jones wesentlich bestätigen. Zudem wurden neue Aspekte des Phänomens entdeckt. Berücksichtigt man diese neuen Informationen, die große Bedeutung dieser Entdeckung und dessen negative Einschätzung durch den ERAB-Ausschuß, schlage ich vor, daß sich der Ausschuß erneut damit befaßt.

Wenn nach unserem Abschlußbericht wirklich neue, zwingende Beweise gefunden worden wären, wäre der Vorschlag von Storms durchaus vernünftig. Aber wenn man die beiden Übersichtsartikel und die darin zitierten Originalarbeiten studiert, findet man, zumindest meiner Ansicht nach, immer noch keine überzeugenden experimentellen Belege für die Kalte Kernfusion.

Wie ist es möglich, daß verschiedene Wissenschaftler dieselben experimentellen Daten untersuchen und zu diametral entgegensetzten Schlüssen kommen? Nun geben sowohl die Anhänger als auch die Skeptiker zu, daß es viele Arbeiten gibt (ob dies, je nach Zählweise, 50, 100 oder mehr sind, spielt keine Rolle), die den einen oder anderen Aspekt der Kalten Fusion unterstützen. Schon wegen dieser großen Anzahl ist man geneigt, anzunehmen, daß etwas dahinter stecken müsse. Die schiere Anzahl ist aber in der Wissenschaft noch kein Beweis – man denke nur an die Hunderte von Veröffentlichungen, die N-Strahlen und Polywasser unterstützten. Man muß jede einzelne Arbeit sezieren und ihre Gültigkeit überprüfen, und gerade dabei kommen Skeptiker und Anhänger zu den unterschiedlichsten Schlüssen.

Es wurde wiederholt darauf hingewiesen, daß eine Kernfusion eine entsprechende Menge an Produkten liefern muß – wer etwas anderes behauptet, verläßt den gesicherten Boden der etablierten Wissenschaften. Ein einziges sorgfältiges Experiment, in dem gleichzeitig Überschußwärme und die zugehörigen Fusionsprodukte nachgewiesen würden, wäre ein unwiderlegbarer Beweis für die Kalte Kernfusion. Mittlerweile sind zwei Jahre verstrichen, ohne daß eine einzige Arbeit publik geworden wäre, in der dies zumindest behauptet wird [16]! In Wirklichkeit differieren Wärme und Fusionsprodukte um einige Größenordnungen. Diese Diskrepanz erschütterte aber die Anhänger kaum in ihrem Glauben. Einige haben sogar die extrem niedrigen Neutronenintensitäten, die Jones Gruppe gemessen hatte, als Beleg herangezogen. Bei so unterschiedlicher Interpretation derselben Ergebnisse verwundert es nicht, daß Anhänger und Skeptiker zu der Ansicht kommen, die postulierte Überschußwärme *stamme* bzw. *stamme nicht* von einer Kernreaktion. Fusionswärme ohne entsprechende Fusionsprodukte wäre ein großes Wunder, an das Skeptiker bei solch fragmentarischen und oft widersprüchlichen Angaben nicht glauben mögen.

Die Schlußfolgerungen von Srinivasan und Storms in ihren Artikeln ist, daß die verschiedenen Experimente, die Neutronen, Protonen und Helium aus elektrochemischen Zellen und Hochdruckgaszellen erhalten, die Existenz der Kernfusion bei Raumtemperatur im Inneren eines Metallgitters bestätigen. Mit diesen Schlußfolgerungen stimme ich, wie in Kapitel 8 dargelegt, keineswegs überein. Dem einzelnen Wissenschaftler bleibt es jedoch anheimgestellt, die Quellen zu überprüfen und sich sein eigenes Urteil zu bilden. Die sorgfältigste Suche nach Fusionsprodukten war der Nachweis der Neutronen. Obwohl Neutronen sehr geringer Intensität nicht kategorisch ausgeschlossen werden können, so fehlen doch überzeugende Beweise für Neutronen, die durch Kernfusion bei Raumtemperatur entstanden sind.

Im 22. Abschnitt seines Artikels listet Srinivasan neun „Rätsel" auf, in denen er die experimentellen Befunde verschiedener Anhänger zusammenfaßt. Alle diese Ergebnisse müßten durch irgendeine Theorie erklärt werden. Jedes einzelne „Rätsel" widerspricht jedoch der konventionellen Kernphysik, und eine Erklärung dieser Phänomene erforderte die Annahme von mehreren Wundern (s. Kapitel 8). Srinivasan leistet dann der Kontroverse einen Dienst, indem er einräumt, daß die endgültigen Beweise der Kalten Kernfusion die Annahme einer Reihe von „Rätseln" erfordere, wie zum Beispiel das ungewöhnliche T/n – Verzweigungsverhältnis von 10^8 statt 1. Anhänger und Kritiker beurteilen diese Art der Beweise unterschiedlich, insbesondere wenn weltweit nur zwei Labors hohe Tritiumwerte bei Experimenten beobachteten, die nicht reproduzierbar sind. Ist jedoch ein gewisser Wunderglauben erforderlich, damit die Behauptung akzeptiert werden kann, daß Wärme aus der Kernfusion bei Raumtemperatur generiert werde, so bewegt man sich hart an der Grenze zu den Pathologischen Wisssenschaften.

Die Second Annual Conference on Cold Fusion wurde in Como, Italien abgehalten. Als Organisatoren wurden Bockris, Fleischmann, Menlove, Pons, Preparata, Scaramuzzi, Srinivasan und Will aufgeführt, alles harte Verfechter der Kalten Kernfusion. Ein Name fehlte jedoch, es war Steven E. Jones. Obwohl er eingeladen wurde, lehnte er aus zwei Gründen seine Teilnahme ab: Zum einen stimmte er der These, die Überschußwärme stamme von einem Kernprozeß, nicht zu. Jones behauptete, seine eigene Forschung habe gezeigt, die Menge der Fusionsprodukte sei viel zu klein, um in Korrelation zu der Überschußwärme gebracht werden zu können. Zum anderen habe zumindest einer der Organisatoren rechtliche Schritte gegen Mitarbeiter und Kollegen eingeleitet. Er, Jones, könne daher nicht mit ruhigem Gewissen diesem Organisationskomitee begegnen.

Einige der Meilensteine in der Kalten Kernfusionssaga, die den Weg zu dieser Konferenz säumten, sind in Anhang II aufgelistet. Mittlerweile gibt es einen offenen Riß im Lager der Verfechter der Kalten Kernfusion. Jones verweigerte seine Teilnahme an dieser Tagung, damit seine

Forschung der Neutronen niedriger Intensität nicht mit den Behauptungen der Generierung von Überschußwärme durch einen Kernprozeß bei Raumtemperatur in Zusammenhang gebracht werde. Hatte Jones doch von Anfang an verdeutlicht, daß die dreizehn Größenordnungen Unterschied zwischen den Fusionsprodukten und der Überschußwärme nicht in Einklang zu bringen seien.

Wie wäre wohl die Geschichte der Kalten Kernfusion verlaufen, wären Fleischmann und Pons von Jones Neutronenmessungen am 23. Februar 1989 nicht so beeindruckt gewesen? Möglicherweise hätte die Gruppe an der University of Utah in Ruhe weitergeforscht. Sie hätten sich die angesprochenen achtzehn Monate Zeit gelassen und in dieser Zeit hätten sie vielleicht sogar eine Zusammenarbeit mit Kernphysikern angestrebt, um den Nachweis der Fusionsprodukte mit den neuesten Apparaturen durchführen zu können. Wären sie dabei auf eine obere Nachweisgrenze der Fusionsprodukte gestoßen, die Größenordnungen unter der gefundenen Wärmemenge lag, hätten sie erneut kalorimetrische Messungen durchgeführt und eine nicht nukleare Erklärung des Phänomens gefunden. In der gleichen Zeit hätte die Gruppe an der Brigham Young University die Ergebnisse ihrer Neutronenmessungen veröffentlicht. Diese wären ohne großes Aufheben in einer wissenschaftlichen Zeitschrift erschienen, ohne daß die Öffentlichkeit davon Notiz genommen hätte. Schließlich haben Deryagin und andere sowjetischen Wissenschaftler in den letzten Jahren viele solcher Arbeiten veröffentlicht, in denen sie behaupten, Neutronen niedriger Intensität beobachtet zu haben. Letztendlich war es die Entscheidung von Fleischmann und Pons, mit ihren sensationellen Ankündigungen an die Öffentlichkeit zu gehen, womit zwangsläufig auch Jones Ergebnisse ins Rampenlicht gerückt wurden.

Fleischmann und Pons pokerten hoch, als sie, ohne stichhaltige Beweise für ihre Fusionsprodukte zu haben, an die Öffentlichkeit traten. Und dies ist das eigentliche wissenschaftliche Fiasko des Jahrhunderts. Die Kluft zwischen der von ihnen postulierten Überschußwärme und der Nachweisgrenze der assoziierten Fusionsprodukte klafft auch heute noch empfindlich weit auseinander. Einen Fusionsprozeß bei Raumtemperatur anzunehmen, ohne entsprechende Fusionsprodukte nachgewiesen zu haben, ist eine Wahnvorstellung und als die „Wissenschaft der Dinge, die nicht so sind“ zu bezeichnen. Allein die Zeit wird darüber entscheiden können, ob es Phänomene wie das der Fraktofusion gibt, oder nicht. Zur Zeit sind die Beweise dafür nicht überzeugend.

Kapitel 13
Lektionen

Einige werden Polywasser und Kalte Kernfusion[1] als vorübergehende Verwirrung in den Wissenschaften betrachten. Diese Sicht wäre aber zu vereinfachend. Beide Phänomene betrafen sehr viele Wissenschaftler der unterschiedlichsten Disziplinen. Möglicherweise wurden beide Phänomene tief im Inneren der Wissenschaften gesponnen. An den Arbeiten zur Kalten Kernfusion waren Chemiker, Materialwissenschaftler, Physiker und sogar Nobelpreisträger beteiligt. Viele Millionen Dollar wurden ausgegeben, um diese ausgefallenen Behauptungen zu überprüfen. Daher scheint es angebracht, in diesem letzten Kapitel einige allgemeine Betrachtungen zum Fortschritt in den Wissenschaften anzustellen. Die zu behandelnden Themen erheben keinen Anspruch auf Vollständigkeit, noch sind sie ausschließlich auf die Kalte Kernfusion anwendbar. Sowohl Anhänger als auch Opponenten der Kalten Kernfusion stimmen darin überein, daß aus der Art und Weise, wie die Kontroverse geführt wurde, Lehren gezogen werden können. Einige der Hypothesen, Vorgänge, Entscheidungen und Aktionen im Zusammenhang mit der Kalten Kernfusion werden hier diskutiert. Es ergeben sich grundsätzliche Fragen nach dem Umgang mit Daten, sorgfältigen Kontrollexperimenten und Beurteilung der aufgestellten Hypothesen, und zwar auf allen Ebenen der wissenschaftlichen Forschung. Wie konnte die Kalte Kernfusion keimen und schließlich solch gigantische Ausmaße annehmen? War der Traum der unbegrenzten, sauberen und billigen Energiequelle so verführerisch, daß er Fehler und Täuschungen hervorbringen konnte? Dabei fällt die Verantwortung nicht allein den Forschern zu, sondern auch den Gutachtern und Herausgebern der wissenschaftlichen Zeitschriften. Versagen

[1] Kalte Kernfusion bezieht sich hier ausschließlich auf die Behauptungen von Fleischmann und Pons.

einer oder gar mehrere dieser Faktoren in einer entscheidenden Phase, so ist es für den wissenschaftlichen Prozeß verheerend [1].

Vom Umgang mit ausgefallenen Ideen und Behauptungen

Wenn ich die Kalte Kernfusion als ausgefallene Idee bezeichne, möge man mir diese Untertreibung des Jahres verzeihen. Fleischmann und Pons ausgefallene Idee war es, sich elektrochemischer Methoden zu bedienen, um Deuterium bei Raumtemperatur verschmelzen zu lassen. Die Chemie wurde herangezogen, um den Wirkungsquerschnitt dieser Kernreaktion um 50 Größenordnungen zu erhöhen. Wie sollen Wissenschaftler mit solchen Behauptungen umgehen? Würden Behauptungen dieser Art, die etablierten experimentellen und theoretischen Erkenntnissen widersprechen, in Seminaren vorgestellt, so könnten sie diskutiert, beurteilt und überprüft werden. Haben Kollegen die Möglichkeit, unangenehme Fragen zu stellen, auf augenfällige Inkonsistenzen und Fehler hinzuweisen, sowie Anregungen zu weiteren Nachweisen zu geben, wer würde dann noch an die Öffentlichkeit gehen wollen? Ein Vorstellen vor einem interdisziplinären Auditorium empfiehlt sich gerade dann, wenn die Behauptungen über das eigene Spezialgebiet hinausgehen. Der nächste Schritt wäre dann, eine Präsentation der Ideen vor Experten außerhalb der eigenen Universität, es sei denn, man reicht die Arbeiten gleich zur Begutachtung bei einer wissenschaftlichen Zeitschrift ein.

Die erste Reaktion eines Experimentators auf solch ungewöhnliche Ergebnissse sollte der Versuch sein, diesen Effekt möglichst auszuschalten. Es muß jede Bemühung unternommen werden, um alle Ergebnisse mit konventionellen Theorien erklären zu können. Es gibt jedoch kein einfaches Rezept, wie dies am besten erfolgen sollte. Die Apparaturen und Analysemethoden sollten überprüft werden, um sicher zu gehen, daß die gleichen Ergebnisse auch unter verschiedenen anderen Bedingungen erhalten werden. Fleischmann und Pons konnten keinen anderen davon überzeugen, daß sie ernsthafte Versuche unternahmen, ihre Behauptungen aufgeben zu wollen. Ihre Neutronenmessungen wurden so kläglich durchgeführt, daß binnen weniger Wochen verschiedene Wissenschaftler zeigen konnten, daß diese Ergebnisse nichts als Artefakte seien. Infolge dessen wurden die Wissenschaftler skeptisch. Und obwohl sie zugaben, daß es eine enorme Diskrepanz zwischen der Überschußwärme und den Fusionsprodukten gab, haben sie diesen Widerspruch nie in angemessener Form diskutiert. Der Hinweis in ihrer ersten Arbeit zu diesem Thema, die Wärme sei Folge eines bislang unbekannten Kernprozesses, behagte den Kernphysikern wenig. Ein real existierendes wissenschaftliches Phänomen ist invariant. Andere Experimentatoren, die mit anderen Apparaturen und unter leicht veränderten Bedingungen arbeiten, müssen die Resultate reproduzieren können.

Wenn Anhänger der Kalten Kernfusion behaupten, sie erhielten Überschußwärme ohne die entsprechenden Fusionsprodukte, oder Tritium ohne die begleitenden Neutronen, fällt auf, daß einige grundlegende Prinzipien, auf denen ganze Technologien beruhen, in Frage gestellt wurden. Solch ausgefallenen Behauptungen fehlt die wissenschaftliche Glaubwürdigkeit, und es erheben sich viele Fragen nach den Methoden, die ihnen zu Grunde liegen.

Die Beurteilung der Hypothesen

Stehen neu beobachtete Ergebnisse in direktem Konflikt zu lange bekannten und etablierten Erkenntnissen, so sind zwei extreme Reaktionen denkbar. Das eine Extrem besteht darin, daß man alle vorherigen Ergebnisse verwirft, das andere darin, so lange auf den inkorrekten Resultaten zu beharren, bis sie widerlegt werden.

Die Geschichte der Wissenschaften kennt unzählige Beispiele dafür, daß Forscher sehr lange beliebte aber diskreditierte Ideen unterstützten. Gibt es jedoch überzeugende Beweise, müssen die Wissenschaftler die neuen Ergebnisse akzeptieren und ihre Einstellung möglicherweise ändern. Einige Anhänger der Kalten Kernfusion nahmen eine andere extreme Position an und modifizierten anerkannte Thesen der Kernphysik, wenn neue, fragmentarische und nicht nachvollziehbare Ergebnisse bekannt wurden. Auch dafür gibt es Beispiele in der Geschichte der Wissenschaften, daß verfrüht gefestigte Erkenntnisse zurückgewiesen und höchst spekulative Erklärungen gesucht wurden.

Gelegentlich gibt es Überraschungen in den Wissenschaften, und man muß auch dafür offen sein. Vor ungefähr fünfzig Jahren, als die Kernphysik noch in den Kinderschuhen steckte, wurde die Kernspaltung durch Zufall entdeckt. Einige Monate vor deren Entdeckung durch Hahn und Strassman mißinterpretierte Fermi, einer der berühmtesten Kernphysiker, Daten der Spaltprodukte. Er glaubte, die neu entdeckten radioaktiven Teilchen seien Transuranium. Damals wußte man noch nicht, daß Kerne in zwei schwere Kerne zerfallen könnten. Die Kernphysik ist mittlerweile ein sehr ausgereiftes Forschungsgebiet, und die Wahrscheinlichkeit einer Überraschung ist sehr gering.

Während des kurzen Lebens der Kalten Kernfusion muteten ihre Anhänger der wissenschaftlichen Welt ein Wunder nach dem andern zu, wobei sie jedesmal ein etabliertes Gesetz der Kernphysik über Bord warfen. Die postulierten Fusionsraten in Festkörpern wurden durch die Erfindung schwerer Elektronen erklärt, deren Existenz Generationen von Kernphysikern hätte verborgen bleiben müssen. Das Verzweigungsverhältnis der D+D Reaktion wurde willkürlich geändert; in einem Fall wurden die dominierenden Reaktionen zu Neutronen und Tritium völlig unterdrückt, in einem anderen Fall wurde ein Verhältnis von Tritium zu Neutronen von über einer Million angenommen, obwohl der wahre Wert etwa bei eins liegt. Das Fehlen der hochenergetischen γ-Strahlen aus den Reaktionen: $D + D \rightarrow {}^4He + \gamma$ und $D + H \rightarrow {}^3He + \gamma$ wurde durch neue Wunder erklärt. Die im Kapitel 3 dargestellte Theorie von Walling und Simons verbindet alle diese Wunder. All dies sind sichere Indizien für Pathologische Wissenschaft! Bockris und andere behaupteten gar, die konventionelle Kernphysik gelte nur für Gase, nicht aber für Kernreaktionen in Festkörpern. Deswegen hielt Bockris ein T/n Verhältnis von 10^6 bis 10^9 für eines der Charakteristika der Kalten Kernfusion (das andere ist Irreproduzierbarkeit).

Vorschnelle Veröffentlichungen

Bemühungen, möglichst schnell Forschungsergebnisse zu publizieren, gab es bereits im 17. Jahrhundert, als die Royal Society of London demjenigen, der seine Ergebnisse zuerst veröffentlichte, Vorrechte gegenüber dem, der die Entdeckung gemacht hatte, einräumte [2]. Seither wetteifern Wissenschaftler darum, daß ihre Ergebnisse möglichst zuerst erscheinen. Die größte Sorge ist jedoch, daß es dabei leicht eine vorschnelle Veröffentlichung werden könnte. In der Eile, die Ergebnisse schnell zu veröffentlichen, fehlen häufig wichtige Nachweise und sorgfältige Gutachten seitens der Herausgeber, so daß die Publikation möglicherweise unvollständig ist oder falsche Resultate aufweist. Die meisten wissenschaftlichen Zeitschriften möchten, daß die Beiträge schnell erscheinen, daß diese aber auch sorgfältig überprüft sind. Zwei konkurrierende Veröffentlichungen könnten dann gleichzeitig erscheinen, wenn eine Zeitschrift für die Koordination sorgt. Dies könnte auch von den Autoren selbst gemacht werden, was jedoch gegenseitiges Entgegenkommen erfordert. Ein Beispiel für eine gleichzeitige Veröffentlichung ist die Bemühung der Gruppe um Jones, zur gleichen Zeit wie Fleischmann und Pons ihre Manuskripte an *Nature* einzusenden, was letztendlich aber scheiterte.

Zwischen den verschiedenen Zeitschriften gibt es eine gewisse Konkurrenz, wenn es um die gleichzeitige Veröffentlichung von Forschungsergebnissen geht. Eine schnelle Publikation erreicht man manchmal, wenn man dem Herausgeber mitteilt, daß in einer anderen Zeitschrift demnächst eine konkurrierende Arbeit erscheine. Die Herausgeber haben auf die Forderung zur schnellen Veröffentlichung von Manuskripten auf unterschiedlichste Weise reagiert. Am 26. April 1976 richtete *Physical Review Letters* die Möglichkeit ein, daß experimentelle Forschungsergebnisse auch ohne vorherige Begutachtung erscheinen könnten, wenn die Anfrage vom Institutsleiter oder einem gleichgestellten Verwaltungsangestellten unterstützt wird. Die Sache hat aber einen Haken. Wird diese Anfrage gemacht, so fügt der Herausgeber eine Notiz zu der Veröffentlichung hinzu, damit der Leser erfährt, daß der entsprechende Artikel nicht begutachtet wurde.

Am 16. Juni 1976 reichten R.V. Gentry und seine Mitarbeiter ein Manuskript mit dem Titel „Beweise für das natürliche Vorkommen superschwerer Elemente“ bei *Physical Review Letters* ein. Der Artikel erschien nur 19 Tage später, am 5. Juli [3] mit dem Vermerk „Ohne Gutachten angenommen, auf die Empfehlung von Alexander Zucker aufgrund des Beschlusses vom 26. April 1976.“ In diesem Artikel behauptet

Gentry, L-Strahlen superschwerer Elemente, z.B. mit der Ordnungszahl 126 beobachtet zu haben, wenn Monazit (ein Mineral, welches einige Seltene Erdmetalle und Thorium enthält), mit langsamen Protonen beschossen wird. Diese Protonen bewirkten L-Elektronen-Lücken in dem Element der Ordnungszahl 126, wobei charakteristische Röntgenstrahlen entstünden. Sie behaupteten, die Beweise für das neue Element seien ausreichend, da die charakteristischen Strahlen in fünf oder sechs Proben beobachtet worden wären. Unmittelbar danach folgte ein theoretischer Artikel, der die Stabilität und die Lebensdauer des neuen Elements erklärte [4]. Am 7. Juli 1976, nur zwei Tage nach Erscheinen des Artikels von Gentry *et al.*, reichte eine andere Gruppe um J.D. Fox ein Manuskript ein [5], in dem gezeigt wurde, daß die vermeintliche L-Strahlenlinie des Elements 126 nichts anderes sei als die γ-Strahlen der Elementumwandlung des ^{140}Ce in ^{140}Pr, wobei Cer der Hauptbestandteil des Monazits ist. In diesem Beispiel bestätigte sich die Befürchtung, daß bei vorschnellen Publikationen häufig völlig falsche Ergebnisse veröffentlicht werden. Glücklicherweise wollen die meisten Autoren nicht auf diese Weise in Verruf geraten und verzichten auf die oben vorgestellte Vorgehensweise, so daß nur wenige Artikel ohne Gutachten veröffentlicht wurden.

Die Arbeit von Pons und Fleischmann erschien im *Journal of Electroanalytical Chemistry* innerhalb von nur vier Wochen, ein klassischer Fall von vorschneller Veröffentlichung. Ein langes Erratum folgte später – selbst der Name des dritten Autors, M. Hawkins, war vergessen worden! Die nuklearen Messungen waren sehr nachlässig durchgeführt, normalerweise hätten sie vor der Veröffentlichung mit präziseren Apparaturen wiederholt werden müssen. Stattdessen mußten andere Wissenschaftler nachweisen, daß die Neutronendaten von Fleischmann und Pons falsch waren. Je wichtiger die Daten sind, desto größer ist die Verantwortung der Forscher, sie in jeder Hinsicht auf mögliche Fehler zu untersuchen und zu prüfen, ob sie zu vernünftigen Schlußfolgerungen führen. Den Herausgebern von Zeitschriften obliegt es, Arbeiten, die diesem Standard nicht genügen, zurückzuweisen. Im Falle der Kalten Kernfusion wurden einige Manuskripte ohne, andere nur mit unzureichender Begutachtung angenommen. Die meisten Autoren mit positiven Ergebnissen hatten weder genügend Kontrollexperimente noch eine adäquate Fehleranalyse durchgeführt. Fleischmann und Pons schritten zur Publikation, obwohl es eine riesige Diskrepanz zwischen der Überschußwärme und den Fusionsprodukten gab, die sie zur Vorsicht hätte mahnen müssen. Stattdessen wandten sie sich vorzeitig an die Öffentlichkeit und verkündeten revolutionäre Ergebnisse, deren Konsequenzen für die Kernphysik, sie nicht ermessen konnten. Dieses Verhalten scheint weniger von der Wissenschaft denn von der Jagd nach Ruhm, Ansehen, Geld und Patentrechten motiviert zu sein.

Publikation durch Pressekonferenz

Gelegentlich mag es gerechtfertigt sein, eine wissenschaftliche Entdeckung auf einer Pressekonferenz bekanntzugeben, aber es ist sicherlich nicht der normale Weg, sich an die Öffentlichkeit zu wenden, zumal die übliche wissenschaftliche Begutachtung dabei umgangen wird. Tut man es dennoch, so muß man felsenfest von der Bedeutsamkeit seiner Ergebnisse überzeugt sein und sie durch alle möglichen Tests und Überprüfungen untermauern können. Fleischmann und Pons hatten aber nicht einmal elementare Tests durchgeführt. Als man sie nach Experimenten mit gewöhnlichem Wasser fragte, wichen sie aus und gaben zweideutige Antworten. Bei der Suche nach Fusionsprodukten verwendeten sie unzureichende Geräte und Meßverfahren, so daß sich ihre Neutronendaten später als falsch erwiesen.

Pressekonferenzen und Pressemitteilungen, die eine neue Entdeckung in einer unrealistischen und zu optimistischen Weise vorstellen, wecken beim Publikum falsche Erwartungen. Die Pressekonferenz der University of Utah hinterließ den falschen Eindruck, daß die Experimente von Fleischmann und Pons sehr einfach durchführbar und nachvollziehbar wären. Journalisten reagierten auf die Pressekonferenz, indem sie euphorisch vorhersagten, die Kalte Kernfusion revolutioniere die Energieversorgung. Einige gingen sogar so weit und malten sich ein „Kernfusionszentrum“ in Utah aus, welches zum Mekka des wissenschaftlichen Fortschritts werden sollte. Allein durch die Werbung wurde die Kalte Kernfusion jedoch nicht zur Realität. Was fehlte, war die Bestätigung durch andere Wissenschaftler.

Seit Nachlässigkeit und Heuchelei in der Forschung immer mehr in den Mittelpunkt des öffentlichen Interesses geraten, ist es besonders wichtig, daß auf Pressekonferenzen die Experimente sorgfälig beschrieben und die Ergebnisse genau wiedergegeben werden. Im Falle der Pressekonferenz der University of Utah waren die bekanntgegebenen Fakten über die Entdeckung falsch. Die Behauptung von Fleischmann und Pons, sie hätten pro Watt zugeführter Leistung vier Watt Energie erzeugt, widerspricht selbst den eigenen Angaben in dem zwölf Tage vor der Pressekonferenz eingereichten Artikel im *Journal of Electroanalytical Chemistry*. Die Medien berichteten gleichwohl weiterhin von dem sehr viel größeren aber falschen Energiegewinn. Dieser enorm hohe Energiegewinn sollte der Entdeckung ein größeres Echo verschaffen und der Öffentlichkeit zeigen, daß keinesfalls ein Meßfehler zu diesen Ergebnissen geführt hätte. Später, als verschiedene Wissenschaftler die Ergebnisse nicht reproduzieren konnten, führte diese Übertreibung dazu, daß die University of Utah diskreditiert wurde.

Die zeitliche Abstimmung für die Pressekonferenz muß sicherstellen, daß genügend Daten gesammelt wurden, um mögliche Fehler auszuschalten. Zudem ist ein gewisser wissenschaftlicher Konsens erforderlich, bevor eine neue Entdeckung auf einer Pressekonferenz der breiten Öffentlichkeit vorgestellt wird. Wissenschaftler riskieren sonst Anfeindungen, falls es sich später zeigen sollte, daß ihre Ergebnisse falsch waren.

So führte die Manipulation der Presse durch Fleischmann, Pons und die University of Utah zum Skandal um die Kalte Kernfusion. Übertriebene Angaben zur Höhe der Überschußwärme und zu den Fusionsprodukten wurden ohne hinreichende Nachweise veröffentlicht. Später wurden diese Behauptungen teilweise zurückgezogen oder zumindest korrigiert. Ein großer Teil dieser Zirkusatmosphäre um die Kalte Kernfusion wäre durch Einhalten des üblichen wissenschaftlichen Standards vermeidbar gewesen.

Veröffentlichung von Primärdaten

Wissenschaftler sind für die Veröffentlichung ihrer Daten selbst verantwortlich. Sie sollten in der Lage sein, ihre Ergebnisse vor Kollegen zu erläutern und zu verteidigen, insbesondere, wenn diese Daten herkömmlichen wissenschaftlichen Erkenntnissen widersprechen. Die Beschreibung der Experimente und derer Resultate sollte so erfolgen, daß jeder informierte Leser die Behauptungen beurteilen kann. Diese in den Wissenschaften übliche Vorgehensweise wurde von den Forschern aus Utah nicht eingehalten.

Am 14. April 1989, also nur drei Wochen nach der Pressekonferenz, reichten Walling und Simons beim *Journal of Physical Chemistry* eine theoretische Arbeit ein. In dieser Arbeit behaupteten sie, daß aufgrund persönlicher Mitteilungen von Pons und Hawkins die Heliumgasentwicklung sogar höher sei, als die Überschußwärme es hätte erwarten lassen. Diese voreiligen und unbegründeten Hinweise führten schließlich zu der „Drei-Wunder-Theorie" von Walling und Simons. In diesem frühen Stadium der Geschichte der Kalten Kernfusion wurde die Heliumproduktion als der Beweis für die erfolgte Kernfusion gehandelt. Am Ende des Artikels findet der Leser den (äußerst unüblichen) Hinweis des Herausgebers: „es ist überaus wichtig, dem Publikum die Daten dieser Arbeit so schnell wie möglich vorzustellen." Obwohl ich durchaus die schnelle Veröffentlichung wichtiger (und genauer) Daten unterstütze, kann die Veröffentlichung dieser privat weitergegebenen Daten nicht im Interesse der Wissenschaft sein. Die Experimentatoren müssen ihre Ergebnisse selbst veröffentlichen. Es ist höchst unbefriedigend, wenn potentiell wichtige experimentelle Ergebnisse über private Mitteillungen an Dritte an die Öffentlichkeit gelangen.

Am 8. Mai 1989, drei Wochen nachdem Walling und Simons ihr Manuskript eingereicht hatten, gaben Fleischmann und Pons auf der Tagung der American Electrochemical Society in Los Angeles bekannt, daß die Heliumwerte fehlerhaft seien. In dem Artikel von Walling und Simons (er erschien am 15. Juni) findet sich nicht der geringste Hinweis auf diesen schwerwiegenden Fehler. Die Heliumwerte wären, falls sie gestimmmt hätten, in der Tat sensationell gewesen. Tatsächlich waren sie fehlerhaft, wurden jedoch nie zurückgezogen, vielleicht, weil sie nicht von Pons und Hawkins veröffentlicht wurden, und diese sich infolgedessen nicht dafür verantwortlich fühlten. Walling und Simons hingegen glaubten, Pons müsse den Widerruf in die Wege leiten, was jedoch ihrer Veröffentlichung die Rechtfertigung entzogen hätte. Die Heliumepisode ist ein krasses Beispiel dafür, was passiert, wenn Primärdaten über Dritte veröffentlicht werden. Wenn Fehler erkannt werden, sollten sie schnellstmöglich in der gleichen Zeitschrift korrigiert werden.

Reproduzierbarkeit in den Wissenschaften

Nach wissenschaftlichen Grundsätzen müssen experimentelle Ergebnisse reproduzierbar sein. Bestätigungen sind ein wesentlicher Teil wissenschaftlicher Erkentniss. Daher müssen Forscher ihre Beobachtungen so beschreiben, daß sie nachvollzogen werden können. Es sollten Anleitungen gegeben werden, die es einem kompetenten, gut ausgestatteten Team erlaubt, die Experimente zu reproduzieren und annähernd die gleichen Ergebnisse zu erhalten. Besonders wichtig sind diese Bestätigungen durch andere, wenn die Behauptungen gefestigten Erkenntnissen widersprechen. Je weitreichender die Behauptungen sind, um so schneller werden sie von anderen Wissenschaftlern überprüft.

Im Falle der Kalten Kernfusion hat sich die Bestätigung als Fehlschlag erwiesen. Nach der Pressekonferenz versuchten sehr viele Wissenschaftler, die Experimente von Fleischmann und Pons nachzuvollziehen und kamen zu dem Schluß, was auch immer die beiden Chemiker der University of Utah beobachtet haben mochten, es war keine Kernfusion. Und obwohl die meisten Wissenschaftler die Ergebnisse von Fleischmann und Pons nicht reproduzieren konnten, gab es einige Forscher, die durch die teilweise Bestätigung der Ergebnisse die Kontroverse um die Kalte Kernfusion anheizten. Obwohl es niemandem gelang, Fusionsprodukte und Überschußwärme nachzuweisen, lebte der Traum der Kalten Kernfusion weiter, zumindest in den Köpfen seiner Anhänger.

Als immer mehr Gruppen der großen Universitäten und der nationalen Forschungsinstitute bekanntgaben, die Experimente nicht nachvollziehen zu können, hatten die Anhänger der Kalten Kernfusion sehr schnell

Ausreden bereit: die Versuche seien nicht mit der erforderlichen Sorgfalt durchgeführt worden; man benötige kürzere Palladiumkathoden; längere Elektrolysezeiten; höhere Ströme. Immer wenn erfahrene Wissenschaftler einen Versuch nicht reproduzieren können und anschließend mit solch unausgegorenen Entschuldigungen angegriffen werden, sollten diese mit Vorsicht genossen werden. Eine wichtige Aufgabe wissenschaftlicher Veröffentlichung ist, anderen Anleitungen zur Verfügung zu stellen, denen man folgen kann. Die Wissenschaftler sichern sich durch die Veröffentlichung klarer, gut dokumentierter Behauptungen den Vorrang bei der Entdeckung. Kann nach den Anleitungen des Autors ein Experiment nicht nachvollzogen werden, ist es eine Warnung für den Autor, daß seine Angaben unvollständig waren.

Die Anhänger der Kalten Kernfusion haben bezüglich der Reproduzierbarkeit in den Wissenschaften neue Maßstäbe gesetzt. Einige versuchten mit wenig Erfolg sogar der Tatsache, daß das Phänomen irreproduzierbar sei, Respekt zu verschaffen. Eine zweite Verirrung war die vornehmlich von Bockris geäußerten unterschiedlichen Beurteilungen der positiven und negativen Ergebnisse der Kalten Kernfusion. Nur jene Experimente, die teilweise die Kalte Kernfusion bestätigten, wurden akzeptiert, für negative Ergebnisse bedürfe es schließlich keiner großen Fähigkeiten. Im Sinne dieser Philosophie wurden auch die Tagungen zur Kalten Kernfusion organisiert, in denen nur Beiträge mit positiven Ergebnissen zugelassen wurden. Dieses unwissenschaftliche Vorgehen wurde sowohl von Wissenschaftlern als auch von den Medien negativ beurteilt.

Isolation in der Forschung

Wissenschaftliche Forschung floriert nicht in der Isolation. Um größeren Erfolg zu haben, bedarf es eines weiten öffentlichen Forums, in dem Wissenschaftler ihre Ideen und Beobachtungen austauschen. Der Austausch und die Interaktionen mit Kollegen sind dann unabdingbar, wenn Ideen abgeändert, neu formuliert oder erweitert werden sollen. Fehlende Kommunikation verhindert den freien Meinungsaustausch, der durchaus lehrreich sein kann. Wissenschaftliche Fortschritte sind häufig das

Ergebnis intensiver Bemühungen der Forscher, die an den Grenzen ihrer Gebiete arbeiten, die aber alle vorangegangenen Aktivitäten auf diesem Gebiet kennen. Da Isolation in der Wissenschaft mehr ein Handicap als ein Vorteil ist, bleibt Petersons Aussage während der Anhörung vor dem Kongreß (s. Kapitel 5) umso unverständlicher. Peterson erläuterte, wieso die Entdeckung in Utah und nicht an irgendeiner der „Eastern Establishment" Universitäten gemacht wurde: „Es mag in der Tat wertvoll sein, sich weit ab von den traditionellen Zentren zu befinden." Das Argument der Isolation mußte auch dafür herhalten, daß es für Chemiker vorteilhaft sei, ungehindert auf einem sonst nur Physikern vorbehaltenen Gebiet zu arbeiten. Seine Vorstellung, daß die Wissenschaft in der Isolation Blüten trägt, liefert für Kurzgeschichten gute Themen, sie stellt jedoch keinesfalls eine realistische Sicht des modernen Wissenschaftsbetriebs dar.

Die gesamte Kalte Kernfusionssaga ist ein vortreffliches Beispiel dafür, was passieren kann, wenn Forschung im Elfenbeinturm, in völliger Abgeschiedenheit betrieben wird. Für das Arbeiten in Abgeschiedenheit kann es keine Rechtfertigung geben. Weder Patentrechte noch Ruhm oder Reichtum sollten Forscher in unserer Zeit davon abhalten, mit Kollegen zu kooperieren, die möglicherweise die Arbeit beeinflussen könnten. Alle Hinweise zeigen, daß die Verantwortlichen der University of Utah diese Isolation sowohl innerhalb wie außerhalb der Universität pflegten. Als sich nach der Pressekonferenz mehrere Teams anboten, der University of Utah Apparaturen zur Verfügung zu stellen, antwortete Peterson, daß Pons bereits mit Gruppen in Los Alamos verhandele. Aus verschiedenen Gründen kam nie eine Zusammenarbeit zustande, und die Arbeiten wurden weiterhin in Isolation weitergeführt.

Ähnliches geschah schon 1972 mit einer mittlerweile diskreditierten Entdeckung an der University of Utah. Edward Eyring, der isoliert von anderen Laserexperten arbeitete, behauptete, den Röntgenstrahllaser entdeckt zu haben. In kürzester Zeit konnte jedoch gezeigt werden, daß Eyrings Behauptungen falsch waren. Für diese Art der Entdeckungen wurde die Bezeichnung „Utah-Effekt" eingeführt. Im Zusammenhang mit der Kalten Kernfusion schrieben manche, der *Utah-Effekt* habe wieder zugeschlagen.

Überprüfen der Informationen

Offene Kommunikation ist für die Entwicklung wissenschaftlicher Erkenntnisse besonders wichtig. Jeder Versuch, den Informationsfluß zu kontrollieren, muß fehlschlagen. Ein Wissenschaftler, der sich weigert, Forschungsergebnisse und Materialien seinen Kollegen preiszugeben, läuft Gefahr, Respekt und Vertrauen zu verlieren. Leider wurden in der kurzen Geschichte der Kalten Kernfusion allzu häufig Informationen zurückgehalten oder verfälscht wiedergegeben.

Als in den ersten Wochen nach der Pressekonferenz bekannt wurde, daß die Heliummessungen der aus der elektrolytischen Zelle entweichenden Gase falsch waren, wurde kurzerhand behauptet, man müsse lediglich die Kathoden auf Helium untersuchen. Es gab sehr viele Labors, die massenspektroskopische Untersuchungen hätten durchführen können und dieses auch anboten. Auf der Tagung in Dallas wiesen Fleischmann und Pons sämtliche Angebote zurück mit dem Hinweis, daß solche Messungen bereits im Gange seien. Einige Wochen später behaupteten sie in Los Angeles, sie hätten einiges unternommen, um die Palladiumkathoden untersuchen zu lassen. Als aber trotzdem keine Ergebnisse erzielt werden konnten, forderten die beiden Chemiker aus Utah den sogenannten Doppelt-Blinden-Heliumtest. Nur eine einzige der fünf untersuchten Elektrodenproben hätte jedoch Überschußwärme produziert. Pons verstand es aber in dieser kritischen Phase, gegen jede Absprache, Informationen über die Höhe der generierten Überschußwärme zurückzuhalten, um anschließend die Ergebnisse der Tests zu manipulieren, wußte er doch, daß die Heliumwerte der Palladiumkathode unterhalb der Hintergrundstrahlung lagen. Einen Monat später informierte er diejenigen, die an den Tests beteiligt waren, daß die aktive Zelle lediglich einige Milliwatt Energie geliefert habe. Trotzdem konnte eine Nachweisgrenze festgelegt werden, die einige Größenordnungen unterhalb der von Pons angegebenen Überschußwärme lag.

Ähnlich war die Reaktion von Fleischmann und Pons, als sie erfuhren, daß das Physikerteam der University of Utah, die fünf Wochen lang ihre laufenden Zellen untersuchten, keinen Hinweis auf Helium fanden. Wieder behauptete Pons, die Zellen hätten, mit Ausnahme der zwei

Stunden, in denen ein Stromausfall die Zähler der Physiker lahmlegte, keine Überschußwärme geliefert. Durch eine geschickte Anordnung der Detektoren konnten die Physiker aber zeigen, daß selbst in der fraglichen Zeit nur sehr geringe Strahlungsintensitäten entstanden sein konnten.

Es wurde stolz berichtet, das NCFI habe eine Spende von 500.000 Dollar eines anonymen Spenders erhalten. Diese vermeintliche Spende sollte andere private und öffentliche Gelder anlocken und die Glaubwürdigkeit des NCFI untermauern. Woher das Geld kam, wurde nicht preisgegeben, bis schließlich eine auswärtige Untersuchung bemerkte, daß die 500.000 Dollar aus dem Forschungsfond der University of Utah kamen. Die Fehlleitung dieser Gelder führte dann zum vorzeitigen Rücktritt von Peterson, dem Präsidenten der University of Utah. Letztendlich war die Geheimhaltung der eigentlichen Geldquelle ein Schuß, der für Peterson nach hinten losging und ihm ein Mißtrauensvotum der Fakultätsmitglieder einbrachte.

Geheimhaltung in der Grundlagenforschung

Grundlagenforschung kann üblicherweise in einer Atmosphäre der Geheimhaltung nicht gedeihen. Dies wurde durch die Kalte Kernfusionssaga erneut gezeigt. Am 23. März 1989 entschieden sich Fleischmann und Pons, mit einer Behauptung an die Öffentlichkeit zu gehen, von der sie glaubten es sei der wichtigste Durchbruch in der Kernphysik, einem Gebiet, in dem sie nicht zu Hause waren. Sie wagten diesen Schritt, ohne Rat und Meinungen der Kernphysiker der eigenen Universität gehört zu haben. Dies entpuppte sich als ein schwerwiegender Fehler. Umso unverständlicher erscheint diese Entscheidung, wenn man die Tatsache berücksichtigt, daß Brophy, einer der Entscheidungsträger, von Hause aus Physiker ist. Die Verantwortlichen hätten gut daran getan, bevor sie an die Öffentlichkeit gingen, auf Beratungen mit den Kernphysikern innerhalb und außerhalb der Universität zu bestehen. Auf jeden Fall hätte die Universität anderen Wissenschaftlern den Zugang zu den Daten von Fleischmann und Pons ermöglichen müssen. Stattdessen hielten sie bis zur Pressekonferenz beständig Daten und Informationen zurück aus Angst um ihre Vorrechte bei Patenten. Peterson informierte Hans Bethe, einen führenden Nukleartheoretiker, über die bevorstehende Pressemitteilung, ignorierte dann aber dessen Rat, vorsichtig zu sein, und die Pressekonferenz zu verschieben.

Es ist unverständlich, wie Fleischmann und Pons es schafften, ihre Forschung an der Kalten Kernfusion, an der sie angeblich fünf Jahre lang gearbeitet hatten, vor den Kollegen aus der Physik geheimzuhalten. Nach der Pressekonferenz waren die Physiker der University of Utah ähnlich ratlos wie ihre Kollegen von anderen Universitäten. Daher konnten sie auch keine internen Informationen über die Experimente weitergeben.

Entdeckungen durch Außenseiter

In vielerlei Hinsicht gibt es hierbei Parallelen zum bereits erörterten Phänomen der Forschung in Isolation. Fleischmann und Pons sind Elektrochemiker und wollten eine neue Entdeckung in der Kernphysik gemacht haben, auf einem Gebiet also, das in den letzten fünfzig Jahren ausgiebig erforscht wurde. In den seltensten Fällen machen Forscher Entdeckungen in Gebieten, die ihnen größtenteils unbekannt sind. Grundlegende Entdeckungen werden meist in Forschungsgebieten gemacht, mit denen man vertraut ist und sämtliche Tricks, Fallen und Fehlerquellen kennt.

Als Novizen der Kernphysik sind Fleischmann und Pons in manche Falle geraten, was durch Konsultation mit Experten häufig vermeidbar gewesen wäre. So stellte sich sehr schnell heraus, daß mit ihren Apparaturen die Fusionsprodukte nicht nachgewiesen werden konnten. Fleischmann und Pons waren aber offensichtlich von ihren kalorimetrischen Messungen weitaus begeisterter als von allen vorhergehenden Daten der Deuteronenfusion. Sie glaubten, Deuteronen könnten nahe genug zusammengebracht werden, daß eine Nukleosynthese stattfände. Es schien sie nicht zu stören, daß sie einen noch unbekannten Kernprozeß bemühen mußten, um die erhaltene Überschußwärme erklären zu können. Sie schienen gar nicht zu wissen, daß sie eigentlich erst Novizen der Kernphysik waren. In ihrer Pressemitteilung (s. Anhang I) geben sie bescheiden zu: „Wir erkannten, daß wir das einzigartige Glück hatten, genau die Kombination an Kenntnissen zu besitzen, die uns erlaubte, die

Kernfusion in dieser neuen Art zu verwirklichen.“ Pons führt weiter aus: „Ohne unser spezielles Wissen wäre man nicht auf die erforderlichen Gedankenkombinationen gestoßen.“

Sehr viele Wissenschaftler schenkten den bescheideneren Behauptungen von Jones und seinen Mitarbeitern mehr Beachtung. Dies ist sicher darauf zurückzuführen, daß deren Veröffentlichungen und Vorträge ein ausgeprägteres Bewußtsein der möglichen Fehlerquellen beim Nachweis geringer Mengen an Fusionsprodukten offenbarte. Obwohl diese Behauptungen wie eine authentische wissenschaftliche Entdeckung behandelt wurde, gibt es viele skeptische Fragen im Zusammenhang mit der Unsicherheit der Hintergrundstrahlung.

Außenseiter werden wegen ihrer Forschungsergebnisse auf fremden Gebieten in der Öffentlichkeit gefeiert. Dies gilt besonders für die Kernfusionsforschung, die Milliarden Dollar verschlungen hat, ohne bisher nennenswerte Erfolge in der kontrollierten Fusion aufzuweisen. Als Fleischmann und Pons, als Novizen der Kernphysik, den großartigen Durchbruch in der Fusionsforschung bekanntgaben, ist es nicht weiter verwunderlich, daß diese Nachricht sehr unterschiedliche Emotionen hervorrief, etwa bei den Tagungen der ACS in Dallas und der APS in Baltimore. Die natürliche Tendenz bestand darin, die Skeptiker und zwanghaften Neinsager abzuwerten, und sie als verstimmte *Experten* zu bezeichnen. Die University of Utah beherrschte dieses Spiel sehr kunstgerecht, indem sie die Kritiker als Interessenanhänger der herkömmlichen Kernfusion der „Eastern Establishment“ Universitäten apostrophierten. Die Vertreter der University of Utah stellten aber selbst die Physiker der eigenen Fakultät als Neider hin.

Einige dieser Ignoranten der Kernphysik gingen sogar so weit zu behaupten, die herkömmliche Kernphysik sei lediglich auf Gase anwendbar. Findet eine Kernfusion im Inneren eines Gitters statt, handele es sich um einen neuartigen Kernprozeß, der ein anderes, exotisches Verzweigungsverhältnis aufweise und versteckte Fusionsprodukte liefere. Dieser wundersame Kernprozeß wurde von Walling und Simons zu einer Theorie verarbeitet. Dabei übertrugen die beiden Chemiker ihr Wissen über Moleküle auf die Kernphysik. So schlossen sie, die gesamte Reaktionsenergie werde vom Gitter aufgenommen. Im Falle der hochenergetischen

Kernprozesse ist eine Wechselwirkung zwischen Photonen und Elektronen des Gitters, eine interne Konversion oder irgendein anderer ähnlicher Prozeß, nicht möglich. Dies ist ein bemerkenswertes Beispiel dafür, wie sehr die Wissenschaft mißgedeutet werden kann, wenn Modelle sorglos auf ein fremdes Gebiet übertragen werden.

Die Lobby der Wissenschaftler

Ungefähr einen Monat, nachdem die University of Utah der Welt die Entdeckung der Kalten Kernfusion verkündet hatte, nahmen ihre Vertreter an der Anhörung eines parlamentarischen Ausschusses teil, um für ihre Entdeckung zu werben. Fleischmann, Pons und Peterson nahmen an der Delegation teil, dazu Ira C. Magaziner und Gerald S.J. Cassidy, die Chefs zweier großer Werbeagenturen. Der Zweck dieser Unternehmung war offensichtlich: man wollte zunächst 25 Millionen, später 125 Millionen Dollar an Bundesgeldern beantragen, die zusammen mit den schon versprochenen 5 Millionen Dollar aus Utah zur Gründung des NCFI verwendet werden sollten. Viele Wissenschaftler waren schockiert, daß die University of Utah vor dem Ausschuß für Wissenschaft, Raumfahrt und Technik auftrat, Optimismus verbreitete und Gelder beantragte, ohne daß andere Forscher die Kalte Kernfusion bestätigt hatten.

Es ist nicht mehr ungewöhnlich, daß Hochschulen sich direkt an den Kongreß wenden, um Gelder zu beantragen, und damit das übliche Antragsverfahren mit der wissenschaftlichen Begutachtung durch Kollegen umgehen. Kleine Universitäten verteidigen dieses Vorgehen damit, daß sie auf diese Weise einen gerechteren Anteil an den knappen Bundesmitteln für Forschung bekommen könnten. Die Eliteuniversitäten hingegen argumentieren, daß diese Gelder allein nach Qualitätsmaßstäben vergeben werden sollten. Es ist alarmierend, daß sich immer mehr Universitäten PR-Agenturen bedienen, um vom Parlament direkte finanzielle Unterstützung zu erhalten. Firmen wie Cassidy&Associates haben zahlreichen akademischen Institutionen zu solchen Sondermitteln verholfen und dabei beträchtliche Gebühren kassiert. Auf dieses Weise werden wertvolle Forschungsgelder verschleudert, die Forschung in den Vereinigten Staaten und ihre internationale Wettbewerbsfähigkeit geschwächt.

In Anbetracht dieser üblichen, leider oft erfolgreichen Praxis überrascht es nicht, daß Cassidy&Associates die Delegation der University of Utah auf Schritt und Tritt begleiteten und versuchten, dem Kongreß eine unbestätigte Entdeckung als großen wissenschaftlichen Fortschritt zu verkaufen. Dies ist ein besonders krasses Beispiel dafür, wie unseriös das Drängen einer Lobby nach Forschungsgeldern sein kann. Die University of Utah übte Druck auf die Abgeordneten aus, um Gelder für ein Forschungsprojekt zu erhalten, basierend auf einem Experiment, das damals schon von namhaften Forschern angezweifelt wurde. Glücklicherweise war der Kongreß so weise, eine finanzielle Unterstützung des NCFI abzulehnen. Trotzdem wirft diese Episode ein schlechtes Licht auf die Praxis, Forschungsgelder direkt auf Grund einer parlamentarischer Lobby zu vergeben, ohne die Projekte wissenschaftlich begutachten zu lassen. Nur der Kongreß selbst kann diesen Mißbrauch beenden. Wahlgeschenke an eine bevorzugte wissenschaftliche Klientel zu verteilen, ist selbst in guten Zeiten eine schlechte Politik, zu Zeiten eines Budgetdefizits ist es schlichtweg ein Skandal. Das Fiasko der Kalten Kernfusion sollte eine ernste Warnung vor diesem Mißbrauch sein.

Förderung großer Projekte

Das Parlament des Staates Utah bewilligte schon kurz nach der Pressekonferenz fünf Millionen Dollar, um die Erforschung der Kalten Kernfusion zu unterstützen, allerdings mit der Auflage, daß diese Fonds erst freigegeben werden sollten, wenn dieses Phänomenen eindeutig wissenschaftlich bewiesen wäre. Zur Verwaltung dieses Fonds wurde ein Beirat für Fusionsenergie gegründet, dessen Mitglieder vom Gouverneur berufen wurden. Es oblag diesem Beirat zu entscheiden, was eine wissenschaftliche Bestätigung sei. Wie diese wichtige Frage beraten wurde, weiß man nicht genau, aber mit John Bockris und Robert Huggins wurden zwei überzeugte Anhänger der Kalten Kernfusion als Experten zu Rate gezogen.

Am 21. Juli 1989 entschied der Beirat einstimmig, die Kalte Kernfusion sei wissenschaftlich bestätigt. Zur gleichen Zeit tagte unser Ausschuß, der in seinem Zwischenbericht vom 12. Juli 1989 zum entgegensetzten

Ergebnis kam. Meines Wissens versuchte der Beirat weder, sich mit uns in Verbindung zu setzen, noch wurden Wissenschaftler konsultiert, die nur negative Ergebnisse gefunden hatten. Diese Art der Begutachtung ist völlig ungenügend, wenn es um die Förderung wissenschaftlicher Großprojekte geht. Die ohnehin knappen Forschungsmittel dürfen nur für die besten Projekte verwendet werden, andernfalls tragen wir alle den Schaden. So aber wurden fünf Millionen Dollar ausgegeben, ohne daß die Kalte Kernfusion tatsächlich bestätigt worden wäre – eine teure Lehre für die Verantwortlichen.

Patente und Dividenden aus der Grundlagenforschung

Viele meinen, daß Fleischmann und Pons zu früh an die Öffentlichkeit traten; fest steht, daß sie ihre Ergebnisse nicht erklären konnten und die Überschußwärme einem noch unbekannten Kernprozeß zuschrieben. Warum also diese Eile? Vieles deutete darauf hin, daß sie von der University of Utah dazu gedrängt wurden.

Die Leitung der Universität fürchtete, die Ergebnisse von Fleischmann und Pons würden nicht geheim bleiben, und sahen ihre künftigen Gewinne gefährdet. Deshalb drängte sie die beiden Forscher, eine vorläufige Publikation zu verfassen und schon vor deren Erscheinen eine Pressekonferenz abzuhalten. Ergebnis dieser Hast war ein Artikel voller Fehler, der ein ungewöhnlich umfangreiches Erratum nach sich zog.

Andere Universitäten brandmarkten dieses Vorgehen als schlimmen Fehler. Dr. J. L. Cohon, Leiter der Abteilung für Forschungsangelegenheiten an der John Hopkins University, zum Beispiel sagte: „Das war schlichtweg falsch, ... es wirft ein schlechtes Licht auf die Glaubwürdigkeit aller Forschungseinrichtungen und Universitäten“ [6]. Üblicherweise sichert man sich die kommerziellen Rechte an einer neuen Technik, indem man die Publikation hinauszögert und erst die Patentrechte beantragt. Nach der Veröffentlichung mag man dann eine Pressekonferenz abhalten. An der University of Utah wurde diese normale Reihenfolge umgekehrt.

Viele Forscher und Vertreter der Wissenschaften waren besonders über das Fehlen von Details in den Pressemitteilungen der University of Utah wie auch in der vorläufigen Publikation verärgert. Die Tatsache, daß auf diese Weise keiner die Experimente weder richtig beurteilen noch nachvollziehen konnte, erschien Außenstehenden wie der übertriebene Versuch der University of Utah, die vermeintliche Entdeckung zu vermarkten. Jeder hätte eine Diskussion über die Kalte Kernfusion in der wissenschaftlichen Literatur vorgezogen, stattdessen fand diese nun in den öffentlichen Medien statt. Zudem gab es nur einen begrenzten Zugang zu den Daten, da die Universität sich die Patentrechte vorbehalten wollte. Immer wieder schob die Verwaltung der Universität durch ihre Anwälte den Schutz der Patente und des intellektuellen Eigentums vor. J. Scott Chafin, ein Berater der University of Houston bei der kommerziellen Verwertung der Entdeckung der Supraleitung, war der Ansicht, diese Vorbehalte seien völlig fehl am Platze. Er führte aus: „Ich habe nichts daran auszusetzen, wenn man intellektuelles Eigentum schützen möchte... Ich habe aber wohl was auszusetzen, daß man nur schrittweise enthüllt, was die Entdeckung ist. Man kann alles bekanntgeben und trotzdem das intellektuelle Eigentum schützen"[7].

Die Art und Weise, wie die University of Utah mit der Entdeckung der Kalten Kernfusion umging, war von der grandiosen Vision auf die zu erwartenden gigantischen Dividenden geleitet. Dieses wiederum bedingte eine übertriebene Vorsicht und Geheimhaltung, und das zu einem Zeitpunkt, als die Entdeckung noch nicht überprüft worden war. Erst wenn eine Entdeckung als gesichert betrachtet wird, sollte man sich um die Patentrechte bemühen. Daß die University of Utah diesen sonst üblichen Weg mißachtete, was ihrem Ruf schadete und Unsummen verschlang, sollte eine ernste Warnung für alle Forschungseinrichtungen sein.

Presse und Grundlagenforschung

Wissenschaftler und Journalisten haben häufig verschiedene Ansichten darüber, was mitteilenswert ist [8]. Wissenschaftler möchten ihre Entdeckungen in Fachzeitschriften den Forschern des eigenen Gebiets zugänglich machen. Interessant sind die Beiträge dann, wenn sie durch kleine, aber stetige Fortschritte das gesamte Gebiet weiterbringen. In den seltensten Fällen werden Forschritte in der Art der Supraleitung gemacht. Journalisten hingegen berichten über bemerkenswerte einzelne Ereignisse, die häufig dramatisch oder widersprüchlich sind, wie die Kalte Kernfusion. Sie schlachten auch gerne Persönlichkeiten und persönliche Schicksale aus.

Folgt man dem in den Wissenschaften üblichen Weg, so ist die Information erst dann der Öffentlichkeit zugänglich, wenn das Manuskript vorbereitet, eingereicht, begutachtet und in gedruckter Form erschienen ist. Dann erst können Journalisten sich der schwierigen Aufgabe zuwenden, das gesamte komplexe Material zu vereinfachen, es für den Leser auf interessante Weise aufzuarbeiten, ohne dabei die wissenschaftliche Aussage zu verändern. Dies ist besonders schwierig, da Wissenschaftler und Journalisten einen unterschiedlichen Stil pflegen und andere Objektivitätsnormen haben. Zudem sind sie auch geteilter Meinung über die Rolle der Presse. Im Falle der Kalten Kernfusion wurde das in den Wissenschaften übliche Verfahren außer Kraft gesetzt und die ersten Informationen durch eine Pressekonferenz an die Öffentlichkeit gebracht, ohne daß vorher ein Vorabdruck in einer wissenschaftlichen Zeitschrift erschienen wäre. So waren Journalisten, Wissenschaftler und alle anderen Interessierten auf Gedeih und Verderb auf die Pressestelle der University of Utah angewiesen.

Die Vertreter der University of Utah, wie auch Fleischmann und Pons, benutzten die Presse, um eine Auswahl ihrer Ergebnisse in der Öffentlichkeit nach und nach zu verbreiten. Die Informationen waren so ausgewählt, daß in der Öffentlichkeit ein positives und durchweg optimistisches Bild der Kalten Kernfusion erzeugt wurde.

Als immer mehr Journalisten die Behauptungen der University of Utah überprüften, zeigte der vermeintliche Durchbruch mehr und mehr sein wahres Gesicht. Fleischmann und Pons zogen sich merklich vor der Öffentlichkeit zurück, lehnten Interviews ab und mieden die Presse. Sie lehnten sogar Interviews während der offiziellen Pressekonferenz der First Annual Conference on Cold Fusion ab. Nach den Vorträgen verschwanden sie durch die Hintertür, um so den wartenden Journalisten aus dem Wege zu gehen. Sie veröffentlichten sogar unter dem Titel „Die Presse sollte Fakten von Meinungen trennen“ eine Rüge an das Verhalten der Presse in den *Deseret News*. In diesem Artikel wird vor allem *Nature* und dessen Herausgeber angegriffen, die Autoren geben aber freimütig zu, daß sie „*Nature* lediglich als Beispiel gewählt haben - wir haben noch viele Vorwürfe an zahlreiche andere Zeitungen und Zeitschriften." Als die Presse keine positiven Meinungen mehr verbreitete, entstanden Feindseligkeiten zwischen Wissenschaftlern und Journalisten.

Wenn man von der Presse spricht, muß man in Betracht ziehen, daß sich dahinter ein komplexes Gebäude von Wissenschaftsjournalisten, Herausgebern u.v.a. verbirgt, die ihre Aufgaben recht unterschiedlich bewältigen. Einige der Wissenschaftjournalisten begnügen sich damit, ihren Lesern ein kompliziertes Phänomen zu erklären, während andere viel weiter zu den eigentlichen Ursachen des Phänomens durchdringen. Geschieht letzteres, ist der Öffentlichkeit in Anbetracht der Bedeutung der Wissenschaft für die Gesellschaft besser gedient. In der Kalten Kernfusionssaga gibt es viele Beispiele für hervorragende Berichterstattung, bei der die Journalisten bemüht waren, ein differenziertes Bild des Phänomens zu vermitteln. Es gab aber auch weniger ruhmreiche Beispiele von Reportern, die es vorzogen, sich auf die Seite der Anhänger der Kalten Kernfusion zu schlagen und vordringlich positive Artikel zu schreiben.

Das wissenschaftliche Verfahren

Das Fiasko der Kalten Kernfusion zeigt eigentlich sehr eindringlich, wie Wissenschaft funktioniert. Wie auch immer erreichen selten so ausgefallene Behauptungen die der Kalten Kernfusion gezollte nationale und internationale Aufmerksamkeit. Wissenschaftler sind auch nur Menschen, die manchmal Fehler machen. Diese Fehler werden meistens in Diskussionen mit Kollegen oder bei der Begutachtung aufgedeckt. Werden Fehler vor der Veröffentlichung nicht entdeckt, entgehen sie nicht dem prüfenden Blick der anderen Wissenschaftler, insbesondere dann nicht, wenn sie etablierten Erkenntnissen widersprechen. Werden Fehler auf diese Weise entdeckt, zur Kenntniss genommen und korrigiert, läuft die Mühle rückwärts, ohne daß die breite Öffentlichleit davon Notiz genommen hätte.

Der wissenschaftliche Prozeß ist ein sich selbst korrigierender Prozeß. Durch dieses Kriterium setzt sich die Wissenschaft von den meisten anderen Aktivitäten ab. Wie langsam zuweilen dieser Prozeß auch ablaufen mag, eines ist sicher, daß die gültigen Ergebnisse schließlich von den Fehlern getrennt werden. Echte Fortschritte müssen jeder Prüfung standhalten.

Als die Nachricht der Kalten Kernfusion einbrach, stürzten sich weltweit Wissenschaftler sofort darauf, diese Verlautbarungen, die viele für Unfug hielten, zu überprüfen. Das wissenschaftliche Establishment war nicht zu arrogant, diese Frage zu klären, obwohl sie bei erster Betrachtung haarsträubend schienen. Es gibt gelegentlich Überraschungen in der Wissenschaft, und auch darauf muß man vorbereitet sein. In den ersten Wochen nach der Pressekonferenz konnten mehrere interdisziplinäre Forscherteams die Ergebnisse aus Utah nicht wiederholen. Hätten Fleischmann und Pons solch ein interdisziplinäres Team gegründet, wäre der Kalten Kernfusion ein kurzes Leben beschieden gewesen.

In der ersten Maiwoche war die Kalte Kernfusion die Titelstory führender Magazine wie der *Times, Newsweek* und der *Business Week*, für die Wissenschaft eine noch nie dagewesene Sensation. Wieso erregte die Kalte Kernfusion in dem Maße die Öffentlichkeit? Nach den zahlreichen Medienberichten über Umweltverschmutzung, Treibhauseffekt, Saurer Regen, chemische und radioaktive Verseuchungen, die Katastrophen der Exxon Valdez und von Tschernobyl mußte die Pressekonferenz vom 23. März 1989, mit der Aussicht auf eine unbegrenzte, billige und saubere Energiequelle, die Hoffnung der Bevölkerung beflügeln. Es war wie ein Traum, der wahr wird, der uns die Zuversicht wiedergab und uns erneut an unsere technologische Konkurrenzfähigkeit glauben ließ. Nur wenige bemerkten besorgt, daß die Verlautbarungen direkt an die Öffentlichkeit gelangten, ohne die sonst üblichen Hürden des wissenschaftlichen Procederes zu durchlaufen. Bei der Pressekonferenz wurden dann auch nur wie beiläufig die Fusionsprodukte erwähnt, ohne auszuführen, daß die Höhe der Fusionsprodukte nicht der Höhe der Überschußwärme entsprach. Später wurde dann gezeigt, daß Fleischmann und Pons behaupteten, eine Kernfusion habe stattgefunden, ohne daß sie dies beweisen konnten oder tatsächlich Fusionsprodukte beobachtet hätten.

Die Kalte Kernfusion ist ein trauriges Beispiel dafür, was geschieht, wenn die üblichen wissenschaftlichen Standards ignoriert und sämtliche Regeln vernachlässigt werden: Das Verfahren der wissenschaftlichen Veröffentlichung wurde mißachtet; die Presse wurde mißbraucht, um Informationshappen in einer viel zu optimistischen Sicht zu verstreuen; Wunder wurden angenommen, um die Ergebnisse zu erklären; die Forschung wurde in völliger Abgeschiedenheit von Wissenschaftlern einer fremden Disziplin gemacht; Daten kamen über persönliche Mitteilung an Dritte ans Licht; die Verwaltung der Universität mißdeutete die möglichen Gewinne der Patente und drängte auf eine vorläufige Publikation der Daten und bemühte sich um finanzielle Unterstützung der Forschung, noch bevor diese als gesichert betrachtet wurde. Man kann sich über die Anzahl der Forscher amüsieren, die Bestätigungen der Kalten Kernfusion über Pressekonferenzen bekanntgaben, um sie dann wieder zurückzuziehen, oder sie zumindest mit dem Stempel der Irreproduzierbarkeit zu versehen. Es wurden ungefähr 50 bis 100 Millionen Dollar an Ressourcen und Forschungszeiten aufgewandt, um zu zeigen, daß es keine überzeugenden Beweise für die Kalte Kernfusion gibt. Der Aufwand wäre hinfällig gewesen, wenn der übliche Weg eingehalten worden wäre. Die Idee der Kalten Kernfusion ist dazu bestimmt, sich an die Seite der N-Strahlen, des Polywassers und andere Verwirrungen der Wissenschaften zu stellen.

Um zu zeigen, daß in der Wissenschaft Fehler unterlaufen, wurde das Phänomen der Kalten Kernfusion hier eingehend untersucht. Es ist wichtig, aus diesen Fehlern zu lernen. Ich hoffe, daß die in diesem Buch diskutierten Beispiele eine Einsicht gewähren in die Art und Weise, wie Wissenschaft betrieben werden sollte. Die Welt der Forschung ist aufregend, faszinierend und weiterhin gesund, die Episode der Kalten Kernfusion hat ihr kaum ein paar Schrammen und Beulen zufügen können. Wie schon früher die N-Strahlen und das Polywasser zeigt das Fiasko der Kalten Kernfusion, daß der Wissenschaftsbetrieb selbst seine Fehler aufdeckt und korrigiert.

Anhang I

Pressemitteilung der University of Utah

ZUM *ERSTEN MAL* GELANGEN 'EINFACHE EXPERIMENTE' ZUR KERNFUSION BEI *RAUMTEMPERATUR*

Der wissenschaftliche Durchbruch verspricht *unbegrenzte Energie*
SALT LAKE CITY – Zwei Wissenschaftler der University of Utah haben im Labor erfolgreich fortlaufende Kernfusion bei Raumtemperatur induziert. Dieser Durchbruch bedeutet, daß die Welt in Zukunft auf eine saubere, praktisch unbegrenzte Energiequelle bauen kann.

Die Entdecker sind Dr. Martin Fleischmann, Professor für Elektrochemie an der University of Southampton, England, und Dr. B. Stanley Pons, Chemieprofessor und Leiter des Chemischen Instituts der University of Utah.

„Wir haben einem neuen Forschungsgebiet die Tore geöffnet," sagt Fleischmann. „Wir glauben, daß die Entdeckung sich relativ leicht in eine praktikable Technologie zur Erzeugung von Wärme und Energie umsetzen läßt, aber daß noch intensive Arbeit erforderlich ist, um die zugrundeliegenden Prozesse vollständig zu verstehen, und um die Bedeutung für die Energiewirtschaft zu beurteilen."

Kernfusion verspricht der Welt eine nahezu unbegrenzte Energiequelle. Sie ist vielversprechender als die Kernspaltung, die in den Kernkraftwerken ausgenutzt wird. Bei der Kernfusion entstehen kaum unerwünschte radioaktive Abfälle, dabei liefert sie weitaus mehr Energie und hat in den Ozeanen der Welt eine fast unerschöpfliche Quelle.

Kernfusion ist den herkömmlichen Energiequellen Kohle, Erdgas und Erdöl überlegen, die für die Umweltverschmutzung verantwortlich sind. Fusionsenergie wird die Ursachen des Sauren Regens und des Treibhauseffekts drastisch reduzieren, vielleicht sogar ganz beseitigen. Zudem wird die USA von der Abhängigkeit der Erdölexportierenden Länder befreit.

Ein Artikel über die Entdeckung wird im Mai in einer wissenschaftlichen Zeitschrift erscheinen.

Wissenschaftler haben weltweit seit über drei Jahrzehnten an der fortlaufenden Fusionsreaktion gearbeitet, die als die ideale Energiequelle gilt. Kernfusion ist die Energiequelle der Sterne, wie beispielsweise der Sonne. Alle heute gebräuchlichen fossilen Brennstoffe sind nichts als Speicher stellarer Fusionsenergie. Vor diesem Durchbruch an der University of Utah, der Fusionsreaktionen im Laboratorium möglich macht, war die Fusionsforschung extrem schwierig und teuer.

Bei dem Projekt in Utah haben die Elektrochemiker ein erstaunlich einfaches Experiment entworfen, nicht schwieriger als ein Versuch in den Anfängerpraktika der Universitäten. Bei der herkömmlichen Fusionsforschung sind Temperaturen von Millionen Grad erforderlich, wie sie im Inneren der Sonne vorherrschen, um eine Fusionsreaktion zu ermöglichen. Für das Experiment aus Utah reicht Raumtemperatur aus.

Bei dem Experiment werden elektrochemische Methoden ausgenutzt, um bestimmte Bestandteile des schweren Wassers, das sogenannte Deuterium, welches im Meerwasser vorkommt, zu verschmelzen.

Meerwasser ist somit eine unerschöpfliche Quelle für Deuterium, obwohl es lediglich 1/38.000 ausmacht. Ein Kubikmeter Meerwasser enthält genug Deuterium, um $9{,}2 \times 10^9$ J Energie zu liefern, was der Energiemenge von 350 Tonnen Kohle entspricht.

Die Wissenschaftler wissen, daß ihre Ergebnisse auf eine Fusion im Inneren der Elektrode zurückzuführen sind, da die erhaltene Überschußwärme proportional dem Volumen der Elektrode ist. „Die Wärmegenerierung ist über einen langen Zeitraum zu beobachten und ist so hoch, daß sie nur auf einen Fusionsprozeß zurückgeführt werden kann,“ behauptet Fleischmann. „Zudem liefern Nebenreaktionen Neutronen und Tritium, die erwarteten Nebenprodukte einer Kernfusion.“ Die Vorrichtung der Forscher liefert mehr Energie, als verbraucht wird.

Pons behauptet, das Experiment sei sehr einfach. „Die Beobachtung des Phänomens erfordert eine sorgfältige und detaillierte Überprüfung kleiner Effekte. Hat man diese Effekte einmal charakterisiert und verstanden, ist es ein leichtes, sie auf die Größenordnung zu bringen, die wir erhalten haben."

Dank der breiten Kenntnisse der Forscher auf den Gebieten der Elektrochemie, der Physik und der Chemie machten sie die Entdeckung. „Ohne diesen besonderen Hintergrund, hätte man nicht an die erforderliche Kombination von Bedingungen gedacht, die für die Arbeit nötig war," sagte Pons.

Einige mögen die Entdeckung als glücklichen Zufall betrachten, Fleischmann behauptet jedoch, es sei ein Zufall, der auf Vorahnungen beruhte. „Es ist uns klar, daß wir insofern großes Glück hatten, als daß wir gerade die diversen Kenntnisse besitzen, die es uns ermöglichten, eine Kernfusion auf diese neue Weise zu erzielen."

Die Idee, das neuartige Experiment zu versuchen, entstand in den späten sechziger Jahren, als Fleischmann die Trennung von normalem Wasserstoff und Deuterium erforschte. Die Ergebnisse waren seltsam. Seine Interpretation der Meßdaten wies darauf hin, daß es sich lohnen könnte, nach Kernfusionsreaktionen zu suchen.

Später, bei einem anderen Projekt, untersuchte Pons die Isotopentrennung an Elektroden und wunderte sich über gewisse Ergebnisse. Die beiden Forscher brüteten über den Daten und diskutierten sie bei zwei bemerkenswerten Gelegenheiten: einmal, als sie zusammen durch Texas fuhren, and später, als sie im Millcreek Canyon am Rande von Salt Lake City wanderten.

„Stan und ich sprachen oft über unmögliche Experimente. Wir sind beide bekannt dafür, daß wir sie ans Laufen bringen können," sagt Fleischmann. „Bei diesem Experiment waren die möglichen Gewinne so hoch, daß wir es einfach probieren mußten."

Die Forschungsstrategie wurde in der Küche der Familie Pons entworfen. Das Experiment war so einfach, sagt Pons, daß wir es zuerst bloß aus Spaß und aus wissenschaftlicher Neugier versuchten. „Die Chance, daß es gelang, war eins zu einer Milliarde, obwohl es durchaus vernünftig schien."

Die beiden führten das Experiment durch und fanden sofort Anzeichen, daß es funktionierte. Sie beschlossen, die ersten Untersuchungen aus eigener Tasche zu bezahlen, anstatt außerhalb der Universität finanzielle Unterstützung zu beantragen, weil, so Pons: „wir glaubten nicht, daß wir für ein so weit hergeholtes Experiment Geld bekommen würden."

Die beiden arbeiteten bis spät in die Nacht und an den Wochenenden in Pons Labor an der University of Utah, überprüften und verbesserten das Experiment über einen Zeitraum von fünfeinhalb Jahren.

„Wir hoffen, in Zusammenarbeit mit anderen Forschern dies zu einer brauchbaren Technik zu entwickeln, um Wärme und Energie für die Welt zu erzeugen," sagt Fleischmann. „Der Prozess ist sauber und scheint billiger zu sein als konventionelle Kernkraft."

Während seiner vierzigjährigen Karriere hat Fleischmann über 240 Artikel auf den Gebieten der Elektrochemie, der Physik, Chemie und der Elektrochemischen Technik geschrieben und gilt als einer der führenden Elektrochemiker in der Welt. Er ist Mitglied der Royal Society of England. Im Jahre 1979 erhielt er die Medaille für Elektrochemie und Thermodynamik der Royal Society of Chemistry; 1985 die Olin-Palladium Medaille der Electrochemical Society, und 1988 den Bruno-Breyer-Preis der Royal Australian Chemical Society. Er promovierte 1951 zum Doktor der Chemie an der London University.

Fleischmann und Pons haben 32 gemeinsame Veröffentlichungen geschrieben.

Pons hat über 140 Publikationen und hat in den USA, Kanada und Europa Vorträge gehalten. Er legte im Jahre 1965 das Examen zum Bachelor of Science an der Wake Forest University in Winston-Salem, North Carolina, ab, und promovierte 1979 an der University of Southampton, England. Er stammt ursprünglich aus Valdese in North Carolina.

Mit diesen beiden Wissenschaftlern arbeitet Marvin Hawkins, aus LaJara, Colorado, als Doktorand an diesem Projekt.

Die University of Utah besitzt die Rechte an der Kernfusionstechnik und hat Anträge auf entsprechende Patentrechte eingereicht. Auskünfte über die kommerziellen Aspekte dieser Technologie können bei Dr. Norman Brown, dem Direktor des Büros für Technologietransfer der University of Utah, eingeholt werden (Tel.:(801) 581 7792).

Die Forscher danken dem Office of Naval Research (Forschungsstelle der Marine), ihren Universitäten, Familien und Kollegen für ermutigende Unterstützung.

Anhang II

Chronologie der Ereignisse

August 1988	Fleischmann und Pons bereiten einen Antrag zur Unterstützung des Forschungsprojekts über elektrolytische Kernfusion vor. Ende August reichen sie den Antrag an Dr. Ryszard Gajewski, den Projektleiter der Advanced Energy Projects Division beim DOE ein.
September 1988	Gajewski wählt Jones als einen der fünf Gutachter für den Antrag von Fleischmann und Pons aus. Jones hinterlegt seinen Bericht Ende September. Ein Konkurrenzkampf zwischen Fleischmann und Pons und der Gruppe von Jones wird entfacht.
3. Februar 1989	Letzter Anmeldetermin für Jones Vortragsankündigung für die Tagung der APS in Baltimore (1. – 4. Mai 1989).
23. Februar 1989	Fleischmann und Pons besichtigen die Labors von Jones an der BYU. Jones zeigt ihnen die Neutronendaten und erwähnt, daß sie glaubten, genügend Informationen gesammelt zu haben, um eine Veröffentlichung zu wagen.
6. März 1989	Treffen von Fleischmann, Pons und Jones im Beisein der Präsidenten der beiden Universitäten an der BYU. Es wird eine Vereinbarung getroffen, daß die beiden Gruppen am 24. April gemeinsam ihre Manuskripte von Salt Lake City aus an *Nature* einsenden sollten.
11. März 1989	Fleischmann und Pons reichen das Manuskript über ihre Fusionsforschung an das *Journal of Electroanalytical Chemistry* (welches Jones unbekannt ist)

ein. Das Manuskript ist am 13. März bei den Herausgebern eingegangen, die überarbeitete Fassung am 22. März.

13. März 1989	Erster Antrag der University of Utah beim Patentamt der Vereinigten Staaten; weitere Anträge wurden an folgenden Daten gestellt: 21. März, 10. April, 14 April, 18. April, 2. und 16. Mai 1989.
13. März 1989	Fleischmann informiert David Williams vom Harwell Forschungszentrum (GB) über ihre Ergebnisse. Williams initiiert ein interdisziplinäres Forschungsprogramm zur Kalten Kernfusion.
21. März 1989	Die University of Utah trifft die umstrittene Entscheidung, mit einer Pressekonferenz an die Öffentlichkeit zu gehen, ohne die BYU vorher informiert zu haben.
23. März 1989	Die *Financial Times* veröffentlicht mit Fleischmanns Hilfe die Story der Kalten Kernfusion.
23. März 1989	Fleischmann und Pons halten eine Pressekonferenz in Salt Lake City ab, in der sie behaupten, Kernfusion bei Raumtemperatur induziert zu haben. Sie hätten Überschußwärme, Neutronen, Tritium und γ-Strahlen beobachtet.
24. März 1989	Auf Anfrage gibt die BYU eine Stellungnahme heraus, daß Jones Gruppe Neutronen sehr niedriger Intensität aus einer Kernfusion bei Raumtemperatur beobachtet hätte. Das Manuskript wurde per Fax am 24. März zu *Nature* geschickt.
24. März 1989	Teller ruft Pons wegen zusätzlicher Informationen an und erhält einen Vorabdruck ihres Artikels. Teller äußert sich positiv gegenüber der Presse.
28. März 1989	Fleischmann stellt die Ergebnisse der University of Utah in Harwell vor und diskutiert die Experimente mit Williams und anderen Forschern.
31. März 1989	Pons hält einen Vortrag an der University of Utah. Jones spricht am Physikalischen Institut der Columbia University, während Fleischmann beim CERN einen Vortrag hält.
10. April 1989	Veröffentlichung des Artikels von Fleischmann und Pons im *Journal of Electroanalytical Chemistry* [**261** 301 (1989)]. Sie behaupten, infolge einer D-D–Fusion in einer kleinen elektrolytischen Zelle mit

	Palladiumelektroden Überschußwärme, Neutronen, Tritium und γ-Strahlen beobachtet zu haben. Der Name des dritten Autors, Marvin Hawkins, wurde zunächst nicht erwähnt, sondern erst später in einem umfangreichen Erratum.
12. April 1989	Sondersymposium über Kalte Kernfusion mit Pons als Stargast bei der Tagung der ACS in Dallas, der 7.000 Chemiker beiwohnen. Manchmal wird diese Tagung als 'Woodstock der Chemie' bezeichnet.
12. April 1989	Jones und Fleischmann halten Vorträge auf einer interntionalen Tagung über die Kalte Kernfusion, organisiert vom Ettore Majorama Centre for Scientific Culture in Erice, Sizilien.
13. April 1989	Seaborg wird nach Washington berufen, um Watkins, Sununu und Präsident Bush zu treffen; zehn nationale Forschungsinstitute werden beauftragt, der Kalten Kernfusion nachzugehen, desweiteren wird ein Untersuchungsausschuß berufen, um den Minister für Energiefragen zu beraten.
14. April 1989	Walling und Simons reichen ein Maunskript zur Theorie der Kalten Kernfusion beim *Journal of Physical Chemistry* ein. Grundlage für diesen Artikel sind private Mitteilungen der Heliummessungen von Pons.
18. April 1989	Professor E. Amaldi trägt beim Treffen der National Academy of Science über Frascatis Ergebnisse der Kernfusion unter Nichtgleichgewichts– oder dynamischen Bedingungen vor.
26. April 1989	Anhörung vor dem Kongreßausschuß für Science, Space and Technology in Washington. Zur Abordnung aus Utah gehören Fleischmann, Pons, Peterson und Ira C. Magaziner sowie Gerald S.J. Cassidy als Vertreter zweier PR–Firmen. Die University of Utah forderte 25 Millionen Dollar (oder 125 Millionen) zur Sofortunterstützung der Forschung, zusätzlich zu den bereits bewilligten 5 Millionen Dollar des Staates Utah, für das National Cold Fusion Institute.
27. April 1989	Veröffentlichung des Artikels von Jones Gruppe in *Nature* [**338** 737 (1989)], der die Emmission von Neutronen geringer Intensität durch Kernfusion zum Inhalt hat.

1. – 2. Mai 1989 Sondersymposien über die Kalte Kernfusion bei der Tagung der APS in Baltimore. Mehrere Gruppen geben ihre negativen Ergebnisse bekannt. Infolge der Tagung wird auch die Öffentlichkeit zunehmend skeptischer.

8. Mai 1989 Sondersitzung über die Kalte Kernfusion bei der Tagung der American Electrochemical Society in Los Angeles. Keine neuen Daten von der University of Utah. Fleischmann räumt ein, daß sowohl die ^{4}He- wie auch die Neutronenmessungen falsch seien.

18. Mai 1989 Veröffentlichung des Artikels von Petrassos Gruppe in *Nature* [**339** 183 (1989)], der zeigt, daß die Neutronenwerte von Fleischmann und Pons Artefakte sind. Dieser Artikel beeinträchtigt die Glaubwürdigkeit von Fleischmann und Pons erheblich.

23. – 25. Mai 1989 Workshop über Kalte Kernfusion in Santa Fe, organisiert vom Los Alamos National Laboratory mit 400 Teilnehmern (Fleischmann und Pons boykottieren diese Tagung). Die Aufmerksamkeit gilt den Messungen von Neutronenschüben durch Menlove und Bockris und den Tritiummessungen von Wolf. Viele negative Resultate werden vorgestellt. Beeindruckend waren die Messungen in geschlossenen Kalorimetern aus Kanada und die niedrigen Grenzwerte für Neutronen von Gai und DeClais. Der DOE/ERAB – Ausschuß tagt zum ersten Mal. Jones und Gai vereinbaren eine Zusammenarbeit.

2. Juni 1989 Die Mitglieder des Ausschusses besichtigen die Labors von Fleischmann und Pons und Wadsworth. Dem Ausschuß gelingt es nicht, die Werte der Zelleichung von Pons zu erhalten.

13. Juni 1989 Der Ausschuß besichtigt die Labors der BYU. Es werden einige Bemerkungen zu möglichen Fehlerquellen bei der Neutronenmessung, etwa der Berücksichtigung des Luftdrucks, gemacht.

19. Juni 1989 Der Ausschuß besichtigt die Labors der Gruppen von Appleby, Bockris, Martin und Wolf an der Texas A & M. Schwerpunkt der Untersuchungen sind die Tritiumergebnisse.

20. Juni 1989 Der Ausschuß besichtigt die Labors des Caltech, wo eine Gruppe von 15 Chemikern und Physikern unter der Leitung von Lewis und Barnes weder Überschußwärme noch Fusionsprodukte nachzuweisen

	vermochten.
22. Juni 1989	Der Ausschuß tritt in Washington zusammen, um die erhaltenen Informationen zu diskutieren und den Zwischenbericht vorzubereiten.
6. Juli 1989	Der Ausschuß besichtigt Huggins Gruppe in Stanford und McKubres Gruppe (Stanford Research Institute) am EPRI.
6. Juli 1989	Erscheinen des Artikels von Gai et *al.* in *Nature* [**340** 29 (1989)], der die obere Grenze der Neutronenintensitäten um mehr als eine Größenordnung unterhalb der von Jones gemessenen festlegt.
11. und 12. Juli 1989	Der Ausschuß tritt erneut in Washington zusammen, um den Zwischenbericht zu erstellen.
7. August 1989	Das National Cold Fusion Institute (NCFI) wird offiziell eröffnet.
15. September 1989	Einsendeschluß beim Ausschuß für alle Berichte über die Kalte Kernfusion von Universitäten, Forschungsinstituten, Industrie aus den Vereinigten Staaten und aus dem Ausland. Sehr viele Berichte wurden angenommen.
13. Oktober 1989	Der Ausschuß trifft sich am Flughafen in Chicago, um die Berichte der verschiedenen Untergruppen einzusehen, und um eine Gliederung für den Schlußbericht zu erstellen.
16. – 18. Oktober 1989	Kalte Kernfusionstagung, organisiert von der NSF und EPRI, ausschließlich mit geladenen Gästen. Fast alle der 50 Teilnehmer waren Anhänger der Kalten Kernfusion. Sensationelle (aber leider falsche) Ergebnisse über Isotopenanreicherung an der Oberfläche der Kathode wurden vorgestellt. Diese verleiteten Teller zur Postulierung eines neuen Elementarteilchens, des Meshugatrons. Die Organisatoren gaben positive Pessemitteilungen heraus und beugten damit dem negativen Bericht unseres Ausschusses vor.
30. – 31. Oktober 1989	Der Ausschuß tritt in Washington zusammen, um den 69 Seiten umfassenden Schlußbericht zu vollenden.
3. November 1989	Der kommissarische Leiter des NCFI, Rossi, gibt vor der Presse eine Stellungnahme ab, die in vielen Punkten mit dem Schlußbericht des Ausschusses übereinstimmt. Die University of Utah verbietet

den Mitarbeitern des NCFI Kontakte mit der Presse. Wenig später tritt Rossi zurück.

23. November 1989
Erscheinen des Artikels von Williams et*al.* in *Nature* [**342** 375 (1989)], der angibt, weder Überschußwärme noch Fusionsprodukte nachgewiesen zu haben. Dem Ausschuß lag noch vor Erstellung des Schlußberichts ein Vorabdruck dieses Artikels vor.

Dezember 1989
Veröffentlichung des Berichts des Bhabha Atomic Research Centers (BARC – 1500), der positive Ergebnisse verkündet, hauptsächlich für Tritium. Dem Ausschuß lag eine Vorfassung des Berichts bereits im Sommer 1989 vor.

1. Februar 1990
Fritz G. Will übernimmt die Leitung des NCFI. Die Überprüfung des Phänomens von Fleischmann und Pons genießt höchste Priorität.

12. März 1990
Die University of Utah beantragt internationale Patentrechte aufgrund der Anträge, die beim Patentamt der USA vom 13. März bis 16. Mai 1989 eingegangen sind. Überraschenderweise werden auch Walling und Simons als Entdecker neben Fleischmann und Pons genannt.

29. März 1990
Erscheinen des Artikels von Salamon et *al.* [*Nature* **344** 401 (1990)]. Die Physiker der University of Utah untersuchten die Zellen von Fleischmann und Pons und fanden in der Zeit vom 9. Mai bis 6. Juni keinen Hinweis auf Fusionsprodukte. Im April 1990 erhielten alle an diesem Projekt beteiligten Forscher einen Brief von Pons Anwalt, der rechtliche Schritte androhte, falls der Artikel veröffentlicht werden sollte.

29. – 31. März 1990
First Annual Conference on Cold Fusion in Salt Lake City. Fast alle der 200 Teilnehmer waren Anhänger und alle Vorträge waren positiv. Es war eine amerikanische Veranstaltung mit einer verschwindend geringe Anzahl an ausländischen Teilnehmern und Beiträgen. Die Organisatoren versuchten, die Presse zu kontrollieren, indem sie nur Verfechter der Kalten Kernfusion zu den Pressekonferenzen zuließen. Fleischmann sagte mir, er glaube, bei dem unbekannten Kernprozeß handele es sich um die Kernspaltung von Palladium. Es war die

	sonderbarste Tagung, an der ich je teilgenommen habe.
Mai 1990	Taubes und Fitzpatrick finden heraus, daß Peterson die Herkunft der 500.000 Dollar Spende an das NC-FI verschleiert hatte.
1. Juni 1990	Peterson räumte ein, daß die Handhabung der Spende ein grober Fehler war.
4. Juni 1990	Der Senat der Universität stellt die Führungsqualitäten Petersons in Frage.
11. Juni 1990	Präsident Peterson gibt seinen Entschluß, Ende des akademischen Jahres 1990/91 vorzeitig in den Ruhestand zu gehen, bekannt. Er will damit die unproduktive Kontroverse an der University of Utah beenden.
15. Juni 1990	Der Artikel von Taubes [*Science* **248** 1299 (1990)] diskutiert die Art und Weise, wie die Texas A&M University mit Bockris Tritiumdaten umgeht. Es ist fraglich, ob es sich dabei um Betrug handelt oder um nachlässige Forschung.
22. – 24. Oktober 1990	Tagung über Anomale nukleare Effekte im Deuterium/Festkörper-System an der BYU. Wenig neue, positive Berichte.
23. Oktober 1990	Pons wird vermißt, sein Haus ist zum Verkauf freigegeben, sein Telefon abgemeldet. Am 24. Oktober schickt sein Anwalt ein Fax, um ein Forschungsfreisemester für Pons zu beantragen.
7. November 1990	Wissenschaftliche Überprüfung am NCFI durch vier auswärtige Gutachter. Sie kommen zu dem Ergebnis: „weder die verschiedenen, am Institut laufenden Experimente, noch die anderswo stattfindenden, haben endgültig bewiesen, daß die Kalte Kernfusion existiert."
9. Januar 1991	Die University of Utah gibt bekannt, daß Pons mit Wirkung vom 1. Januar von seinem Lehrstuhl zurückgetreten sei. Er solle noch weitere 18 Monate die Stellung eines Forschungsprofessors bekleiden.
1. Februar 1991	Bis zu diesem Datum sollte Pons alle seine Laboraufzeichnungen an Hansen weitergegeben haben.
11. März 1991	Fritz G. Will tritt als Leiter des NCFI zurück mit der Begründung, daß Pons nicht, wie vereinbart, die Laboraufzeichnungen übergeben habe.

30. Juni 1991 Das National Cold Fusion Institute schließt seine Tore.

29. Juni – 4. Juli 1991 Zweite Tagung über Kalte Kernfusion in Como, Italien. Unter den 200 Teilnehmern sind fast ausschließlich Anhänger der Kalten Kernfusion. Alle, bis auf zwei Beiträge, sind positiv. Die Beiträge kommen hauptsächlich aus den USA (33%), 26% aus Italien, 12 % aus China und 9 % aus Japan.

August 1991 Randall L. Mills und Steven P. Kneizys veröffentlichen in *Fusion Technology* [**20** 65 (1991)] die Behauptung, daß sie eine hohe Überschußwärme (Energiegewinn bis zu 3700 %) durch Elektrolyse einer Kaliumcarbonatlösung mit einer Nickelkathode generiert hätten. Obwohl es nicht die erste Verlautbarung war, mit normalem Wasser bzw. Wasserstoffgas Kalte Kernfusion induziert zu haben, löste doch diese Meldung eine neue Welle von erfolgreich verlaufenden Fusionsexperimenten aus. Man bemerke, daß vorher die Experimente mit normalem Wasser als Referenz galten! Plötzlich benötigte man weder das teure, seltene Wasserstoffisotop Deuterium noch Metalle wie Palladium und Titan, um erfolgreiche Experimente durchzuführen.

2. Januar 1992 Durch die chemische Explosion einer Pd/D_2O Zelle am SRI International verunglückt Andrew Riley tödlich, zwei weitere Wisssenschaftler erleiden leichte Verletzungen; das Labor wird zerstört.

27. Januar 1992 Die Zeitung *Monitor* aus Concord (New Hampshire) veröffentlicht ein Memorandum an den Präsidenten Bush und an die Präsidentschaftskandidaten, in dem gefordert wird: „Es ist Zeit, sich wieder der Kalten Kernfusion zuzuwenden ... Wir bitten alle Kandidaten um öffentliche Unterstützung der Bemühungen, so schnell wie möglich eine Anhörung vor dem Kongreß über die Kalte Kernfusion zu initiieren.“ Wortführer des Memorandums war eine kürzlich ins Leben gerufene Gruppe von Anhängern der Kalten Kernfusion unter der Leitung von Jed Rothwell und Eugene F. Mallove. Sie reichten dem Ausschuß *Science, Space and Technology* eine Petition ein, um zu erreichen, daß „neue Anhörungen zur Kalten Kernfusion und eine Revision des früheren Berichts“ (DOE/S–0073, November 1989) erfolge.

3. Februar 1992 Veröffentlichung der Arbeit von Taku Ishida von der Universität in Tokio, die sich mit dem Nachweis von Neutronen aus der Kalten Kernfusion mit einem hochempfindlichen Neutronendetektor befaßt.

27. März 1992 Dr. Giuliano Preparata (Universität Mailand) nimmt an einer Pressekonferenz des National Press Club in Washington teil. Die Pressekonferenz wurde von Mallove finanziell unterstützt. In Anlehnung an den Tagungsband *Proceedings of the Second Annual Conference on Cold Fusion* wird Preparata gefragt, wieso so viele Wisssenschaftler die Experimente von Fleischmann und Pons nicht reproduzieren könnten. Er antwortet: „Die gesamte Kontroverse um die Reproduzierbarkeit ist einfach eine schlechte Angewohnheit einiger Forscher." Ein großer Teil der Pressekonferenz bestand aus Angriffen gegen die „gehässige Hexenjagd", – so nannten es die Anhänger der Kalten Kernfusion –, die in Europa und den USA auf diejenigen veranstaltet wurde, die an die „revolutionäre neue Wissenschaft" glaubten.

30. Juni 1992 Die Verträge von Pons und Fleischmann als Forschungsprofessoren an der University of Utah laufen aus. Die ordentlichen Professoren der Chemie stimmen mit 14:1 (bei einer Enthaltung) dafür, Pons und Fleischmann aus der Fakultät auszuschließen (s.a. Januar 1991). Seit Pons und Fleischmann die University of Utah verlassen haben, werden sie von *Technova Incorporated* unterstützt (einer Stiftung, die im März 1978 von Mr. Minoru Toyoda aus Mitteln der Toyota Automobile gegründet wurde). Sie arbeiten bei IMRA Europa, einem internationalem Forschungsinstitut in Sophia Antipolis bei Nizza, Frankreich.

10. August 1992 In einer Pressemitteilung wird die Gründung der Clustron Science Corporation (CSC) angekündigt. CSC verspricht, neue kommerzielle Anwendungen der Kalten Kernfusion einzuführen und die industriellen Möglichkeiten auf dem sich entwickelnden Gebiet der Neuen Kernwissenschaft zu nutzen. Dr. Eugene Mallove ist Direktor für Forschung. Gleichzeitig mit der Presseverlautbarung wird zur Unterstützung eine wissenschaftliche Arbeit bekanntgegeben, die bei *Fusion Technology* zur Publikation eingereicht ist und die Kalte Kernfusion erklären soll; Mallove ist Koautor. Die Gleichungen in dieser Arbeit widersprechen jedoch den Grundgesetzen der Erhaltung der Energie und der Masse.

14. August 1992

Eine Gruppe von Elektrochemikern des General Electric Corporate Research and Develoment Laboratory veröffentlichen einen Artikel [*J. Electroanal. Chem.* **332** 1 (1992)], in dem sie die Genauigkeit der Experimente von Fleischmann und Pons anzweifeln. Fleischmann und Pons antworten im gleichen Heft (*ibid.* S. 33). Die Kontroverse zeigt die Meinungsverschiedenheit über die Kalte Kernfusion selbst unter den Elektrochemikern.

21. Oktober 1992

Kurz vor der dritten Tagung zur Kalten Kernfusion verkünden E. Yamaguchi und T. Nishioka von der Nippon Telegraph and Telephone (NTT) auf einer Pressekonferenz, sie hätten Überschußwärme und Helium durch Kalte Kernfusion erhalten. Nach dieser Meldung steigt der Kurs der NTT-Aktien um 11 %. NTT ist eine der größten Aktiengesellschaften der Welt. Der Buchwert ihrer Aktien nach dieser Ankündigung steigt um ungefähr 8 Milliarden Dollar.

21. – 25. Oktober 1992

Die dritte Tagung zur Kalten Kernfusion (Third International Conference on Cold Fusion) wird in Nagoya, Japan abgehalten. Der Großteil der 320 Teilnehmer sind begeisterte Anhänger der Kalten Kernfusion, sie sorgen für eine enthusiastische Atmosphäre. Die kunterbunt präsentierten Ergebnisse unterscheiden sich zwar um bis zu 15 Größenordnungen, doch werden alle als Bestätigung der Kalten Kernfusion betrachtet (es gibt aber auch einige stark abweichende Meinungen). Die Beiträge kommen hauptsächlich aus Japan (33 %), den Vereinigten Staaten (24 %), China (13 %), Russland (12 %) und Italien (7 %). Bemerkenswert ist diese Tagung wegen der großen Anzahl an exotischen Behauptungen und wegen des neuen Interesses der Industrie an der Kalten Kernfusion.

25. Oktober 1992

Bockris informiert mehrere Teilnehmer der Tagung in Nagoya darüber, daß seinem Mitarbeiter (Joe Champion) im Labor eine Elementumwandlung zu Gold gelungen sei. Die erhaltene Menge an Gold betrage 10–1000 ppm. Bockris Vorschlag, ein internationales Team solle Champions Goldherstellung überprüfen, muß abgeblasen werden, als dieser in Arizona verhaftet wurde. Auch viele andere Wissenschaftler wollen Elementumwandlungen durch die Kalte Kernfusion beobachtet haben, unter anderen T. Matsumoto, R. Bush, H. Komaki.

27. November 1992 Das *Wall Street Journal* veröffentlicht eine Story, wonach eine Tochtergesellschaft der japanischen NTT eine Apparatur für die Kalte Kernfusion auf den Markt bringt. Die Advanced Film Technology, Inc. verkaufe eine Apparatur, wie sie E. Yamaguchi für seine Experimente zur Kalten Kernfusion benutzte.

Literaturverzeichnis

Kapitel 1

[1] *Science* **244**, 422 (1989)
[2] *Time*, 8. Mai 1989, S.76
[3] *Salt Lake Tribune*, 30. April 1989
[4] *Time, ibid*
[5] *New York Times*, 24. März 1989
[6] *Science*, 31 März 1989
[7] *Salt Lake Tribune*, 24. März 1989
[8] *Wall Street Journal*, 24. März 1989
[9] *Austin American Statesman*, 28. März 1989
[10] *Salt Lake Tribune*, 24. März. 1989
[11] Rutherford, E., *Nature*, **133**, 413, (1934) und *Proc. Roy. Soc.* **A 148**, 623 (1934)

Kapitel 2

[1] *Die Naturwissenschaften* **14** 956 (1926)
[2] *Nature* **119** 706 (1927)
[3] *Physics Today*, Januar 1953, S.21
[4] Brownell, G.L., *Physics Today*, Juli 1952, S.5
[5] *Science* **244**, S.28
[6] *Science, ibid.*
[7] Fleischmann, Pons, *J. Electronanal. Chem.* **261**, 301-308 (1989)
[8] *Business Week*, 8. Mai 1989
[9] P. Scarlett, *Salt Lake Tribune*, 25. März 1989

Kapitel 3

[1] P. Scarlet, *Salt Lake Tribune*, 25. März 1989
[2] T. Fitzpatrick, *Salt Lake Tribune*, 28. März 1989
[3] *Salt Lake Tribune*, 30. März 1989
[4] Fleischmann, Pons, *J. Electroanal. Chem.*, **261**, 301-308 (1989)
[5] Fleischmann, Pons, Hawkins, *J. Electroanal. Chem.*, **263**, 187-188 (1989)
[6] *Business Week*, 8. Mai 1989
[7] *Nature* **338** 616 (1989)
[8] *Business Week*, 8. Mai 1989
[9] *Science*, **244**, S.285
[10] Huot, J. Y., *J. Electrochem. Soc.* **136** 631 (1989)
[11] *Phys. Rev.* **B41** 3473 (1990)
[12] *Journal of Physical Chemistry* **93**, S. 4693-4697 (1989)

[13] DOE-Untersuchungsbericht/S-0073, November 1989
[14] *ibid.*
[15] *Chemical and Engineering News*, 24. April 1989

Kapitel 5

[1] DOE-Untersuchungsbericht DOE/S-0073
[2] *Time*, 8. Mai 1989
[3] *Science* **224** 420 (1989)

Kapitel 6

[1] Brief an den Herausgeber des *Wall Street Journal*, 26. April 1989
[2] Petrasso et *al.*, *Nature* **339** 183 (1989)
[3] Fleischmann et *al.*, *J. Electroanal. Chem.* **263** 187 (1989)
[4] Lewis et *al.*, *Science* **246** 793 (1989)
[5] vgl. Tabelle C. im *J.Electronanal. Chem* **261** 301 (1989)
[6] Lewis et *al.*, *Nature* **340** 525 (1989)
[7] *Business Week*, 8. Mai. 1989
[8] *Salt Lake Tribune*, 10 Mai 1989
[9] *ibid.*
[10] *C & EN*, 15. Mai 1989
[11] *Wall Street Journal*, 10. Mai 1989
[12] *Salt Lake Tribune*, 13. Mai 1989
[13] *ibid.*
[14] *Salt Lake Tribune*, 11. Mai 1989
[15] *Salt Lake Tribune*, 12. Mai 1989
[16] *Nature*, **339** 167 (1989)
[17] *Salt Lake Tribune*, 13. Mai 1989

Kapitel 7

[1] DOE-Zwischenbericht DOE/S-0071, August 1989, und DOE-Untersuchungsbericht DOE/S-0073, November 1989
[2] Goodwin, *Physics Today*, Dezember 1989, S.43
[3] DOE-Untersuchungsbericht DOE/S-0073, November 1989
[4] Oriani et *al., Fusion Technology* **18** 652 (1990). Diese Ergebnisse wurden viel später ohne den Hinweis veröffentlicht, daß in den dazwischenliegenen Monaten alle Experimente negativ verlaufen waren.
[5] Williams et *al.*, *Nature* **342** 375 (1989)
[6] *Proc. of the First Annual Conference of Cold Fusion*, S. 347, 1990
[7] Oliphant M.L., Harteck, P., Rutherford, E., *Nature*, **133** 413 (1934)
[8] Dee, P.J., *Proc. Roy. Soc.* **A 148** 623 (1935)

[9] *Provo Daily Herald*, 4. Dezember 1989
[10] *Deseret News*, 2. April 1989 (Titelblatt)
[11] *Salt Lake Tribune*, 4. November 1989

Kapitel 8

[1] D.V. Balin *et al., Phys. Lett.* **141 B** 173 (1984)
[2] G.M. Hale, *Muon Catalysed Fusion* **5/6** 227 (1990/91)
[3] Koonin und Nauenberg, *Nature* **339** 690 (1989)
[4] vgl. Obergrenzen für D-D-Fusionsraten in Palladium von Leggett und Baym, *Phys. Lett.* **63** 191 (1989) und Wilets *et al.* , *Phys. Rev.* **C41** 2544 (1990)
[5] Hensley *et al., Science* **181** 1164 (1973)
[6] Bockris et *al.*, *J.Electroanal. Chem.* **270** 451 (1989)
[7] Bockris *ibid.*
[8] *Proc. of the First Annual Conference on Cold Fusion*, 1990, S. 149
[9] Price et *al.*, *Phys. Rev. Lett.* 63 (1989) 1926
[10] BARC-1500, Dezember 1989, *Fusion Technology* **18** 32-94 (1990) und *Proc. of the First Annual Conference on Cold Fusion* S. 62
[11] Wolf, K., *Science* **248** 1301 (1990)
[12] *Science, ibid.*
[13] Bockris et *al.*, *Fusion Technology* **18** 11 (1990)
[14] Worledge, *Proc. of the First Annual Conference on Cold Fusion*, S. 252, 1989
[15] Koonin, Mukerjee, *Phys. Rev.* **C42** (1990) 1639
[16] Bockris et *al.*, *Proc. of the First Annual Conference on Cold Fusion*, S. 272, 1990
[17] Bockris, Vortrag bei der World Hydrogen Conference in Honolulu, 24. Juli 1990, veröffentlicht im September 1990
[18] Bockris et *al.*, *J. Electroanal. Chem.* **270** 451 (1989)
[19] Wolf et *al.*, *Science* **248** 1299 (1990)
[20] *Science, ibid.*
[21] *Science, ibid.*
[22] *Science, ibid.*
[23] Walling, Simons, *J. Phys. Chem.* **93** 4693 (1989)
[24] *Salt Lake Tribune*, 16. April 1989
[25] Fowler, *Nature* **339** 345 (1989)
[26] *Salt Lake Tribune*, 23. April 1989
[27] *Salt Lake Tribune*, 13. Mai 1989
[28] *Salt Lake Tribune*, 12. Mai 1989
[29] *Fusion Technology* **18** 659 (1990)
[30] Salamon et *al.*, *Nature* **401** 344 (1990)

[31] B.F.Bush et *al.* *J. Electroanal. Chem.* **304** 271 (1991)
[32] Koonin, Nauenberg *Nature*, **339** 690 (1989)
[33] Schwinger, J., *Z. Naturforsch.* **45a** 756 (1990)
[34] Schwinger, J., *Z. Physik* D **15** 221 (1990)
[35] 8. Sept. 1989, J.F. Holzrichter, Lawrence Livermore National Laboratory, in einem Brief an unseren Ausschuß
[36] Petrasso et *al.*, *Nature* **339** 103 (1989)
[37] Fleischmann et *al.*,*Nature* **339** 667 (1989)
[38] Scaramuzzi et *al.*, *Europhys. Lett.* **9** 221 (1989)
[39] *Europhys. Lett.* **10** 303 (1989)
[40] Butler et *al.*, *J. Fusion Technology* **16** 397, 404 (1989)
[41] Briand et *al.*, *Phys.Lett.* A **145** 187 (1990)
[42] Rugari et *al.*, *Phys. Rev.* C **43** 1298 (1991)
[43] Menlove et *al.*, *J. Fusion Energy* **9** 495 (1990)
[44] Bericht der Tagung über 'Anomalous Nuclear Effect in Deuterium/Solid Systems' (Anomale nukleare Effekte in Systemen von Festkörpern mit Deuterium), BYU, 22.-24. 10. 1990
[45] Aberdam et *al.*, *Phys. Rev. Lett.* **65** 1196 (1990)
[46] Conference Proceedings # 228, Anomalous Nuclear Effects in Deuterium/Solid Systems
[47] Jorne et *al.*, *Fusion Technology* **19** 371 (1991)
[48] Eugene Mallove, Fire From Ice, John Wiley & Sons, Inc. (1991)
[49] Yagi et *al.*, *J. Radioanal. Nucl. Chem. Letters* **137** 411 und 421 (1989)
[50] Parmenter, Lamb, *Proc. Natl. Acad. Sci.* USA **86** 8614 (1989); **87** 3177, 8652 (1990)
[51] Klyuev et *al.*, *Soviet Tech Phys. Lett.* **12** 551 (1986)
[52] Price et *al.*, *Nature* **343** 542 (1990)
[53] Sobotka und Winter, *Nature* **343** 601 (1990)
[54] Deryagin et *al.*, *Coll. Jour.* USSR **46** 8 (1986)
[55] Sobotka und Winter, *Nature* **341** 492 (1989)
[56] Balke et *al.*, *Phys. Rev.* C **42** 30 (1990)
[57] Menlove et *al.*, *J. Fusion Energy* **9** (4) 495 (1990)

Kapitel 9.

[1] *The Scientist*, 13. November 1989
[2] *Science* **246** 879 (1989)
[3] *New York Times Magazine*, 26. November 1989
[4] *The Scientist*, 13. November 1989, S. 1
[5] Bockris, et *al.*, *Fusion Technology* **18** 11 (1990)

[6] Lewis, et *al.*, *Science* **246** 879 (1989)
[7] *Science*, *ibid.*
[8] Rafelski, *Fusion Technology* **18** 136 (1990)
[9] Baym, *Phys. Rev. Lett.* **63** 191 (1990)

Kapitel 10

[1] *The Scientist*, 1. Mai 1989
[2] Jensens 'Theorie' in: *Salt Lake Tribune*, 14. April 1989
[3] *Salt Lake Tribune*, 15. April 1989
[4] *Salt Lake Tribune*, 28. April 1989
[5] *Salt Lake Tribune*, 22. Juli 1989
[6] *Salt Lake Tribune*, 1. August 1989
[7] *Chemical and Engineering News*, 14. August 1989
[8] *Salt Lake Tribune*, 13. Juli 1989
[9] *Salt Lake Tribune*, 19. Oktober 1989
[10] *Salt Lake Tribune*, 26. September 1989
[11] *Salt Lake Tribune*, 31. Oktober 1989
[12] Douglas Morrison, *Cold Fusion News*, Nr. 20, 20. Oktober 1989.
[13] *Salt Lake Tribune*, 26. September 1989
[14] *Salt Lake Tribune*, 20. Dezember 1989
[15] Salamon et *al.*, *Nature* **344** 401 (1990)
[16] *The Chronicle*, 6. Juni 1990, A6
[17] Salamon et *al.*, *Nature* **345** 561 (1990)
[18] *Bull. Am. Phys. Soc.* **35** 2177 (1990)
[19] *The Chronicle of Higher Education*, 14. November 1990
[20] *The Chronicle of Higher Education, ibid.*
[21] *Science*, **250** 755 (1990)
[22] *C&E News*, 5. November 1990
[23] *The Chronicle* **30** A15 (1990)
[24] *New Scientist*, 10. November 1990

Kapitel 11

[1] Lippincott et *al.*, *Science* **164** 1482 (1969)
[2] *New Scientist*, 21 April 1990
[3] Franks, F. *Polywasser*, MIT Press, 1981
[4] Donahoe, *Nature* **224** 198 (1969)
[5] Morokuma, K., *Chemical Physics Letters* **4** 358 (1969)
[6] Allen, C., Kollman, P.A., *Science* **167** 1443 (1970)
[7] Allen, C., Kollman, P.A., *Nature* **233** 550 (1971)

[8] Hildebrand, J., *Science* **168** 1397 (1970)

[9] Franks, F., *Polywater*, MIT Press, 1981, S. 157

[10] *New Scientist*, 21. April 1990

[11] Schwinger, J., *Z. Naturforschung* **45A** 756 (1990) und *Z. für Physik* **D15** 221 (1990)

[12] Hildebrand, *Science ibid.*

[13] Samios, N.P., *New York Times*, 24. September 1989

[14] Lindley, D., *Nature* **344** 376 (1990)

[15] *Business Week*, 10. April 1989

[16] Churaev, Deryagin, et *al.*, *Nature* **244** 430 (1973)

Kapitel 12

[1] Blodlot in: *Physics Today, Oktober 1989*

[2] *Physics Today* Oktober 1989, S.36

[3] *ibid.* S.44

[4] Franks, F., *Polywater*, MIT Press, 1981

[5] Mehrere Veröffentlichungen zu diesem Thema stammen von E.M. Friedlander und seinen Mitarbeitern, zum Beispiel in *Phys. Rev. Lett.* **45** 1084 (1980); *Phys. Rev.* **C27** 1489 (1983) und **C38** 1658 (1988).

[6] Beneviste et *al.*, *Nature*, **333** 816 (1988)

[7] Am 28. Juli 1988 veröffentlichte diese Gruppe in *Nature* **334** 287 (1988) einen Artikel mit dem Titel „Die Hochverdünnungs-Experimente sind eine Illusion."

[8] *Chemical and Engineering News*, 28. August 1989

[9] Douglas Morrison, *Cold Fusion News*, Nr.20, 20. Oktober 1989.

[10] Vortrag bei der World Hydrogen Energy Conference, 24. Juli 1990, Honolulu; Vorabdruck CERN/PPE 90–159

[11] *Wall Street Journal*, 8. April 1991, und *New York Times*, 14. April 1991

[12] Srinivasan, *Current Science* **60** 417 (1991)

[13] Storms, *Fusion Technology*, **20** 433 (1991)

[14] Diese Bibliographie, deren Beiträge mit einer kurzen Zusammenfassung versehen sind, ist über elektronische Medien zugänglich, eine Kopie kann über das Cornell Cold Fusion Archiv angefordert werden

[15] Close, Frank, *To Hot To Handle*, Princeton University Press, 1991

[16] Die kürzlich wieder aufgewärmte Arbeit von Bush et *al. J. Electroanal. Chem.* **304** 271 (1991), in der angeblich eine entsprechende Menge von ^{4}He in den bei der Elektrolyse entwickelten Gasen gefunden wurde, konnte bisher nicht bestätigt werden. Weder wurde die entsprechende Intensität von 23,8 MeV γ-Strahlen gemessen, noch ließ sich ^{3}He nachweisen, das nach den bekannten Gesetzen der niederenergetischen Deuteriumfusion entstehen müßte.

Kapitel 13

[1] Als ich die ersten Abschnitte dieses Buches schrieb, profitierte ich von einem kürzlich erschienen Buch mit dem Titel *On Being a Scientist* (National Academy Press, Washington, D.C. 1989). Ich kann es nur allen Studenten der Naturwissenschaften zur Lektüre empfehlen.

[2] *Science* **251** 260 (1991)

[3] Gentry, R.V. et *al.*, *Physical Review Letters* **37**, S. 11

[4] F. Petrovich *et al., Phys. Rev. Lett* **37** 558 (1976)

[5] J.D. Fox *et al., Phys. Rev. Lett* **37** 629 (1976)

[6] *The Chronicle of Higher Education*, Mai 1989

[7] *ibid.*

[8] Dorothy Nelkin, *Physics Today* November 1990.

Personen- und Sachwortverzeichnis

L

M

N

O

P

Q

R

S

T

U

V

W

Y

Z

Quantenmechanik und Weimarer Republik

herausgegeben von Karl von Meyenn

1994. X, 405 Seiten (Facetten) Gebunden.
ISBN 3-528-08938-5

Aus dem Inhalt: K. von Meyenn: Ist die Quantentheorie milieubedingt – Albert Einstein: Über die gegenwärtige Krise der theoretischen Physik – Max-Planck: Kausalgesetz und Willensfreiheit – Philipp Franck: „Über die Anschaulichkeit" physikalischer Theorien – E. Schrödinger: Ist die Naturwissenschaft milieubedingt? – W. Pauli: Die Wissenschaft und das abendländische Denken – P. Forman: Weimarer Kultur, Kausalität und Quantentheorie 1918–1927 – P. Forman: Kausalität, Anschaulichkeit und Individualität – J. Hendry: Weimarer Republik und Quantenkausaliät.

Wie sehr physikalische Theorien „Kinder ihrer Zeit" sind, also im gesellschaftlich-kulturellen Rahmen ihrer Entstehungsphase betrachtet werden müssen, hat der amerikanische Wissenschaftshistoriker Paul Forman dargelegt. Seine These bildet den Mittelpunkt dieses Buches. Formans Versuch, die geistige Atmosphäre in den Jahren nach dem Ersten Weltkrieg wesentlich für die inhaltliche Gestaltung der Quantenmechanik verantwortlich zu machen, hat zahlreiche und heftige Reaktionen hervorgerufen. Der Herausgeber dieses Buches hat einige der interessantesten Beiträge dieser Debatte sowie Originalarbeiten von Physikern, die diesen Wandel des physikalischen Weltbildes beleuchten, zusammengestellt und setzt sich in seiner Einleitung mit der Frage „Ist die Quantentheorie milieubedingt?" auseinander. Ein umfangreiches Literatur- und Personenverzeichnis ermöglichen dem Leser, sich tiefer mit diesem Thema zu befassen.

Verlag Vieweg · Postfach 58 29 · 65048 Wiesbaden

GPSR Compliance

The European Union's (EU) General Product Safety Regulation (GPSR) is a set of rules that requires consumer products to be safe and our obligations to ensure this.

If you have any concerns about our products, you can contact us on ProductSafety@springernature.com

In case Publisher is established outside the EU, the EU authorized representative is:

Springer Nature Customer Service Center GmbH
Europaplatz 3
69115 Heidelberg, Germany

Zeitfracht Medien GmbH
Ferdinand-Jühlke-Straße 7
99095 Erfurt, Deutschland
produktsicherheit@kolibri360.de